现代数据库设计理论及新技术研究

鲁 晔 李奋华 王文霞 编著

中国水利水电出版社
www.waterpub.com.cn

内 容 提 要

本书以现代数据库技术的发展研究为主线,系统地介绍了现代数据库技术的基础知识与新技术的研究发展。全书分 14 章,包括绪论、关系模型及关系操作、关系数据库规范化理论、结构化查询语言 SQL、SQL Server 程序设计的高级应用、数据库中数据的查询处理与优化、数据库中数据的控制、数据库系统设计、数据库的应用与实现、数据库应用程序开发、移动对象数据库及其索引技术、时态数据库技术、主动数据库及其规则分析、其他数据库新技术。

本书注重理论与实践相结合、语言简洁、条理清晰,可作为数据库相关技术人员的参考书。

图书在版编目(CIP)数据

现代数据库设计理论及新技术研究 / 鲁晔,李奋华,
王文霞编著. -- 北京 : 中国水利水电出版社, 2016.7 (2022.10重印)
 ISBN 978-7-5170-4408-6

Ⅰ. ①现… Ⅱ. ①鲁… ②李… ③王… Ⅲ. ①数据库
系统－程序设计－研究 Ⅳ. ①TP311.13

中国版本图书馆CIP数据核字(2016)第128882号

策划编辑:杨庆川　责任编辑:陈　洁　封面设计:马静静

书　　名	现代数据库设计理论及新技术研究
作　　者	鲁　晔　李奋华　王文霞　编著
出版发行	中国水利水电出版社
	(北京市海淀区玉渊潭南路 1 号 D 座 100038)
	网址:www. waterpub. com. cn
	E-mail:mchannel@263. net(万水)
	sales@ mwr.gov.cn
	电话:(010)68545888(营销中心)、82562819 (万水)
经　　售	北京科水图书销售有限公司
	电话:(010)63202643、68545874
	全国各地新华书店和相关出版物销售网点
排　　版	北京厚诚则铭印刷科技有限公司
印　　刷	三河市人民印务有限公司
规　　格	184mm×260mm　16 开本　20 印张　486 千字
版　　次	2016年7月第1版　2022年10月第2次印刷
印　　数	2001-3001册
定　　价	70.00 元

前　言

　　数据库技术一直是计算机科学技术中发展最快的领域之一,也是数据管理最为有效的手段。随着 Internet 的进一步发展,数据库系统已经成为各类计算机信息系统与计算机应用系统的核心和基础。近年来,数据库专家们就 XML 数据库、Web 数据库、智能数据库、特种数据库、数据仓库与数据挖掘、数据库应用开发方法与工具等诸多方面开展了卓有成效的研究,并取得了丰硕的研究成果。

　　作为管理结构化信息的有效手段,数据库系统对于当今科研部门、政府机关、企事业单位等都是至关重要的。尽管传统的关系型数据库系统在管理结构化信息方面具有很大优势,但在网络迅速普及的今天,半结构化信息和非结构化信息所占的比重正在逐步增大,已经逐渐成为重要的信息组织方式。针对当前的应用实际,对基于数据库的应用程序开发与实现、XML技术在数据库中的应用等进行概述,以使读者能对包括结构化、半结构化信息在内的数据管理技术有较全面的了解。

　　作者本着了解最新发展动态,掌握成熟应用开发技术的指导思想来规划和设计本书的内容和结构。全书共分为两个部分。

　　第一部分是现代数据库设计理论研究。

　　第1~3章介绍了绪论、关系模型及关系操作、关系数据库规范化理论等基础知识,第4~10章介绍了结构化查询语言 SQL、SQL Server 程序设计的高级应用、数据库中数据的查询处理与优化、数据库中数据的控制、数据库系统设计、数据库的应用与实现、数据库应用程序开发等知识。

　　第二部分是现代数据库新技术研究,简要介绍新技术的研究与发展。

　　第11~14章分别介绍了移动对象数据库及其索引技术、时态数据库技术、主动数据库及其规则分析、其他数据库新技术。新技术的研究发展形成了数据库领域的众多分支和研究课题,极大地丰富了数据库技术。

　　全书由鲁晔、李奋华、王文霞撰写,具体分工如下:

　　第1章~第5章、第14章:鲁晔(酒泉职业技术学院);

　　第6章、第7章、第12章、第13章:李奋华(运城学院);

　　第8章~第11章:王文霞(运城学院)。

　　全书理论联系实际,涉及面广,体系完整,内容新颖,条理清晰,组织合理。本书在编撰的过程中参考了大量国内外同类书籍和资料,在此向这些作者表示诚挚的谢意。由于数据库技术发展日新月异,加之作者水平有限,书中疏漏错误之处在所难免,恳请广大读者批评指正。

作　者

2016 年 3 月

目　　录

前言

第一部分　现代数据库设计理论研究

第1章　绪论 ··· 1
　1.1　数据库的相关知识 ····································· 1
　1.2　数据库管理系统的体系结构 ····················· 5
　1.3　数据库新技术 ··· 8

第2章　关系模型及关系操作 ································· 11
　2.1　关系模型概述 ··· 11
　2.2　关系的键与关系的属性 ······························ 13
　2.3　关系的数学定义 ·· 16
　2.4　关系代数与关系演算 ·································· 18

第3章　关系数据库规范化理论 ···························· 32
　3.1　规范化的问题 ··· 32
　3.2　函数依赖 ··· 32
　3.3　关系规范化 ·· 36
　3.4　关系模式的分解 ·· 44

第4章　结构化查询语言 SQL ································ 52
　4.1　SQL 概述 ·· 52
　4.2　SQL 的数据定义 ······································· 54
　4.3　SQL 的数据更新 ······································· 57
　4.4　SQL 的数据查询 ······································· 60

第5章　SQL Server 程序设计的高级应用 ··············· 76
　5.1　Transact-SQL 程序设计基础 ······················ 76
　5.2　存储过程 ··· 88
　5.3　函数 ·· 92
　5.4　触发器 ··· 94

第 6 章　数据库中数据的查询处理与优化 ································· 100

6.1　查询优化概述 ··· 100

6.2　查询处理过程 ··· 101

6.3　查询优化方法 ··· 104

6.4　实际应用中的查询优化 ··································· 112

第 7 章　数据库中数据的控制 ································· 120

7.1　安全性控制 ··· 120

7.2　完整性控制 ··· 129

7.3　事务并发控制 ··· 134

7.4　数据库故障恢复技术 ····································· 146

第 8 章　数据库系统设计 ····································· 150

8.1　数据库系统设计概述 ····································· 150

8.2　系统需求分析 ··· 152

8.3　数据库概念结构设计 ····································· 157

8.4　数据库逻辑结构设计 ····································· 162

8.5　数据库物理结构设计 ····································· 164

8.6　数据库设计实例——电网设备抢修物资管理数据库设计 ········· 165

第 9 章　数据库的应用与实现 ································· 177

9.1　对数据库进行应用处理 ··································· 177

9.2　数据库再设计的实现 ····································· 195

第 10 章　数据库应用程序开发 ······························· 213

10.1　数据库应用程序设计流程与方法 ·························· 213

10.2　数据库应用程序的体系结构 ······························ 213

10.3　数据库与应用程序的接口 ································ 219

第二部分　现代数据库新技术研究

第 11 章　移动对象数据库及其索引技术 ························· 225

11.1　移动对象数据库相关知识 ································ 225

11.2　数据模型与查询语言 ···································· 232

11.3　移动对象索引技术 ······································ 246

11.4　轨迹索引 ··· 248

第 12 章　时态数据库技术 ··· 252

12.1　时态数据库概述 ··· 252

12.2　时态数据模型与查询语言 ·· 252

12.3　基于全序 TFD 集的时态模式规范化 ····························· 260

12.4　基于时态 ER 模型的时态数据库设计 ···························· 266

第 13 章　主动数据库及其规则分析 ··· 272

13.1　主动数据库概述 ··· 272

13.2　主动规则集终止性静态分析 ·· 273

13.3　基于执行图的汇流性分析 ··· 276

13.4　基于事务的规则终止性分析 ·· 279

第 14 章　其他数据库新技术 ··· 287

14.1　XML 数据库技术 ··· 287

14.2　数据仓库和数据集市 ··· 298

14.3　数据挖掘技术 ·· 300

参考文献 ··· 311

第一部分　现代数据库设计理论研究

第1章　绪　论

1.1　数据库的相关知识

1.1.1　数据与数据库

1. 数据

一提到数据(Data)，人们在大脑中就会浮现像 3、4.3、−50 等数字，认为这些就是数据，其实不然，这只是最简单的数据。从一般意义上说，数据是描述客观事物的各种符号记录，可以是数字、文本、图形、图像、声音、视频、语言等。从计算机角度看，数据是经过数字化后由计算机进行处理的符号记录。例如，我们用汉语这样描述一位读者"王建立，男，年龄 18 岁，所学专业为计算机"，而在计算机中是这样表示的：(王建立，男，18，计算机)。将读者姓名、性别、年龄和专业组织在一起，形成一个记录，这个记录就是描述读者的数据。

数据本身的表现形式不一定能完全表达其内容，如 1 这个数据可以表示 1 门课，也可以表示逻辑真，还可以表示电路的通等。因此，需要对数据进行必要的解释和说明，以表达其语义。数据与其语义是不可分的。

2. 数据库

在日常工作中，人们会获取大量数据，并对这些数据进一步加工处理，从中获取有用的信息。在加工处理之前，一般都会将这些数据保存起来。以前人们利用文件柜、电影胶片、录音磁带等保存这些数据，但随着信息时代的来临，各种数据急剧膨胀，迫使人们寻求新的技术、新的方法来保存和管理这些数据，由此数据库(DataBase，DB)技术应运而生。

将你的家人、同事和朋友的名字、工作单位和电话号码组织起来，就可以形成一个小型数据库，也可以将公司客户的这些数据组织起来，形成更大规模的数据库。数据库就像是粮仓，数据就是粮仓中的粮食。实际上，数据库是长期存储在计算机内的、有组织的、可共享的大量数据的集合。这里的长期存储是指数据是永久保存在数据库中，而不是临时存放；有组织是指数据是从全局观点出发建立的,按照一定的数据模型进行描述和存储,是面向整个组织,而不是某一应用,具有整体的结构化特征;可共享是指数据是为所有用户和所有应用而建立的,不同的用户和不同的应用可以以自己的方式使用这些数据,多个用户和多个应用可以共享数据库中的同一数据。

1.1.2 数据管理与数据库管理系统

1.数据处理和数据管理

在日常实际工作中,人们越来越清楚地认识到对数据的使用离不开对数据的有效管理,例如,企事业单位都离不开对人、财、物的管理,而人、财、物是以数据形式被记录和保存的,因此对人、财、物的管理就是对数据的管理。早期以手工方式对这些数据进行管理,现在大多以计算机对数据进行管理,使得数据管理成了计算机应用的一个重要分支。

数据处理是指对数据的收集、组织、存储、加工和传播等一系列操作。它是从已有数据出发,经过加工处理得到所需数据的过程。

数据管理是指对数据的分类、组织、编码、存储、检索和维护工作。数据管理是数据处理的核心和基础。

2.数据库管理系统

粮仓中的粮食数量巨大,因此必须由专门的机构来管理、维护和运营。数据库也是一样,也必须有专门的系统来管理它,这个系统就是数据库管理系统(DataBase Management System,DBMS)。数据库管理系统是完成数据库建立、使用、管理和维护任务的系统软件。它是建立在操作系统之上,对数据进行管理的软件。不要将它当成应用软件,它不能直接用于诸如图书管理、课程管理、人事管理等事务管理工作,但它能够为事务管理提供技术、方法和工具,从而能够更好地设计和实现事务管理软件。数据库系统如图1-1所示。

(1)DBMS的功能

DBMS的具体功能如图1-2所示。

(2)DBMS组成

1)语言编译处理程序

语言编译处理程序包括:

①数据定义语言(DDL)翻译程序。DDL翻译程序将用户定义的子模式、模式、内模式及其之间的映像和约束条件等这些源模式翻译成对应的内部表和目标模式。这些目标模式描述的是数据库的框架,而不是数据本身。它们被存放于数据字典中,作为DBMS存取和管理数据的基本依据。

②数据操纵语言(DML)翻译程序。DML翻译程序编辑和翻译DML语言的语句。DML语言分为宿主型和交互型。DML翻译程序将应用程序中的DML语句转换成宿主语言的函数调用,以供宿主语言的编译程序统一处理。对于交互型的DML语句的翻译,由解释型的DML翻译程序进行处理。

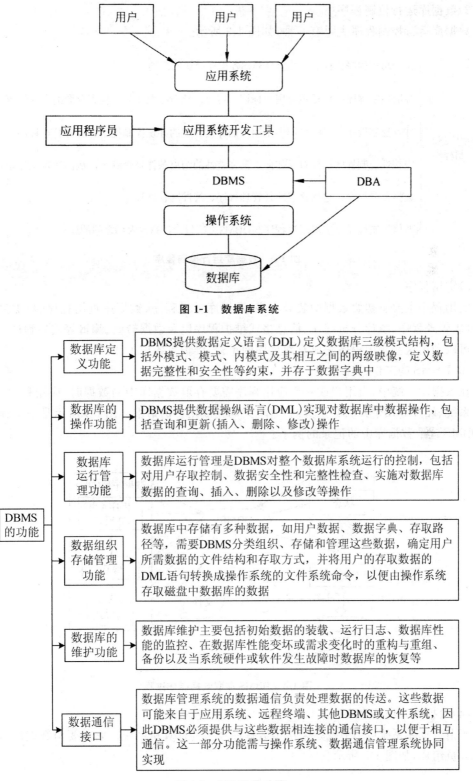

图 1-1　数据库系统

图 1-2　DBMS 的功能

2）数据库运行控制程序

数据库运行控制程序主要有 6 种，如图 1-3 所示。

数据库运行控制程序

系统总控程序：控制、协调DBMS各程序模块的活动

存取控制程序：包括核对用户标识、口令；核对存取权限；检查存取的合法性等程序

并发控制程序：包括协调多个用户的并发存取的并发控制程序、事务管理程序

完整性控制程序：核对操作前数据完整性的约束条件是否满足，从而决定操作是否执行

数据存取程序：包括存取路径管理程序、缓冲区管理程序

通信控制程序：实现用户程序与DBMS之间以及DBMS内部之间的通信

图 1-3   数据库运行控制程序

3）实用程序

实用程序主要有初始数据的装载程序、数据库重组程序、数据库重构程序、数据库恢复程序、日志管理程序、统计分析程序、信息格式维护程序以及数据转储、编辑等实用程序。数据库用户可以利用这些实用程序完成对数据库的重建、维护等各项工作。

（3）DBMS 的工作过程

在数据库系统中，当用户或一个应用程序需要存取数据库中的数据时，应用程序、DBMS、操作系统、硬件等几个方面必须协同工作，共同完成用户的请求。图 1-4 所示是一个程序 A 通过 DBMS 读取数据库中的记录的例子。

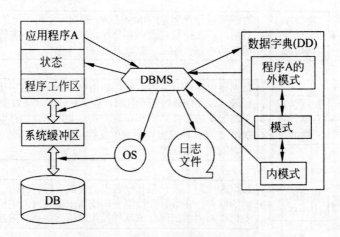

图 1-4   DBMS 存取数据操作过程

（4）数据库系统的组成

所谓数据库系统（DBS）就是采用了数据库技术的计算机系统。它主要由数据库、硬件、软件和人员组成，如图 1-5 所示。

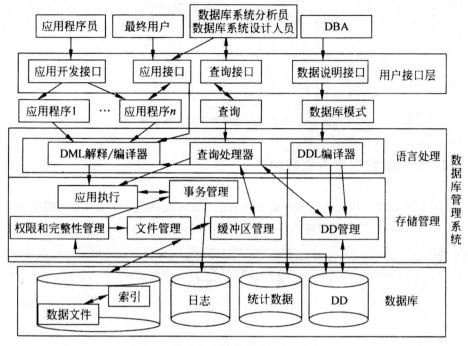

图 1-5 数据库系统结构

1.2 数据库管理系统的体系结构

1.2.1 集中式数据库系统结构

1.单用户数据库系统

在单用户数据库系统中,数据库、DBMS 和应用程序都装在一台计算机上,由一个用户独占,并且系统一次只能处理一个用户的请求。因而系统没有必要设置并发控制机制;故障恢复设施可以大大简化,仅简单地提供数据备份功能即可。这种系统是一种早期最简单的数据库系统,现在越来越少见了。

2.多用户数据库系统

图 1-6 示出了一种多用户数据库系统体系结构。数据的集中管理并服务于多个任务减少了数据冗余;应用程序与数据之间有较高的独立性。但对数据库的安全和保密、事务的并发控制、处理机的分时响应等问题都要进行处理,使得数据库的操作与设计比较复杂,系统显得不够灵活,且安全性也较差。

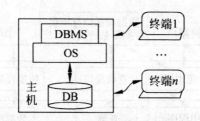

图 1-6　集中式的数据库系统体系结构

1.2.2　分布式数据库系统结构

分布式数据库系统结构是指数据库被划分为逻辑关联而物理分布在计算机网络中不同场地（又称节点）的计算机中，并具有整体操作与分布控制数据能力的数据库系统，如图 1-7 所示。

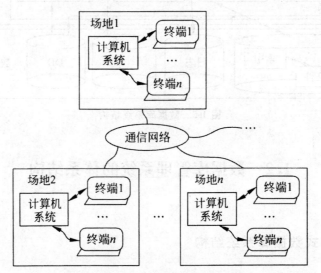

图 1-7　分布式数据库系统体系结构

例如，银行中的多个支行在不同的场地，一个支行的借贷业务可以通过访问本支行的账目数据库就可以处理，这种应用称为"局部应用"。如果在不同场地的支行之间进行通兑业务或转账业务，这样要同时更新相关支行中的数据库，这就是"全局应用"。

分布式数据库系统与集中式数据库系统相比有以下优点：

①可靠性高，可用性好。由于数据是复制在不同场地的计算机中，当某场地数据库系统的部件失效时，其他场地仍可以完成任务。

②适应地理上分散而在业务上需要统一管理和控制的公司或企业对数据库应用的需求。

③局部应用响应快、代价低。可以根据各类用户的需要来划分数据库，将所需要的数据分布存放在他们的场地计算机中，便于快捷响应。

④具有灵活的体系结构。系统既可以被分布式控制，又可以被集中式处理；既可以统一管理同系统中同质型数据库，又可以统一管理异质型数据库。

分布式数据库系统的缺点如下：

①系统开销大,分布式系统中访问数据的开销主要花费在通信部分上。

②结构复杂,设计难度大,涉及的技术面宽;如数据库技术、网络通信技术、分布技术和并发榨制技术等。

③数据的安全和保密较难处理。

1.2.3　客户机/服务器数据库系统结构

客户机/服务器数据库系统如图 1-8 所示。

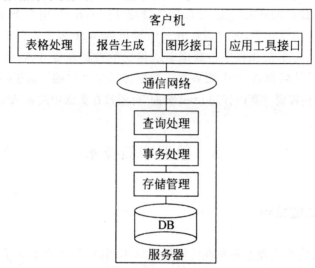

图 1-8　客户机/服务器数据库系统体系结构

客户机也称为系统前端,主要由一些应用程序构成,例如,图形接口、表格处理、报告生成、应用工具接口等,实现前端应用处理。数据库服务器可以同时服务于各个客户机对数据库的请求,包括存储结构与存取方法、事务管理与并发控制、恢复管理、查询处理与优化等数据库管理的系统程序,主要完成事务处理和数据访问控制。

客户机/服务器体系结构的好处是支持共享数据库数据资源,并且可以在多台设备之间平衡负载;允许容纳多个主机,充分利用已有的各种系统。

现代客户机和服务器之间的接口是标准化的,如 ODBC 或其他 API。这种标准化接口使客户机和服务器相对独立,从而保证多个客户机与多个服务器连接。

一个客户机/服务器系统可以有多个客户机与多个服务器。在客户机和服务器的连接上,如果是多个客户机对一个服务器,则称为集中式客户机/服务器数据库系统;如果是多个客户机对应多个服务器,则称为分布式客户机/服务器数据库系统。分布的服务器系统结构是客户机/服务器与分布式数据库的结合。

1.2.4　混合体系结构

为克服 B/S 结构存在的不足,许多研究人员在原有 B/S 体系结构基础上,尝试采用一种新的混合体系结构,如图 1-9 所示。

图 1-9　新的混合体系结构

在混合结构中,一些需要用 Web 处理的,满足大多数访问者请求的功能界面采用 B/S 结构。后台只需少数人使用的功能应用(如数据库管理维护界面)采用 C/S 结构。

组件位于 Web 应用程序中,客户端发出 http 请求到 Web 服务器。Web 服务器将请求传送给 Web 应用程序。Web 应用程序将数据请求传送给数据库服务器,数据库服务器将数据返回 Web 应用程序。然后再由 Web 服务器将数据传送给客户端。对于一些实现起来较困难的软件系统功能或一些需要丰富内容的 html 页面,可通过在页面中嵌入 ActiveX 控件来完成。

1.3　数据库新技术

1.3.1　分布式数据库

分布式数据库系统是地理上分布在计算机网络不同结点,逻辑上属于同一系统的数据库系统,它既能支持局部应用,又能支持全局应用。

中国铁路客票发售和预订系统是一个典型的分布式数据库应用系统。系统中建立了一个全路中心数据库和 23 个地区数据库,如图 1-10 所示。

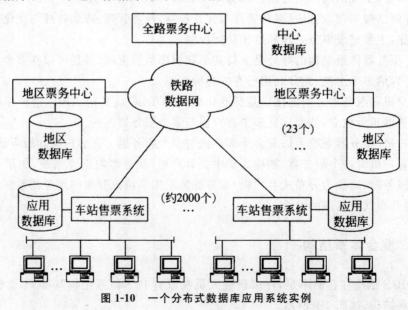

图 1-10　一个分布式数据库应用系统实例

1.3.2　面向对象数据库

面向对象数据库系统（Object-Oriented Data Base System，OODBS）是将面向对象的模型、方法和机制，与先进的数据库技术有机地结合而形成的新型数据库系统。它从关系模型中脱离出来，强调在数据库框架中发展类型、数据抽象、继承和持久性。

1.3.3　多媒体数据库

多媒体数据库系统（Multi-media Data Base System，MDBS）是数据库技术与多媒体技术相结合的产物。多媒体数据库管理系统（MDBMS）的功能如图 1-11 所示。

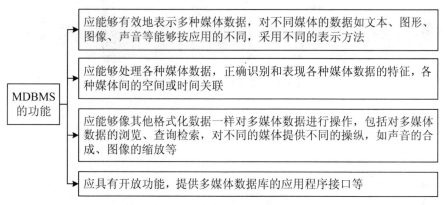

图 1-11　MDBMS 的功能

1.3.4　工程数据库

所谓工程数据库是指在工程设计中，主要是 CAD/CAM 中所用到的数据库。由于在工程中的环境和要求不同，所以与其他数据库的差别很大。图 1-12 所示为工程数据库的应用环境。在工程数据库中，存放着各用户的设计资料、原始资料、规程、规范、曲面设计、标准图纸及各种手册数据。

1.3.5　数据仓库

数据库技术作为数据管理的一种有效手段主要用于事务处理，但随着应用的深入，人们发现对数据库的应用可分为两类：操作型处理和分析型处理。操作型处理也称为联机事务处理（On-Line Transaction Processing，OLTP），它是指对企业数据进行日常的业务处理。分析型处理主要用于管理人员的决策分析，通过对大量数据的综合、统计和分析，得出有利于企业的决策信息，但若按事务处理的模式进行分析处理，则得不到令人满意的结果，而数据仓库和联机分析处理等技术能够以统一的模式，从多个数据源收集数据提供用户进行决策分析。

    数据仓库不是一种产品,而是由软硬件技术组成的环境。它将企业内部各种跨平台的数据,经过重新组合和加工,构成面向决策的数据仓库,为企业决策者方便地分析企业发展状况并做出决策,提供有效的途径。

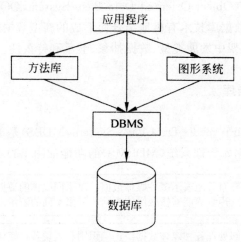

图 1-12　工程数据库的应用环境

第2章 关系模型及关系操作

2.1 关系模型概述

关系模型是在层次模型和网状模型之后发展起来的一种逻辑数据模型,它具有严格的数学理论基础,且其表示形式更符合现实世界中人们常用的形式,所以基于关系模型的关系数据库已经成为数据库系统的主流。关系模型由关系数据结构、关系操作集合和关系完整性约束三部分组成。

2.1.1 数据结构——关系

关系模型的数据结构就是关系,其结构非常单一。在关系模型中,现实世界的实体以及实体间的各种联系均用关系来表示。在用户看来,一个关系就是一张二维表,如表2-1至表2-3等,且这种简单的数据结构能够表达丰富的语义。

表 2-1　学生登记表(已填写登记)

学号	姓名	性别	出生日期	出生地	所在系	入学年月
20010101	黄河	男	1982.1.20	杭州	计算机	2001.9
20010102	张英	女	1982.8.12	温州	计算机	2001.9
20000201	刘章	男	1981.12.6	台州	通信	2000.9
…	…	…	…	…	…	…
19990205	朱兵	男	1980.8.1 5	北京	自动化	1999.9
19990207	张英	女	1980.6.16	上海	电子	1999.9

表 2-2　常用术语的对照关系

编号　＼　类型	文件系统	E-R 模型	关系模型
1	记录型	实体型	关系模式
2	数据文件	实体集	关系(基本表)
3	记录	实体	元组
4	字段	属性	属性
5	关键字段	关键字	候选键
6	主关键字段	主关键字	主键

表 2-3　课程表

课程号	课程名	学分
1101	计算机基础	3
1102	C++程序设计	6
1103	数据库原理	3
…	…	…

2.1.2　完整性约束

1. 实体完整性约束

实体完整性约束是一种关系内部的约束，如果用户在数据模式中说明了主键，则数据库管理系统可以进行实体完整性的检查。

实体完整性规则：若属性 A 是基本关系 R 的主属性，则 A 不能取空值。所谓空值（Null Value）就是"不知道"或"不存在"的值。

对于实体完整性规则说明如下：

①实体完整性规则是针对基本关系的约束和限定。

②实体具有唯一性标识——主码。如每门课程都是独立的个体，是不一样的。

③主属性不能取空值。

实体完整性规则规定基本关系的所有主属性都不能取空值，而不仅是其中的某个或者某几个主属性不能取空值。例如，在学生选课关系——选课（学号，课序号）中，"学号"与"课序号"为主码，则这两个主属性都不能取空值。

2. 参照完整性约束

在关系模型中实体及实体间的联系都是用关系来描述的，这样就存在着关系与关系间的引用。引用关系是指关系中某属性的值需要参照另一关系的属性来取值。

定义 2.1　设基本关系 R、S，F 是基本关系 R 的一个或一组属性，但不是关系 R 的主码。$R \cap S$ 是基本关系 S 的主码。如果 F 与 K_s 相对应，则称 F 是 R 的外键，也称为外码，并称基本关系 R 为参照关系（Referencing Relation），基本关系 S 为被参照关系（Referenced Relation）。关系 R 和 S 不一定是不同的关系。

说明：目标关系 S 的主码 K_s 和参照关系 R 的外码 F 必须定义在同一个（或同一组）域上，它们相对应即有引用关系。

参照完整性又称为引用完整性，它定义了外码与主码之间的引用规则。为了描述不同关系之间的联系，外码起了重要的作用。外码与主码提供了一种表示原则之间关系的手段，外码要么空缺，要么引用一个实际存在的主码值。

3. 用户定义完整性约束

实体完整性和参照完整性规则适用于任何关系数据库系统，它们是关系数据模型必须要满足的,或者说是关系数据模型固有的特性。

在自定义完整性规则中最常见的是限定属性的取值范围,即对值域的约束。

2.2 关系的键与关系的属性

2.2.1 关系的键

键由一个或多个属性组成,在实际应用中可分为超键、候选键、主键和外键等四种类型。

(1)超键(Super Key)

在关系中能够唯一标识元组的属性集称为关系模型的超键。

例如,在上例中的{学号,姓名}是关系 S 的超键。

(2)候选键(Candidate Key)

在一个关系中,如果一个属性集能够唯一标识元组,而且又不含有多余的属性(即其任何一个真子集均无此性质),也即是说,这个集合最小(属性最少),那么称该属性集为候选键。

例如,{学号}是关系 S 的候选键;属性集{学号,姓名}虽然也可以唯一地确定元组,但因为它的子集{学号}也具有该性质,所以它是关系 S 的超键,但不是候选键。

(3)主键(Primary Key)

在关系模型中,一个关系至少有一个候选键,也可能有多个候选键。用户正在使用的候选键就是主键。主关键字的属性即为主属性,最简单的情况下候选关键字只包含一个属性;最极端的情况下关系模型的所有属性是这个关系模式的候选关键字,称为全码。主键的值可以用来识别和区分元组,它应该是唯一的,即每个元组的主键的值不能相同。

例如,如果用户使用{学号}作为查询元组的标志,则{学号}为主键。在实际应用中,如果不加说明,键通常是指主键。

(4)外键(Foreign Key)

如果关系 R 中的某属性集是其他关系的主键,则该属性集是关系 R 的外键。它叙述了两个或两个以上模式之间的联系,在 SQL 语言中会发现外键在处理多个表时提供的丰富、灵活的支持,给数据库程序员带来了便利。

键是关系中非常重要的概念,为了帮助大家准确理解其含义,具体可见以下例子。

例 2.1 在高校学生管理系统中,其数据库包含学生表、学院表、课程表、学生选课表等关系。其关系模式为:

学生(学号,姓名,性别,出生年月,学院号,入学时间,身份证号)

学院(学院号,学院名称,院长)

课程(课程号,课程名,类型,学分,学时)

学生选课(学号,课程号)

这 4 张表的内容分别如表 2-4 至表 2-7 所示。

表2-4 学生表

学号	姓名	性别	出生年月	学院号	入学时间	身份证号
20140001	柳丹	女	1996.3.4	S10	2014.9	513024199203040429
20140002	章华	男	1996.6.12	S11	2014.9	512197199206120311
20140003	李力	男	1995.10.5	S12	2014.9	416128199110050227

表2-5 学院表

学院号	学院名称	院长
S10	软件学院	周军
S11	数理学院	刘梅
S12	机械工程学院	吴芳菲
...		

表2-6 课程表

课程号	课程名	类型	学分	学时
14000001	数据库原理	必修	3	48
14000002	多媒体技术	选修	2	32
14000003	数据结构	必修	3	48

表2-7 学生选课表

学号	课程号	学号	课程号
20140001	14000002	20140002	14000002
20140001	14000003	……	……
20140002	14000001		

在学生表中，属性"学号"和"身份证号"都能唯一标识一个关系的元组，并且不含有多余的属性，即每个学生的学号都是唯一的，每个学生的身份证号也是唯一的。所以学生表的候选键有两个："学号"和"身份证号"。"学号"和"身份证号"是主属性，其他属性如姓名、性别、出生年月、学院号、入学时间都是非主属性。

在我们创建学生表时，一般将(学号)设置为主键，一张表中，只能有一个主键，主键的值不能为空值。

对于学生表而言，超键有很多，因为超键是能唯一地标识元组的一个属性或属性集合，可能含有多余属性。首先候选键就是超键，另外候选键和其他非主属性的集合也是超键。比如，(学号)、(身份证号)、(学号，姓名)、(学号，性别)、(学号，出生年月)、(学号，姓名，出生年月)等都是超键。

属性"学院号"不是学生表的主键,但在学院表中,"学院号"是主键。可以将"学院号"定义为学生表的外键,在学生表中,学院号的取值有两种可能:若为空值,表示该学生尚未分配到任何学院中;若为非空值,则必须是学院表中某个元组的学院号值,表示该学生不可能分配到一个不存在的学院中。

对于课程表,属性"课程号"是课程表的候选键,也是主键,而在学生选课表中,"学号"和"课程号"均为外键,根据语义,学号和课程号均不能为空值,学号的取值必须是学生表中某个元组的学号值;课程号的取值必须是课程表中某个元组的课程号值,表示只有正常注册的学生才能选择学校开设的课程。"学号"和"课程号"合在一起构成候选键,也是主键,因为选课关系的全部属性构成关系的候选键,所以"学号,课程号"也称为全键。

2.2.2 关系的属性

关系中的每一列称为一个属性。表 2-8 中的属性分别是"学位号"和"学位名称"。属性描述所在列的语义,同一关系中的属性名不能相同。

表 2-8 学位关系

学位号	学位名称
1	博士
2	硕士
3	学士

在关系中,候选键中的属性称为主属性,不包含在任何候选键中的属性称为非主属性。

例如,表 2-8 所示的关系中,学位号和学位名称都是主属性,无非主属性。

例 2.2 表 2-9 所示为人员关系,人员号是主属性。如果可以保证没有重名人员,姓名也可以作为候选键,也是主属性;如果不能保证,则不是主属性。其他属性都是非主属性。

表 2-9 人员关系

人员号	姓名	性别	年龄	上级人员	学位号	单位号	聘用日期
1001	张一	男	35		2	1	2001-01-01
1002	张二	女	42	1001		1	2002-03-04
1003	张三	女	33	1001		1	2003-04-05
1004	李一	男	44	1001	1	2	2004-05-06
1005	李二	女	31	1004	1	2	
1006	李三	女	36	1004		2	2005-06-07
1007	王一	男	46	1001		3	2006-10-22
1008	王二	男	33	1007	2	3	
1009	王三	女	38	1007			2003-02-01

2.3 关系的数学定义

1. 笛卡儿积

定义 2.2 给定一组集合 $D_1, D_2, \cdots, D_n$，且这些集合可以是相同的。定义 $D_1, D_2, \cdots, D_n$ 的笛卡儿积（Cartesian product）为：$D_1 \times D_2 \times \cdots \times D_n = \{(d_1, d_2, \cdots, d_n) \mid d_i \in D_i, i = 1, 2, \cdots, n\}$，其中的每一个元素 $(d_1, d_2, \cdots, d_n)$ 叫做一个 n 元组（n-tuple），元组中第 i 个值 d_i 叫做第 i 个分量。

在以上定义中，$D_i(i = 1, 2, \cdots, n)$ 称为域，域是值的集合；$D_1, D_2, \cdots, D_n$ 的笛卡儿积也是一个集合，它的每一个元素 $\langle d_1, d_2, \cdots, d_n \rangle$ 叫做一个元组，它的每一个分量 d_i 都取自相应的域 D_i；n 为笛卡儿积的域的个数，称为笛卡儿积的度，它表示元组中分量的个数，当 $n = 2$ 时称元组为 2 元组，当 $n = 3$ 时称元组为 3 元组，一般地称为 n 元组。一般地，允许一组域中存在相同的域。

例 2.3 设 $D_1 = \{1, 2, 3\}$，$D_2 = \{a, b\}$，$D_3 = \{\beta, \gamma\}$，则 $D_1 \times D_2 \times \cdots \times D_n = \{(1, \alpha, \beta), (2, a, \beta), (3, a, \beta), (1, b, \beta), (2, b, \beta), (3, b, \beta), (1, a, \gamma), (2, a, \gamma), (3, a, \gamma), (1, b, \gamma), (2, b, \gamma), (3, b, \gamma)\}$，可用图 2-1 表示。

D_1	D_2	D_3
1	a	β
2	a	β
3	a	β
1	b	β
2	b	β
3	b	β
1	a	γ
2	a	γ
3	a	γ
1	b	γ
2	b	γ
3	b	γ

图 2-1 笛卡儿积二维表

从图 2-1 可知，笛卡儿积实际上是一个二维表，表中的一行为一个元组，每行的第 1 个值取自集合 D_1，第 2 个值取自集合 D_2，第 3 个值取自集合 D_3。表中所有元组的集合为 D_1、D_2 和 D_3 的笛卡儿积 $D_1 \times D_2 \times D_3$。

例 2.4 表 2-10 是学生选课结果关系 Scourses，这是一个 5 元关系，关系中的属性包括：Sno（学号），Sname（学生名），Class（班级），Cname（课程名），Tname（任课教师）。

表 2-10　选课结果关系 Scourses

Sno	Sname	Class	Cname	Tname
S01	王建平	199901	数据结构	张征
S02	刘华	199902	计算机原理	杜刚
S03	范林军	200001	数据库原理	赵新民
S04	李伟	200001	数据结构	张征

如果令：

$D_0 = Sno = \{S01, S02, S03, S04\}$

$D_1 = Sname = \{王建平, 刘华, 范林军, 李伟\}$

$D_2 = Class = \{199901, 199902, 200001\}$

$D_3 = Cname = \{数据结构, 计算机原理, 数据库原理\}$

$D_4 = Tname = \{张征, 杜刚, 赵新民\}$

则选课结果关系 Scourses 是笛卡儿积 $D_0 \times D_1 \times D_2 \times D_3 \times D_4$ 的一个子集。该笛卡儿积共有 $4 \times 4 \times 3 \times 3 \times 3 = 432$ 个元组，但这些元组实际上并非都具有实际意义，如{S04,王建平,199902,数据结构,张征}是笛卡儿积中的一个元组,但它是一个无实际意义的元组。通常只有笛卡儿积的子集,才能反映现实世界,才有实际意义。

在表 2-10 中,如果把 Sname,Tname 都看作人名的集合 P,即 $P = \{王建平,刘华,范林军,李伟,张征,杜刚,赵新民\}$,则学生选课结果关系是笛卡儿积 $D_0 \times P \times D_2 \times D_3 \times P$ 的子集,属性名 Sname,Tname 的值都取自域 P。

例 2.5　设 $D_1 = \{a,b,c\}, D_2 = \{1,2\}$,则 D_1, D_2 的笛卡儿积为：

$$D_1 \times D_2 = \{\langle a,1\rangle, \langle a,2\rangle, \langle b,1\rangle, \langle b,2\rangle, \langle c,1\rangle, \langle c,2\rangle\}$$

笛卡儿积产生的几个元组可以构成一张二维表,其中有可能会包含一些无意义的元组。

2. 关系

定义 2.3　设 $D_1, D_2, \cdots, D_n$ 为 n 个集合,则笛卡儿积 $D_1 \times D_2 \times \cdots \times D_n$ 的子集称为 $D_1, D_2, \cdots, D_n$ 上的一个 n 元关系。

具有 n 个字段的二维表格可以视为一个 n 元关系。表中的每一个字段都是关系模型中的属性,它们分别可以视为是一个集合,称为属性的值域,值域决定了各属性的取值范围;表中的每一行(记录)都是一个 n 元组,其每一个分量(属性值)均取自相应的集合;表中所有的行(记录)是属性集合的笛卡儿积的一个子集。因此,二维表格是一个 n 元关系。

例 2.6　设学生简表如表 2-11 所示,它是一个二维表。其中,字段"学号""姓名""年龄""性别"和"系别"都是关系模型中的属性;表中的每一行(记录)都是一个 5 元组,其每一个分量(属性值)均取自相应的集合;表中所有的行(记录)是集合学号、姓名、年龄、性别和系别的笛卡儿积的一个子集。因此,学生简表是一个 5 元关系。

设该学生简表用 S 表示,则它可以表示为元组的形式：

$S=\{\langle 20022501,张卫国,21,男,计算机科学与工程系\rangle,$

$\qquad \langle 20022502,李建峰,22,男,计算机科学与工程系\rangle,$

$\qquad \langle 20022503,赵丽,21,女,信息与控制工程系\rangle,$

$\qquad \langle 20022504,钱华,20,男,电气工程系\rangle,$

$\qquad \langle 20022505,王小平,22,男,电气工程系\rangle\}$

表 2-11　学生简表

学号	姓名	年龄	性别	系别
20022501	张卫国	21	男	计算机科学与工程系
20022502	李建峰	22	男	计算机科学与工程系
20022503	赵丽	21	女	信息与控制工程系
20022504	钱华	20	男	电气工程系
20022505	王小平	22	男	电气工程系

直观地看,关系相当于一个表,上述的关系 S 就可以看成是描述学生简况的表。但关系所对应的表是一种规范化的二维表,也就是说它还应该满足一些限制:

①表中的每一个属性都是不可分解的。也就是说不允许在表中出现组合数据,也不允许在表中再嵌入表。

②表中任何两行(即两个元组)不能相同。也就是说不允许出现重复的元组。

③表中行的次序可以交换。

④表中每一列中的分量是同一类型的数据,它们取自同一个域,列的次序可以交换,通常可按照实际应用中的习惯设定列的顺序。

总之,关系是一个加以适当限制的表。在关系模型中,关系和表这两个术语通常可以互相通用。

2.4　关系代数与关系演算

关系代数是一种抽象的查询语言,它用对关系的运算来表达查询。关系代数的运算对象是关系,运算结果亦为关系。

关系演算(Relational Calculus)是指除了使用关系代数表示关系的操作之外,还可以使用谓词运算来表示关系的操作。关系演算是一种非过程化语言。

关系演算又分为元组关系演算(Tuplerelational Calculus)和域关系演算(Domainrelational Calculus)两类。元组关系演算以元组为谓词变量,域关系演算则是以域(即属性)为谓词变量。

①在关系代数中,不用求补运算而采用求差运算的主要原因是有限集合的补集可能是无限集。关系的笛卡儿积的有限子集,其任何运算结果也为关系,因而关系代数是安全的。

②在关系演算中,表达式 $\{t \mid \neg R(t)\}$ 等可能表示无限关系。

③在关系演算中,判断一个命题正确与否,有时会出现无穷验证的情况,$(\exists u)(W(u))$ 为假时,必须对变量 u 的所有可能值都进行验证,当没有一个值能使 $W(u)$ 取真值时,才能作出结论,当 u 的值可能有无限多个时,验证过程就是无穷的。又如判定命题 $(\forall u)(W(u))$ 为真也如此,会产生无穷验证。

若对关系演算表达式规定某些限制条件,对表达式中的变量取值规定一个范围,使之不产生无限关系和无穷运算的方法,称为关系运算的安全限制。施加了安全限制的关系演算称为安全的关系演算。

关系代数和关系演算所依据的基础理论是相同的,因此可以进行相互转换。人们已经证明,关系代数、安全的元组关系演算、安全的域关系演算在关系的表达能力上是等价的。

关系代数中的运算符可以分为 4 类:集合运算符、专门的关系运算符、比较运算符和逻辑运算符,表 2-12 列出了这些运算符,其中比较运算符和逻辑运算符是用于配合专门的关系运算来构造表达式的。

表 2-12　关系代数的运算符

运算符		含义	运算符		含义
集合 运算符	∪ ∩ − ×	并 交 差 广义笛卡儿积	比较 运算符	＞ ≥ ＜ ≤ ＝ ≠	大于 大于等于 小于 小于等于 等于 不等于
专门的 关系运算符	σ Π ÷ ∞	选取 投影 除 连接	逻辑 运算符	∧ ∨ ¬	与 或 非

2.4.1　传统的集合运算

传统集合运算是二目运算,包括并、交、差、笛卡儿积四种运算。关系的集合运算要求参加运算的关系必须具有相同的目(即关系的属性个数相同),且相应属性取自同一个域。

1. 并(Union)

设 R 和 S 都是 n 目关系,而且两者各对应属性的数据类型相同,则 R 和 S 的并定义为:

$$R \cup S = \{t \mid t \in R \vee t \in S\}$$

$R \cup S$ 的结果仍为 n 目关系,由属于 R 或属于 S 的元组组成。

例 2.7　有研究生 R(表 2-13)和本科生 S(表 2-14)两个表,将这两个表合并为一个表,可执行并运算(表 2-15)。

表 2-13　R

学号	姓名	性别
2014001	李利	女
2014002	张健	男

表 2-14　S

学号	姓名	性别
2014101	王兵	男
2014102	刘勇	男

表 2-15　R∪S

学号	姓名	性别
2014001	李利	女
2014002	张健	男
2014101	王兵	男
2014102	刘勇	男

例 2.8　关系 R(表 2-16)，S(表 2-17)相容，求 R∪S(表 2-18)。

表 2-16　R

<i>A</i>	<i>B</i>	<i>C</i>
1	2	3
4	5	6
3	7	9

表 2-17　S

<i>A</i>	<i>B</i>	<i>C</i>
1	2	7
4	5	6
7	8	9

表 2-18　R∪S

<i>A</i>	<i>B</i>	<i>C</i>
1	2	3

A	B	C
4	5	6
3	7	9
1	2	7
7	8	9

易知 $R \cup S$ 为 R 中的元组加上 S 中除去和 R 中共有的元组之外所有元组的集合,即会消除重复的元组。

2. 差(Difference)

设 R 和 S 都是 n 目关系,而且两者各对应属性的数据类型相同,则 R 和 S 的差定义为:

$$R - S = \{t \mid t \in R \land t \notin S\}$$

$R - S$ 的结果仍为 n 目关系,由属于 R 而不属于 S 的元组组成。

例 2.9 学生表 R(表 2-19)和学生干部表 S(表 2-20),则非学生干部可由差运算来完成(表 2-21)。

表 2-19 R

学号	姓名
2014101	王兵
2014102	刘勇
2014103	李斌
2014104	常芳

表 2-20 S

学号	姓名
2014101	王兵

表 2-21 R−S

学号	姓名
2014102	刘勇
2014103	李斌
2014104	常芳

例 2.10 关系 R(表 2-22),S(表 2-23)相容,求 $R - S$(表 2-24)。

表 2-22   *R*

A	B	C
1	2	3
4	5	6
3	7	9

表 2-23   *S*

A	B	C
1	2	7
4	5	6
7	8	9

表 2-24   *R*−*S*

A	B	C
1	2	3
3	7	9

可见,*R*−*S* 为属于 *R* 但不会在 *S* 中出现的元组组成。所以 *R*−*S* 可以表示为图 2-9 所示的形成。

3. 交（Intersection）

设 *R* 和 *S* 都是 *n* 目关系,而且两者各对应属性的数据类型相同,则 *R* 和 *S* 的交定义为:

$$R \cap S = \{t \mid t \in R \wedge t \in S\}$$

R∩*S* 的结果仍为 *n* 目关系,有即属于 *R* 又属于 *S* 的元组组成,如图 2-2 所示。

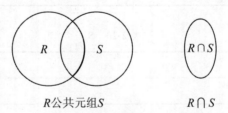

R公共元组S   *R*∩*S*

图 2-2   交运算

例 2.11   关系 *R*(表 2-25),*S*(表 2-26)相容,求 *R*∩*S*(表 2-27)。

表 2-25   *R*

A	B	C
1	2	3
4	5	6
3	7	9

表 2-26　S

A	B	C
1	2	7
4	5	6
7	8	9

表 2-27　$R \cap S$

A	B	C
4	5	6

可见，$R \cap S$ 为既属于 R 又属于 S 的元组组成。所以 $R \cap S$ 可以表示为图 2-8 所示的形成。

4. 广义的笛卡儿积(Extended Cartes Jan Product)

设 R 是 n 目关系，S 是 m 目关系，R 和 S 的笛卡儿积定义为：

$$R \times S = \{t, t_s \mid t_r \in R \wedge t_s \in S\}$$

$R \times S$ 是一个 $(n+m)$ 目关系，前 n 列是关系 R 的属性，后 m 列是关系 S 的属性。

每个元组的前 n 个属性是关系 R 的一个元组，后 m 个属性足关系 S 的一个元组。

若关系 R 有 p 个元组，关系 S 有 q 个元组，关系 $R \times S$ 有 $p \times q$ 个元组，且每个元组的属性为 $(n+m)$ 个。

例 2.12　设有关系 R 和 S，如图 2-3 所示，求 $R \cup S$、$R \cap S$、$R - S$ 和 $R \times S$。

A	B	C
a_1	b_1	c_1
a_1	b_2	c_2
a_2	b_2	c_1

（a）关系 R

A	B	C
a_1	b_2	c_2
a_1	b_3	c_2
a_2	b_2	c_1

（b）关系 S

A	B	C
a_1	b_1	c_1
a_1	b_2	c_2
a_2	b_2	c_1
a_1	b_3	c_2

（c）$R \cup S$

A	B	C
a_1	b_2	c_2
a_2	b_2	c_1

（d）$R \cap S$

A	B	C
a_1	b_1	c_1

（e）$R - S$

R.A	R.B	R.C	S.A	S.B	S.C
a_1	b_1	c_1	a_1	b_2	c_2
a_1	b_1	c_1	a_1	b_3	c_2
a_1	b_1	c_1	a_2	b_2	c_1
a_1	b_2	c_2	a_1	b_2	c_2
a_1	b_2	c_2	a_1	b_3	c_2
a_1	b_2	c_2	a_2	b_2	c_1
a_2	b_2	c_1	a_1	b_2	c_2
a_2	b_2	c_1	a_1	b_3	c_2
a_2	b_2	c_1	a_2	b_2	c_1

（f）$R \times S$

图 2-3　集合运算表

2.4.2 专门的关系运算

为了满足用户对数据操作的需要,在关系代数中除了需要一般的集合运算外,还需要一些专门的关系运算,介绍如下:

1. 选择

从关系中找出满足给定条件的所有元组称为选择。其中的条件是以逻辑表示式给出的,该逻辑表达式的值为真的元组被选取。这是从行的角度进行的运算,即水平方向抽取元组。经过选择运算得到的结果可以形成新的关系,其关系模式不变,但其中元组的数目小于或等于原来的关系中的元组的个数,它是原关系的一个子集,如图 2-4 所示。

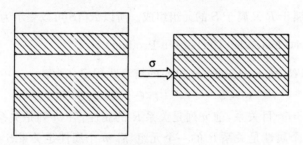

图 2-4 选择

选择又称为限制。它是在关系 R 中选择满足给定条件的元组,记作:

$$\sigma_F(R) = \{t \mid t \in R \land F(t) = '真'\}$$

其中 F 表示选择条件,它是一个逻辑表达式,取逻辑值"真"或"假"。

逻辑表达式 F 由逻辑运算符 $\lnot$,$\land$,$\lor$ 连接各算术表达式组成。算术表达式的基本形式为:

$$X_1\theta Y_1$$

其中 θ 表示比较运算符,它可以是 $>$,$\geqslant$,$<$,$\leqslant$,$=$ 或 $\neq$。X_1,Y_1 是属性名,或常量或简单函数,属性名可以用它的序号来代替。

设有一学生成绩统计表,如表 2-28 所示。试找出满足条件(计算机成绩在 90 分以上)的元组集 T。结果如表 2-29 所示。

表 2-28 学生成绩统计表

学号	姓名	数学	英语	计算机
001	陈亮	99	76	92
002	周小军	91	84	91
003	彭军	68	88	76
004	张丽芳	82	90	88
005	朱湘平	60	69	94

表 2-29　选择结果 T

学号	姓名	数学	英语	计算机
001	陈亮	99	76	92
002	周小军	91	84	91
005	朱湘平	60	69	94

2. 投影

从关系中挑选若干属性组成新的关系称为投影。这是从列的角度进行运算。经过投影运算可以得到一个新关系,其关系所包含的属性个数往往比原关系少,或者属性的排列顺序不同,如果新关系中包含重复元组,则要删除重复元组,如图 2-5 所示。

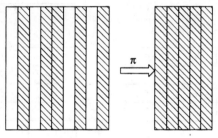

图 2-5　投影

关系 R 上的投影是从 R 中选择出若干属性列组成新的关系,记作:

$$\Pi_F(R) = \{t[A] t \in R\}$$

或者 $R[A]$,其中 A 为 R 中的属性列。

查询学生成绩统计表(表 2-28)在学号和姓名两个属性上的投影 T,结果如表 2-30 所示。

表 2-30　投影结构 T

学号	姓名
001	陈亮
002	周小军
003	彭军
004	张丽芳
005	朱湘平

3. 连接

连接也称 θ 连接。它是从两个关系的笛卡儿积中选取属性间满足一定条件的元组。记作:

$$R \underset{A\theta B}{\infty} S = \{t_r t_s \mid t_r \in R \wedge t_s \in S \wedge t_r[A]\theta t_s[B]\}$$

其中 A 和 B 分别为 R 和 S 上度数相等且可比的属性组。θ 是比较运算符。连接运算从 R 和 S 的广义笛卡儿积 $R \times S$ 中选取(R 关系)在 A 属性组上的值与(S 关系)在 B 属性组上值满足比较关系 θ 的元组。如下图 2-6 所示。

R

A	B	C
a_1	2	c_1
a_1	5	c_1
a_1	9	c_2
a_2	9	c_2
a_2	12	c_2
a_3	2	c_4

S

C	D
c_1	5
c_2	7
c_3	9

$R \underset{B>D}{\bowtie} S$

A	B	$R.C$	$S.C$	D
a_1	9	c_2	c_1	5
a_2	9	c_2	c_1	5
a_2	12	c_2	c_1	5
a_1	9	c_2	c_2	7
a_2	9	c_2	c_2	7
a_2	12	c_2	c_2	7
a_2	12	c_2	c_3	9

$R \underset{R.C=S.C}{\bowtie} S$

A	B	$R.C$	$S.C$	D
a_1	2	c_1	c_1	5
a_1	5	c_1	c_1	5
a_1	9	c_2	c_2	7
a_2	9	c_2	c_2	7
a_2	12	c_2	c_2	7

$R \bowtie S$

A	B	C	D
a_1	2	c_1	5
a_1	5	c_1	5
a_1	9	c_2	7
a_2	9	c_2	7
a_2	12	c_2	7

图 2-6 关系 R 与 S 的连接

连接运算中有两种最为重要也最为常见的连接，一种是等值连接，另一种是自然连接。

θ 为"＝"的连接运算称为等值连接。它是从关系 R 与 S 的广义笛卡儿积中选取 A，B 属性值相等的那些元组，如图 2-7 所示。

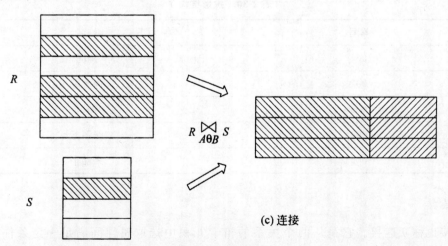

(c) 连接

图 2-7 等值连接

给定关系 R 和 S，其等值连接如图 2-8(a) 所示。

R

A	B	C
a_1	b_1	5
a_1	b_2	6
a_2	b_3	8
a_2	b_4	12

S

B	E
b_1	3
b_2	7
b_3	10
b_3	2
b_5	2

(a) $R \underset{R.B=S.B}{\infty} S$

A	R.B	C	S.B	E
a_1	b_1	5	b_1	3
a_1	b_2	6	b_2	7
a_2	b_3	8	b_3	10
a_2	b_3	8	b_3	2

(b) $R \infty S$

A	B	C	E
a_1	b_1	5	3
a_1	b_2	6	7
a_2	b_3	8	10
a_2	b_3	8	2

图 2-8 关系 R 与 S 的等值连接

自然连接是一种特殊的等值连接,它要求两个关系中进行比较的分量必须是相同的属性组,并且在结果中把重复的属性列去掉,如图 2-8(b)所示。

4.除

给定关系 $R(X,Y)$ 和 $S(Y,Z)$，其中，X、Y、Z 为属性组。R 中的 Y 与 S 中的 Y 可以有不同的属性名，但必须出自相同的域集。

R 与 S 的除运算得到一个新的关系 $P(X)$，P 是 R 中满足下列条件的元组在 X 属性列上的投影：元组在 X 上分量值 x 的象集 Y_x 包含 S 在 Y 上投影的集合。记作：

$$R \div S = \{t_r[X] \mid t_r \in R \wedge \pi_Y(S) \subseteq Y_x\}$$

其中 Y_x 为 x 在 R 中的象集，$x=t_r[X]$。

除操作是同时从行和列角度进行运算。

设有如下的关系 R 和 S：

R

A	B	C
a_1	b_1	c_2
a_2	b_3	c_7
a_3	b_4	c_6
a_1	b_2	c_3
a_4	b_6	c_6
a_2	b_2	c_3
a_1	b_2	c_1

S

B	C	D
b_1	c_2	d_1
b_2	c_1	d_1
b_2	c_3	d_2

则 $R \div S$ 结果如下：

a_1 的象集为 $\{(b_1,c_2),(b_2,c_3),(b_2,c_1)\}$

a_2 的象集为 $\{(b_3,c_7),(b_2,c_3)\}$

a_3 的象集为 $\{(b_4,c_6)\}$

a_4 的象集为 $\{(b_6,c_6)\}$

S 在 (B,C) 上的投影为：

$\{(b_1,c_2),(b_2,c_1),(b_2,c_3)\}$

因只有 a_1 的象集包含了 S 在 (B,C) 属性组上的投影，故

$$R \div S = \{a_1\}$$

即 $R \div S$ 为：

A
a_1

2.4.3　拓展关系代数运算

除了上述两种关系运算之外,还有些关系代数运算也是比较有用的,比如外连接(Outer Join)。

外连接是自然连接的扩展,也可以说是自然连接的特例,可以处理缺失的信息。假设两个关系 R 和 S,它们的公共属性组成的集合为 Y,在对 R 和 S 进行自然连接时,在 R 中的某些元组可能与 S 中所有元组在 Y 上的值均不相等,同样,对 S 也是如此,那么在 R 和 S 的自然连接的结果中,这些元组都将被舍弃。使用外连接可以避免这样的信息丢失。外连接运算有三种:左外连接、右外连接和全外连接。

2.4.4　关系演算

除了使用关系代数表示关系的操作之外,还可以使用谓词运算来表示关系的操作,称为关系演算(Relational Calculus)。

在关系演算中,用谓词表示运算的要求和条件。由于用关系演算表示关系的操作只需描述所要得到的结果,无需对操作的过程进行说明,因此基于关系演算的数据库语言是说明性语言。目前,面向用户的关系数据库语言大都是以关系演算为基础的。

关系演算又分为元组关系演算(Tuplerelational Calculus)和域关系演算(Domainrelational Calculus)两类。元组关系演算以元组为谓词变量,域关系演算则是以域(即属性)为谓词变量。

关系演算是以数理逻辑中的谓词演算为基础的,常见的谓词如表 2-31 所示。

表 2-31　关系演算谓词

比较谓词	$>,>=,<,<=,=,\neq$
包含谓词	IN
存在谓词	EXISTS

1. 元组关系演算

关系 R 可用谓词 $R(t)$ 表示,t 为变元。关系 R 与谓词间关系如下:

$$R = \{t \mid \phi(t)\}$$

上式的含义为:R 是所有使 $\phi(t)$ 为真的元组 t 的集合。当谓词以元组为变量时,称为元组关系演算;当谓词以域为变量时,称为域关系演算。

在元组关系演算中,把 $\{t \mid \phi(t)\}$ 称为一个演算表达式,把 $\phi(t)$ 称为一个公式,t 为 ϕ 中唯一的自由元组变量。

2. 域关系演算

域关系演算同元组关系演算类似,两者的不同之处是公式中的变量不是元组变量而是表示元组变量中各个分量的域变量。

域演算表达式的一般形式为：

$$\{t_1 \ t_2 \cdots t_k \mid \phi(t_1, t_2, \cdots, t_k)\}$$

式中，$t_1 \ t_2 \cdots t_k$ 为元组变量 t 的各个分量，统称为域变量，域变量的变化范围是某个值域而不是一个关系；ϕ 是一个公式，与元组演算公式类似，它可以像元组演算一样演算定义域的原子公式和表达式。

在域关系演算中，原子公式有以下三种形式：

① $R(t_1 \ t_2 \cdots t_k)$，其中 R 是一个 k 元关系，每个 t_i 是域变量或常量。$R(t_1 \ t_2 \cdots t_k)$ 表示命题函数："以 $t_1 \ t_2 \cdots t_k$ 为分量的元组在关系 R 中"。

② $t_i\theta c$ 或 $c\theta t_i$，其中 t_i 是元组 t 的第 i 个域变量，c 是常量，θ 是比较运算符。它表示元组 t 的第 i 个域变量 t_i 与常量 C 之间满足 θ 关系。

③ $t_i\theta u_j$，其中 t_i 是元组 t 的第 i 个域变量，u_j 是元组 u 的第 j 个域变量，θ 是比较运算符。它表示 t_i 与 u_j 之间满足 θ 关系。

设 ϕ_1、ϕ_2 是公式，则 $\neg\phi_1, \phi_1 \wedge \phi_2, \phi_1 \vee \phi_2, \phi_1 \rightarrow \phi_2$ 也是公式。

设 $\phi(t_1, t_2, \cdots t_k)$ 是公式，则 $(\forall t_i)(\phi), (\exists t_i)(\phi), i = (1, 2, \cdots, k)$ 同样是公式。

例 2.13 设关系 R 和 S 如表 2-32、表 2-33 所示，则下列各域演算表达式表示的关系如表 2-34、表 2-35 所示。

① $R_1 = \{x, y, z \mid R(x, y, z) \wedge x > 1 \wedge y = 6\}$。

② $R_2 = \{x, y, z \mid R(x, y, z) \vee S(x, y, z) \wedge z = d)\}$。

表 2-32　R

A	B	C
1	5	h
3	6	f
4	2	d
4	6	C

表 2-33　S

A	B	C
1	5	h
3	6	f
4	2	d
4	6	C

表 2-34　R_1

A	B	C
3	6	f
4	6	C

表 2-35　R_2

A	B	C
1	5	h
3	6	f
4	2	d
4	6	C
4	2	d

例 2.14　设关系 R 和 S 如图 2-9 所示,试分布写出下列各域演算表达式表示的关系。

A	B	C
1	5	h
3	6	f
4	2	d
4	6	c

(a) 关系 R

A	B	C
1	5	h
3	6	f
4	2	d
4	6	c

(b) 关系 S

图 2-9　关系 R 和 S

① $R_1 = \{x,y,z \mid R(x,y,z) \wedge x > 1 \wedge y = 6\}$。

② $R_2 = \{x,y,z \mid R(x,y,z) \vee S(x,y,z) \wedge = d\}$。

解域演算表达式 R_1 和 R_2 的结果如图 2-10(a)和(b)所示。

A	B	C
3	6	f
4	6	c

(a) 域演算表达式 R_1 的结果

A	B	C
1	5	h
3	6	f
4	2	d
4	6	c
4	2	d

(b) 域演算表达式 R_2 的结果

图 2-10　域演算表达式的结果

第3章　关系数据库规范化理论

3.1　规范化的问题

3.1.1　规范化的核心内容

关系数据库的规范化理论最早是由关系数据库的创始人 E. F. Codd 提出的。

在关系数据库系统中,关系模型包括一组关系模式,并且各个关系之间也是有联系的。如何设计一个合适的关系数据库系统,关系数据库模式的设计是关键。

关系数据库的规范化理论主要包括三个方面的内容:函数依赖、范式(Normal Form)、关系模式的分析和数据依赖的公理理论。

3.1.2　不合理的关系模式存在的存储异常问题

为什么要遵循一定的规范化理论来对设计数据库的逻辑呢? 什么是好的关系模式? 某些不好的关系模式可能导致哪些问题? 在进行数据库的操作时,会出现以下几方面的问题。

①数据冗余。

②插入异常。

③删除异常。

④更新异常。

经过分析,我们说分解后的关系模式是一个好的关系数据库模式。从而得出结论,以下四个条件是一个好的关系模式需要具备的。

①尽可能少的数据冗余。

②没有插入异常。

③没有删除异常。

④没有更新异常。

3.2　函数依赖

定义 3.1　对于满足一组函数依赖 F 的关系模式 $R<U,F>$,它的任何一个关系 r,如果函数依赖 $X \rightarrow Y$ 均成立,也就是说 r 中任意两元组 t,s,如果 $t[X] = s[X]$,从而有 $t[Y] =$

$s[Y]$，则称 F 逻辑蕴含 $X \to Y$。

例 3.1 设有一个描述学生信息的关系模式 R(Sname，Sex，Birthday，Phone)，其属性名分别代表学生的姓名、性别、出生日期和电话号码属性。表 3-1 给出了它的一个具体关系 r。

表 3-1 关系 r

Sname	Sex	Birthday	Phone
张华	女	1976.08.08	88547566
黄河	男	1965.11.17	85344518
刘林	男	1972.02.25	86090541

如果仅从关系模式 $R(U)$ 的一个具体关系 r 出发，由于 r 没有相同姓名的元组(学生)，就会得出以下结论：对于关系模式 R 有 Sname→Sex，Sname→Birthday，Sname→Phone 的结论。但这个结论是不正确的。比如，对关系模式 R 的另外一个具体关系 r_1 如表 3-2 所示，这时，从关系 r 得出的函数依赖也就无法成立。所以，关系模式中的函数依赖是对这个关系模式的所有可能的具体关系都成立的函数依赖。

表 3-2 关系 r_1

Sname	Sex	Birthday	Phone
张华	女	1976.08.08	88547566
黄河	男	1965.11.17	85344518
刘林	男	1972.02.25	86090541
张华	男	1980.07.02	88336629

例 3.2 对于例 3.1 的关系模式 StudyInfo(Sno，Sname，DeptName，DeptHead，Cname，Grade)有如下的一些函数依赖：Sno→Shame，{Sno，Cname}→Grade，Sno→DeptName，DeptName→DeptHead。由最后两个函数依赖还可得出 DeptHead 传递函数依赖 Sno，即 Sno $\xrightarrow{t}$ DeptHead。如果没有同姓名的学生，还有 Sno↔Sname 等。但显然有 Grade ↛ Sname，{Sno，Cname} $\xrightarrow{p}$ Sname。

其实，对关系模式 StudyInfo 还有 Sno $\xrightarrow{f}$ Sname，{Sno，Cname} $\xrightarrow{f}$ Grade 等。

因此，Sno 是 Sno $\xrightarrow{f}$ Sname 的决定因素，{Sno，Cname}是{Sno，Cname} $\xrightarrow{f}$ Grade 的决定因素。

下面我们给出 Armstrong 公理系统，其目的在于求得给定关系模式的码，从一组函数依赖求得蕴含的函数依赖。

Armstrong 公理系统(Armstrong's Axiom) 设 U 为属性集总体，F 是 U 上的一组函数依赖，于是有关系模式 $R < U，F >$。$R < U，F >$ 具有以下推理规则：

①增广律(Augmentation Rule)：如果 $X \to Y$ 为 F 所蕴含，并且 $Z \subseteq U$，那么 $XZ \to YZ$ 为 F 所蕴含。

②自反律(Reflexivity Rule)：如果 $Y \subseteq X \subseteq U$，那么 $X \rightarrow Y$ 为 F 所蕴含。

③传递律(Transitivity Rule)：如果 $X \rightarrow Y$ 及 $Y \rightarrow Z$ 为 F 所蕴含，那么 $X \rightarrow Z$ 为 F 所蕴含。

定理 3.1 Armstrong 推理规则是正确的。

证明：①设 $Y \subseteq X \subseteq U$。

对于 $R < U, F >$ 的任一关系 r 中任意两个元组 t, s：

如果 $t[X] = s[X]$，因为 $Y \subseteq X$，则有 $t[Y] = s[Y]$，所以 $X \rightarrow Y$ 成立，因而自反律得证。

②设 $X \rightarrow Y$ 为 F 所蕴含，并且 $Z \subseteq U$。

设 $R < U, F >$ 的任一关系 r 中任意的两个元组 t, s：

如果 $t[XZ] = s[XZ]$，从而有 $t[X] = s[X]$ 和 $t[Z] = s[Z]$；

因为 $X \rightarrow Y$，所以有 $t[Y] = s[Y]$，因此 $t[YZ] = s[YZ]$，从而有 $XZ \rightarrow YZ$ 为 $XZ \rightarrow YZ$ 所蕴含，增广律得证。

③设 $X \rightarrow Y$ 及 $Y \rightarrow Z$ 为 F 所蕴含。

对 $R < U, F >$ 的任一关系 r 中任意两个元组 t, s：

如果 $t[X] = s[X]$，因为 $X \rightarrow Y$，则有 $t[Y] = s[Y]$；

根据 $Y \rightarrow Z$，则有 $t[Z] = s[Z]$ 为 F 所蕴含，传递律得证。

根据上述 3 条推理规则可得到下面三条推理规则：

①合并规则(Union Rule)：因为 $X \rightarrow Y, X \rightarrow Z$，所以有 $X \rightarrow YZ$。

②伪传递规则(Pseudo Transitivity Rule)：因为 $X \rightarrow Y, WY \rightarrow Z$，所以有 $XW \rightarrow Z$。

③分解规则：由 $X \rightarrow Y$ 及 $Z \subseteq Y$，有 $X \rightarrow Z$。

引理 3.1 $X \rightarrow A_1 A_2 \cdots A_k$ 成立的充分必要条件是 $X \rightarrow A_i$ 成立 $(i = 1, 2, \cdots, k)$。

定义 3.2 在关系模式 $R < U, F >$ 中为 F 所逻辑蕴含的函数依赖的全体叫作 F 的闭包 (Closure)，记为 F^+ 自反律，传递律和增广律称为 Armstrong 公理系统。

Armstrong 公理系统的特点是有效的、完备的。

由 F 出发根据 Armstrong 公理推导出来的每一个函数依赖一定在 F^+ 中就是所谓的 Armstrong 公理的有效性。

F^+ 中的每一个函数依赖，必定可以由 F 出发根据 Armstrong 公理推导出来，就是 Armstrong 公理的完备性。

定义 3.3 设 F 为属性集 U 上的一组函数依赖，$X \subseteq U, X_F^+ = \{A \mid X \rightarrow A$ 能由 F 根据 Armstrong 公理导出$\}$，X_F^+ 称为属性集 X 关于函数依赖集 F 的闭包。

引理 3.2 设 F 为属性集 U 上的一组函数依赖，$X, Y \subseteq U, X \rightarrow Y$ 能由 F 根据 Armstrong 公理导出的充分必要条件是 $Y \subseteq X_F^+$。

判定 $X \rightarrow Y$ 是否能由 F 根据 Armstrong 公理导出的问题，从而转化为求出 X_F^+，判定 Y 是否为 X_F^+ 子集的问题。下面给出相关算法。

算法 3.1 求属性集 $X(X \subseteq U)$ 关于 U 上的函数依赖集 F 的闭包 X_F^+。

输入：X, F

输出：X_F^+

具体步骤：

①设 $X^{(0)} = X, i = 0$。

②求 B,此处 $B = \{A \mid (\exists V)(\exists W)(V \to W \in F \land V \subseteq X^{(i)} \land A \in W)\}$。

③ $X^{(i+1)} = B \bigcup X^{(i)}$。

④判断 $X^{(i+1)} = x^{(i)}$ 是否相等。

⑤如果相等或 $X^{(i)} = U$ 那么 $X^{(i)}$ 就是 X_F^+,此时算法终止。

⑥如果不相等,则 $i = i + 1$,此时需要返回第②步。

定理 3.2　Armstrong 公理系统是有效的、完备的。

证明:由于 Armstrong 公理系统的有效性可由定理 3.1 得到证明。因此在这里我们仅给出完备性的证明。

①如果 $V \to W$ 成立,并且 $V \subseteq X_F^+$,则 $W \subseteq X_F^+$。

由于 $V \subseteq X_F^+$,因而 $X \to V$ 成立;所以 $X \to W$ 成立,所以可知 $W \subseteq X_F^+$ 成立。

②构造一张二维表 r,它由以下两个元组构成,可以证明 r 必为 $R < U, F >$ 的一个关系,也就是说 F 中的全部函数依赖在 r 上成立。

$$
\begin{array}{cc}
\overbrace{X_F^+} & \overbrace{U - X_F^+} \\
11\cdots\cdots1 & 00\cdots\cdots0 \\
11\cdots\cdots1 & 11\cdots\cdots1
\end{array}
$$

如果 r 不是 $R < U, F >$ 的关系,那么一定因为 F 中有某一个函数依赖 $V \to W$ 在 r 上不成立而导致。根据 r 的构成易知,V 一定是 X_F^+ 的子集,然而 W 不是 X_F^+ 的子集,可是由第①步,这与 $W \subseteq X_F^+$ 相互矛盾。因此 r 必是 $R < U, F >$ 的一个关系。

③如果 $X \to Y$ 不能由 F 从 Armstrong 公理导出,则 Y 不是 X_F^+ 的子集,所以一定有 Y 的子集 Y' 满足 $Y' \subseteq U - X_F^+$,那么 $X \to Y$ 在 r 中不成立,也就是 $X \to Y$ 一定不为 $R < U, F >$ 蕴含。

从蕴含(或导出)的概念出发,引出了两个函数依赖集等价和最小依赖集的概念。

定义 3.4　若 $F^+ = G^+$,即函数依赖集 F 覆盖 G 或 F 与 G 等价。

引理 3.3　$F^+ = G^+$ 的充分必要条件是 $F \subseteq G^+$ 和 $G \subseteq F^+$。

证明:由于必要性显然,因此这里只证明充分性。

①如果 $F \subseteq G^+$,则 $X_F^+ \subseteq X_G^+$。

②任取 $X \to Y \in F^+$,则有 $Y \subseteq X_F^+ \subseteq X_G^+$。

因此 $X \to Y \in (G^+)^+ = G^+$。即 $F^+ \subseteq G^+$。

③同理可证 $G^+ \subseteq F^+$,所以 $F^+ = G^+$。

定义 3.5　若函数依赖集 F 满足下列条件,则称 F 为一个极小函数依赖集。也称为最小依赖集或最小覆盖(Minimal Cover)。

① F 中任一函数依赖的右部仅含有一个属性。

② F 中不存在这样的函数依赖 $X \to A$,使得 F 与 $F - \{X \to A\}$ 等价。

③ F 中不存在这样的函数依赖 $X \to A$,X 有真子集 Z 使得 $F - \{X \to A\} \bigcup \{Z \to A\}$ 与 F 等价。

定理 3.3　每一个函数依赖集 F 均等价于一个极小函数依赖集 F_m。该 F_m 称为 F 的最小依赖集。

证明：这是一个构造性的证明，分三步对 F 进行"极小化处理"，找出 F 的一个最小依赖集。

① 逐个检查 F 中各函数依赖 $FD_i : X \rightarrow Y$，如果 $Y = A_1 A_2 \cdots A_k, k > 2$，那么用 $A\{X \rightarrow A_j \mid j = 1,2,\cdots,k\}$ 来取代 $X \rightarrow Y$。

② 逐一检查 F 中各函数依赖 $FD_i : X \rightarrow A$，设 $G = F - \{X \rightarrow A\}$，如果 $A \in X_G^+$，则从 F 中去掉此函数依赖。

③ 逐一取出 F 中各函数依赖 $FD_i : X \rightarrow A$，设 $X = B_1 B_2 \cdots B_m$，逐一考查 $B_i (i = 1,2,\cdots, m)$，如果 $A \in Z_F^+$，则以 $X - B_i$ 取代 X。

最后剩下的，就一定是极小依赖集，而且与原来的 F 等价。因为对 F 的每一次"改造"都保证了改造前后的两个函数依赖集等价。这些证明很显然。

例 3.3 已知有关系 $R(A,B,C,D,E,G)$，有函数依赖集：$A \rightarrow B$、$A \rightarrow C$、$A \rightarrow E$、$CE \rightarrow G$。求 R 所有属性集合的闭包 F^+。

解：根据自反律，$A \rightarrow A$，因此 $F \rightarrow A$，可将 A 加入 F^+ 中；

因为 $A \rightarrow B$、$A \rightarrow C$、$A \rightarrow E$，根据传递律，$F \rightarrow B$、$F \rightarrow C$、$F \rightarrow E$，可将 B、C、E 加入到 F^+ 中；

根据合并律，$F \rightarrow CE$；

因为 $CE \rightarrow G$，根据传递律，$F \rightarrow G$，可判定 F^+ 包括 G；

因此，$F^+ = ABCEG$。

属性集的闭包可用于帮助确定候选关键字。

如集属性或属性集 F 的闭包为 F^+，且 F^+ 包括数据表中全部属性，则 F 为该数据表的一个候选关键字。

例 3.4 已知有关系 $R(A,B,C,D,E,G)$，有函数依赖集：$A \rightarrow B$、$A \rightarrow C$、$A \rightarrow E$、$CE \rightarrow G$。求判断属性集 (A, D) 为 R 的候选关键字。

由例 3.3 可知，$A^+ = ABCEG$，由增补律，$(A, D)^+ = ABCDEG$，因此，(A, D) 为 R 的候选关键字。

3.3 关系规范化

3.3.1 函数依赖

定义 3.6 设属性集 U 上的关系模式为 $R(U)$。X,Y 为 U 的子集。如果对于 $R(U)$ 的任意一个可能的关系 r，在 r 中不存在两个元组在 X 上的属性值相等，然而在 Y 上的属性值不等，那么此时称 X 函数确定 Y 或 Y 函数依赖于 X，记作 $X \rightarrow Y$。

函数依赖是语义范畴的概念。仅仅可以根据语义来确定一个函数依赖。

注意，函数依赖是指 R 的一切关系均要满足的约束条件。

定义 3.7　在 $R(U)$ 中,若 $X \rightarrow Y$,并且对于 X 的任何一个真子集 X',均存在 $X' \nrightarrow Y$,则称 Y 对 X 完全函数依赖,记作:

$$X \xrightarrow{F} Y$$

如果 $X \rightarrow Y$,但 Y 不完全函数依赖于 X,则称 Y 对 X 部分函数依赖,记作:

$$X \xrightarrow{P} Y$$

定义 3.8　在 $R(U)$ 中,若 $X \rightarrow Y$,$(X \nsubseteq Y)$,$Y \nrightarrow X$,$Y \rightarrow Z$,$Z \nsubseteq Y$,则称 Z 对 X 传递函数依赖(Transitive Functional Dependency)。记作:

$$X \xrightarrow{传递} Z$$

3.3.2　码

关系模式中一个重要概念就是码。

定义 3.9　设 K 为 $R<U,F>$ 中的属性或属性组合,如果 $K \xrightarrow{F} U$ 则 K 为 R 的候选码(Candidate Key)。如果候选码不止一个,此时需要选定其中的一个为主码(Primary Key)。

例 3.5　关系模式 $S(\underline{Sno}, Sdept, Sage)$ 中单个属性 Sno 是码,用下横线显示出来。$SC(\underline{Sno, Cno}, Grade)$ 中属性组合(Sno,Cno)是码。

定义 3.10　关系模式 R 中属性或属性组 X 并非 R 的码,然而 X 是另一个关系模式的码,则称 X 是 R 的外部码(Foreign Key),或者称其为外码。

主码与外部码提供了一个表示关系间联系的手段。

3.3.3　范式

关系数据库中的关系满足不同程度要求的为不同范式。第一范式即满足最低要求的,简称 1NF。2NF 即在 1NF 中满足进一步要求的,其余以此类推。

在范式方面,E. F. Codd 于 1971～1972 年系统地提出了 1NF、2NF、3NF 的概念,讨论了规范化的问题。Codd 和 Boyce 于 1974 年又共同提出了一个新范式,即 BCNF。

Fagin 于 1976 年又提出了 4NF。后来又有人提出了 5NF。

所谓"第几范式",是表示关系的某一种级别。因此通常称某一关系模式 R 为第几范式。现在把范式这个概念理解成符合某一种级别的关系模式的集合,则 R 为第几范式就可以写成 $R \in x\text{NF}$。

各种范式之间有如下联系:

$$5\text{NF} \subset 4\text{NF} \subset \text{BCNF} \subset 3\text{NF} \subset 2\text{NF} \subset 1\text{NF}$$

成立,如图 3-1 所示。

规范化(Normalization)是指一个低一级范式的关系模式,通过模式分解(Schema Decomposition)可以转换为若干个高一级范式的关系模式的集合的过程。

但是满足第一范式的关系模式并不一定是一个好的关系模式。例如,关系模式:

BRB(Bookid,Cardid,Reademame,Class,Maxcount,Bdate,Sdate)

其中:Class 为读者类别,它决定一个读者可以借书的最大数量。例如,学生最多可以借 5 本,教师最多可以借 10 本。Maxcount 为最多可借书的数量;Reademame 为读者姓名;Cardid 为读者卡号即借书证号;Bookid 为书号即图书的 ISBN 号;Bdate 为借书日期;Sdate 为还书日期。

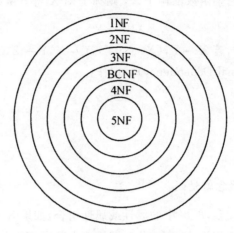

图 3-1　各种范式之间的联系

BRB 的候选码为(Cardid,Bookid,Bdate)。函数依赖包括:

Cardid→Readername

Cardid→Class

Class→Maxcount

Cardid $\xrightarrow{传递}$ Maxcount

(Cardid,Bookid,Bdate) $\xrightarrow{p}$ Class

(Cardid,Bookid,Bdate) $\xrightarrow{p}$ Readername

(Cardid,Bookid,Bdate) $\xrightarrow{f}$ Sdate

显然 BRB 关系模式满足 1NF。但是,如图 3-2 所示,(Cardid,Bookid,Bdate)为候选码。(Cardid,Bookid,Bdate)函数决定 Reademame。但实际上仅 Cardid 就可以函数决定 Reademame。因此非主属性 Readername 部分函数依赖于码(Cardid,Bookid,Bdate)。

注:图中的实线即表示完全函数依赖,虚线表示部分函数依赖。

BRB 关系存在以下 4 个问题:

(1)插入异常

假若要插入一个新读者,但其还未借阅任何图书,即这个读者暂无 Bookid 值,而实际上这样的元组不能插入 BRB 关系中,因为插入时必须给定码的值,而此时码(Cardid,Bookid,Bdate)的值一部分为空,因而该读者的信息无法插入。

(2)删除异常

假定某位读者只借阅了一本书籍,如借书卡号为 T0001 的读者只借阅了图书号为 TP2003—002 的图书。现在他不借了,要删除这条记录。那么借书卡号为 T0001 的读者信息将一并删除。产生了删除异常,即不应删除的信息也被删除了。

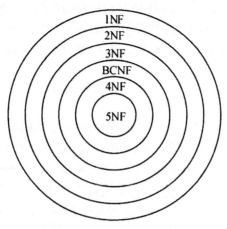

图 3-2　BRBS 的函数依赖

（3）数据冗余度大

如果一个读者借阅了多本书籍,那么他的 Class 和 Maxcount 这些相同值就要重复存储多次,造成了数据大量冗余。

（4）修改复杂

如果要修改某读者的类别,本来只需要修改读者的 Class 值。但因为 BRB 关系模式中还含有读者的 Maxcount 属性,因而还必须修改该读者对应的所有元组中的 Maxcount 值。因此,此时的 BRB 关系不是一个好的关系模式。

3.3.4　2NF、3NF

1.2NF

定义 3.11　如果 Re 1NF,且每一个非主属性完全函数依赖于码,则 Re 2NF。

一个关系模式 R 不属于 2NF,就会产生以下几个问题:插入异常、删除异常、修改复杂。

在如图 3-3 所示的图中,k_1,k_2,k_3,k_4 是主属性,其他 p_j 是非主属性。如果 k_3 不是关键

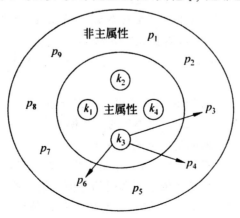

图 3-3　不到 2NF 的关系示意

字,但出现 $k_3 \rightarrow p_3$、$k_3 \rightarrow p_4$、$k_3 \rightarrow p_6$ 的情况(只要出现了其中之一),那么该关系即使达到 1NF,也未达到 2NF。要达到 2NF 需作分解。方法是将 p_3、p_4、p_6 等函数依赖于 k_3 的非主属性抽出来加上 k_3 组合成新的关系,k_3 是其关键字;剩余非主属性、主属性包括 k_3 维持原有各关系不变。

2.3NF

定义 3.12 关系模式 $R<U,F>$ 中若不存在这样的码 X,属性组 Y 及非主属性 $Z(Z \nsubseteq Y)$ 使得 $X \rightarrow Y,Y \rightarrow Z$ 成立,$Y \nrightarrow X$,则称 $R<U,F> \in$ 3NF。

易知,若 $R \in$ 3NF,则每一个非主属性既不部分依赖于码也不传递依赖于码。

在如图 3-4 所示的图中,是 k_1,k_2,k_3,k_4 是主属性,其他 p_j 是非主属性。如果出现是 $k_3 \rightarrow p_4$、$p_4 \rightarrow p_2$、$p_4 \rightarrow p_3$、$p_4 \rightarrow p_5$ 的情况(只要出现其中之一),那么该关系即使达到 2NF,也未达到 3NF。要达到 3NF 需作分解。方法是:将 p_2、p_3、p_5 等函数依赖于 p_4 的非主属性抽出来,加上 p_4 组合成新的关系,p_4 是其关键字;剩余主属性、非主属性包括 p_4 维持原有各关系不变。

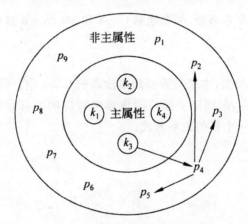

图 3-4 不到 3NF 的关系示意

3.3.5 BCNF

Boyce 与 Codd 提出了 BCNF(Boyce Codd Normal Form),比上述的 3NF 进了一步,一般情况下认为 BCNF 是修正的 3NF(或者扩充的 3NF)。

定义 3.13 关系模式 $R<U,F> \in$ 1NF。如果 $X \rightarrow Y$ 且 $Y \nsubseteq X$ 时 X 必含有码,则 $R<U,F> \in$ BCNF。

即关系模式 $R<U,F>$ 中,如果每一个决定因素都包含码,则 $R<U,F> \in$ BCNF。

根据 BCNF 的定义可知,一个满足 BCNF 的关系模式有:

①一切非主属性对每一个码都是完全函数依赖。

②一切的主属性对每一个不包含它的码,也是完全函数依赖。

③不存在任何一个属性完全函数依赖于非码的任何一组属性。

因为 $R \in$ BCNF,根据定义排除了任何属性对码的传递依赖与部分依赖,因此 $R \in$ 3NF。但是若 $R \in$ 3NF,则 R 未必属于 BCNF。

假如出现如图 3-5 所示的情况,该关系中没有非主属性,所有属性都是主属性,按前面的定义不难分析,它达到 2NF,也达到 3NF,但其中 k_3 不是关键字,却有 $k_3 \to k_4$,按 BCNF 的定义,它未达到 BCNF。要达到 BCNF 需作分解。方法是:将 k_4 等函数依赖于 k_3 的主属性抽出来;加上 k_3 组合成新的关系,k_3 是其关键字;剩余主属性包括 k_3 维持原有各关系不变。分解后关系为 (k_1, k_2, k_3) 和 (k_3, k_4)。

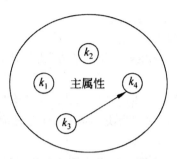

图 3-5 不到 BCNF 的关系示意

例 3.6 关系模式 $SJP(S, T, J)$ 中,S 表示学生,T 表示教师,J 表示课程。这里每位教师仅教授一门课。每门课有若干教师,某一学生选定某门课,就对应一个固定的教师。根据语义可得到如下的函数依赖。

$$(S, J) \to T; (S, T) \to J; T \to J,$$

如图 3-6 所示。

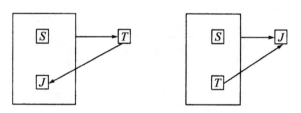

图 3-6 STJ 中的函数依赖

此处 (S, J)、(S, T) 均为候选码。

STJ 是 3NF,由于不存在任何非主属性对码传递依赖或部分依赖。然而 STJ 不是 BCNF 关系,由于决定因素为 T,然而它并不包含码。

3NF 和 BCNF 是在函数依赖的条件下对模式分解所能达到的分离程度的测度。一个模式中的关系模式若均属于 BCNF,则在函数依赖范畴内,它已实现了彻底的分离,已消除了插入和删除的异常。可能存在主属性对码的部分依赖和传递依赖为 3NF 的“不彻底”性表现所在。

定义 3.14 设 $R(U)$ 是属性集 U 上的一个关系模式。X, Y, Z 为 U 的子集,并且 $Z = U - X - Y$。关系模式 $R(U)$ 中多值依赖 $X \to\to Y$ 成立,当且仅当对 $R(U)$ 的任一关系 r,给定的一对 (x, z) 值,有一组 Y 的值,该组值与 z 值无关,只决定于 x 值。

下面给出多值依赖的另一个等价的形式化的定义:

在 $R(U)$ 的任一关系 r 中,若存在元组 t, s 使得 $t[X] = s[X]$,则一定存在元组 $\omega, \upsilon \in r(\omega, \upsilon$ 可以与 s, t 相同),从而使得 $\omega[X] = \upsilon[X] = t[X]$,然而 $\omega[Y] = t[Y]$,$\omega[Z] = s[Z]$,$\upsilon[Y] =$

$s[Y], v[Z] = t[Z]$ 那么 Y 多值依赖于 X，记作 $X \rightarrow\rightarrow Y$。注意此处，$X, Y$ 为 U 的子集，$Z = U - X - Y$。

如果 $X \rightarrow\rightarrow Y$，而 $Z = \varnothing$，称 $X \rightarrow\rightarrow Y$ 为平凡的多值依赖。

例 3.7 分析下列给出的关系模式是否属于 BCNF。

学生(学号,姓名,系名)

系(系名,系主任名)

学生成绩(学号,课程号,成绩)

对于学生(学号,姓名,系名)，学生 $\in$ 3NF，"学号"为候选码，为唯一决定因素，根据 BCNF 的定义，学生 $\in$ BCNF。

对于系(系名,系主任名)，系 $\in$ 3NF，"系名"或"系主任名"为候选码，这两个码是由单个属性组成并不相交，"系名"和"系主任名"为决定因素，且无其他决定因素，根据 BCNF 的定义，系 $\in$ BCNF。

对于学生成绩(学号,课程号,成绩)，学生成绩 $\in$ 3NF，候选码仅有一个(学号,课程号)，为决定因素且无其他决定因，根据 BCNF 的定义，学生成绩 $\in$ BCNF。

例 3.8 关系模式 $WSC(W, S, C)$ 中，W 表示仓库，S 表示保管员，C 表示商品。假设每个仓库均有若干个保管员，有若干种商品。每个保管员保管所在的仓库的所有商品，每种商品被所有保管员保管。关系如表 3-3 所示。

表 3-3　关系表

W	S	C
W_1	S_1	C_1
W_1	S_1	C_2
W_1	S_1	C_3
W_1	S_2	C_1
W_1	S_2	C_2
W_1	S_2	C_3
W_2	S_3	C_4
W_2	S_3	C_5
W_2	S_4	C_4
W_2	S_4	C_5

根据语义对于 W 的每一个值 W_i，S 有一个完整的集合与之对应而不问 C 取何值。所以 $W \rightarrow\rightarrow S$。

若用图 3-7 来表示这种对应，那么对应 W 的某一个值 W_i 的全部 S 值可记作 $\{S\}_{w_i}$，表示该仓库工作的全部保管员，全部 C 值记作 $\{C\}_{w_i}$，表示在此仓库中存放的所有商品。应当有

$\{S\}_{w_i}$ 中的每一个值和 $\{C\}_{w_i}$ 中的每一个 C 值对应。从而 $\{S\}_{w_i}$ 与 $\{C\}_{w_i}$ 之间形成一个完全二分图,所以 $W \twoheadrightarrow S$。

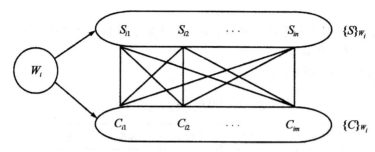

图 3-7　$W \twoheadrightarrow S$ 且 $W \twoheadrightarrow C$

因为 C 与 S 的完全对称性,从而一定有 $W \twoheadrightarrow C$ 成立。

多值依赖的性质如下:

①多值依赖的传递性。

②多值依赖具有对称性。

③函数依赖可看作是多值依赖的特殊情况。

④如果 $X \twoheadrightarrow Y, X \twoheadrightarrow Z$,那么 $X \twoheadrightarrow YZ$。

⑤如果 $X \twoheadrightarrow Y, X \twoheadrightarrow Z$,那么 $X \twoheadrightarrow Y \bigcap Z$。

⑥如果 $X \twoheadrightarrow Y, X \twoheadrightarrow Z$,那么 $X \twoheadrightarrow Y, X \twoheadrightarrow Z - Y$。

多值依赖与函数依赖的区别如下:

①多值依赖的有效性与属性集的范围有关。

②若函数依赖 $X \rightarrow Y$ 在 $R(U)$ 上成立,那么对于任何 $Y' \subset Y$ 均有 $X \rightarrow Y'$ 成立。但是对于多值依赖 $X \twoheadrightarrow Y$ 如果在 $R(U)$ 上成立,此时并不能推断出对于任何 $Y' \subset Y$ 有 $X \twoheadrightarrow Y'$ 成立。

3.3.6　4NF

定义 3.15　关系模式 $R<U,F> \in 1NF$,若对于 R 的每个非平凡多值依赖 $X \twoheadrightarrow Y(Y \nsubseteq X)$,$X$ 均含有码,那么称 $R<U,F> \in 4NF$。

4NF 就是限制关系模式的属性之间不允许有非平凡且非函数依赖的多值依赖。由于按照定义,对于每一个非平凡的多值依赖 $X \twoheadrightarrow Y$,X 都含有候选码,从而有 $X \rightarrow Y$,因此 4NF 所允许的非平凡的多值依赖实际上是函数依赖。

易知,若一个关系模式是 4NF,则必为 BCNF。

如果一个关系模式已达到了 BCNF,但是并不是 4NF,该关系模式依旧具有不好的性质。

函数依赖和多值依赖是两种最重要的数据依赖。若仅仅考虑函数依赖,那么属于 BCNF 的关系模式规范化程度已经是最高的了。若考虑多值依赖,则属于 4NF 的关系模式规范化程度是最高的。

3.3.7 关系模式规范化

在关系数据库中,对关系模式的最基本的规范化要求就是每个分量不可再分,在此基础上逐步消除不合适的数据依赖。

其基本步骤如图 3-8 所示。

(a) $R \underset{R.B=S.B}{\infty} S$

A	$R.B$	C	$S.B$	E
a_1	b_1	5	b_1	3
a_1	b_2	6	b_2	7
a_2	b_3	8	b_3	10
a_2	b_3	8	b_3	2

(b) $R \infty S$

A	B	C	E
a_1	b_1	5	3
a_1	b_2	6	7
a_2	b_3	8	10
a_2	b_3	8	2

图 3-8 规范化过程

3.4 关系模式的分解

3.4.1 关系模式分解中存在的问题

设有关系模式 $R(U)$ 和 $R_1(U_1), R_2(U_2), \cdots, R_k(U_k)$,其中 $U = \{A_1, A_2, \cdots, A_n\}, U_i \subseteq U(i = 1, 2, \cdots, k)$ 且 $U = U_1 \bigcup U_2 \bigcup \cdots \bigcup U_k$。令 $\rho = \{R_1(U_1), R_2(U_2), \cdots, R_k(U_k)\}$,则称 ρ 为 $R(U)$ 的一个分解,也称为数据库模式,有时也称为模式集。$R(U)$ 由 ρ 来代替的过程称为关系模式的分解。

数据库模式 ρ 的一个具体取值记为 $\sigma = \{r_1, r_2, \cdots, r_k\}$,称为数据库实例 σ。其中关系模式 $R_i(U_i)$ 的一个具体关系就是 r_i。

实际上,关系模式的分解,不仅仅是属性集合的分解,它是对关系模式上的函数依赖集,以及关系模式对应的具体关系进行分解的具体表现。

例 3.9　设关系模式 $R(A,B,C)$，$F = \{A \to B, B \to C\}$，r 是 $R(U)$ 满足 F 的一个具体关系，如表 3-4 所示。下面将 R 作出几个不同的分解，看看会会出现什么问题。

①将 R 分解为 $\rho_1 = \{R_1(A), R_2(B), R_3(C)\}$，则相应关系 r 被分解为三个关系（表 3-5），虽然从范式的角度看，关系 r_1, r_2, r_3 都是 4NF，但这样的分解仍然是有问题的。因为它不仅不能保持 F，即从分解后的 ρ_1 无法得出 $A \to B$，或 $B \to C$ 这种函数依赖。也无法使 r 得到"恢复"，这里所说的"恢复"意指无法通过对关系 r_1, r_2, r_3 的连接运算操作得到与 r 一致的元组，甚至最简单的查询要求也是无法回答的。

表 3-4　关系模式 R 的一个关系 r

A	B	C
a_1	b_1	c_1
a_2	b_2	c_2
a_3	b_3	c_3
a_4	b_4	c_4

表 3-5　关系 r 分解为三个关系

A	B	C
a_1	b_1	c_1
a_2	b_2	c_2
a_3	b_3	
a_4		

②将 R 分解为 $\rho_2 = \{R_4(A,B), R_5(A,C)\}$，对应关系 r 分解为 r_4, r_5。由表 3-6 可知，通过 $r_4 \bowtie r_5$ 恢复得到 r，即 $r = r_4 \bowtie r_5$。因此，这样的分解就是所谓的无损连接分解。但函数依赖 $B \to C$ 就无法保持。

表 3-6　关系 r 的三种分解

A	B	A	C	B	C
a_1	b_1	a_1	c_1	a_1	c_1
a_2	b_1	a_2	c_1	a_2	c_2
a_3	b_2	a_3	c_2	a_3	c_1
a_4	b_3	a_4	c_1	关系 r_6	
关系 r_4		关系 r_5			

③将 R 分解为 $\rho_3 = \{R_5(A,C), R_6(B,C)\}$，对应关系 r 分解为 r_5, r_6；则函数依赖 A, B 不被保持，而 $r \neq r_5 \bowtie r_6$。

④将 R 分解为 $\rho_4 = \{R_4(A, B), R_6(B, C)\}$，对应关系 r 分解为 r_4, r_6。该分解最为理想，在保持函数依赖 $F = \{A \rightarrow B, B \rightarrow C\}$（这样的分解称为保持函数依赖的分解）的同时，也能够得到 $r = r_4 \bowtie r_6$。

从上述实例分析中可以看到，一个关系模式的分解可以有几种不同的评判标准：

· 分解具有无损连接性（这种分解可能丢失某些函数依赖，即函数依赖 F 无法保持下去，丢失完整性约束）。

· 分解既保持函数依赖，又具有无损连接性（最好的分解）。

· 分解保持函数依赖（这种分解可能无法通过自然连接得到分解前的关系）。

3.4.2 模式分解的定义

定义 3.16 关系模式 $R < U, F >$ 的一个分解是指
$$\rho = \{R_1 < U_1, F_1 >, R_2 < U_2, F_2 >, \cdots, R_n < U_n, F_n >\},$$
其中 $U = \bigcup_{i=1}^{n} U_i$，且无 $U_i \subseteq U_j$，$1 \leqslant i, j \leqslant n$，$F_i$ 是 F 在 U_i 上的投影。

F_i 是 F 在 U_i 上的投影的定义如下：

定义 3.17 函数依赖集合 $\{X \rightarrow Y \mid X \rightarrow Y \in F^+ \wedge XY \subseteq U_i\}$ 的一个覆盖 F_i 叫作 F 在属性 U_i 上的投影。

一个模式的分解是多种多样的，然而分解后产生的模式必须原模式等价。

下面通过例子说明定义 3.16，如果只要求 $R < U, F >$ 分解后的各关系模式所含属性的"并"等于 U，该限定是远远不够的。

例 3.10 已知关系模式 $R < U, F >$，其中
$$U = \{Sno, Sdept, Mname\},$$
$$F = \{Sno \rightarrow Sdept, Sdept \rightarrow Mname\}。$$

$R < U, F >$ 的元组语义是名字为 Sno 学生正在 Sdept 系学习，其系主任为 Mname。且每个学生只能在某一个系学习，一个系只能有一名系主任。R 的一个关系见表 3-7 所示。

表 3-7 R 的一个关系示例

Sno	Sdept	Mname
S1	D1	王雪
S2	D2	王雪
S3	D3	牛明
S4	D3	张三

因为 R 中存在传递函数依赖 Sno→Mname，因此会发生更新异常。从而进行了如下分解：
$$\rho_1 = \{R_1 < Sno, \varnothing >, R_2 < Sdept, \varnothing >, R_3 < Mname, \varnothing >\}。$$

通过分解的关系 R_i 是 r_i 在 U_i 上的投影,即 $r_i = R[U_i]$

$$r_1 = \{S1,S2,S3,S4\},r_2 = \{D1,D2,D3\},r_3 = \{王雪,牛明,张三\}.$$

3.4.3　分解的无损连接性和保持函数依赖性

首先我们来定义一个记号:设 $\rho = \{R_1 < U_1,F_1 >,\cdots,R_k < U_k,F_k >\}$ 为 $R < U,F >$ 的一个分解,r 是 $R < U,F >$ 的一个关系。定义 $m_\rho(r) = \overset{k}{\underset{i=1}{\bowtie}} \pi_{R_i}(r)$,即 $m_\rho(r)$ 是 r 在 ρ 中各关系模式上投影的连接。这里 $\pi_{R_i} = \{t.U_i \mid t \in r\}$。

引理 3.4　设 $R < U,F >$ 为一关系模式

$$\rho = \{R_1 < U_1,F_1 >,R_2 < U_2,F_2 >,\cdots,R_k < U_k,F_k >\}$$

是 R 的一个分解,r 为 R 的一个关系,$r_i = \pi_{R_i}(r)$,从而

① $r \subseteq m_\rho(r)$。

②如果 $s = m_\rho(r)$,则 $\pi_{R_i}(s) = r_i$。

③ $m_\rho(m_\rho(r)) = m_\rho(r)$。

证明:

①证明 r 中的任何一个元组属于 $m_\rho(r)$。

任取 r 中的一个元组 $t,t \in r$,设 $t_i = t.U_i(i = 1,2,\cdots,k)$。对 k 进行归纳证明 $t_1 t_2 \cdots t_k \in \overset{k}{\underset{i=1}{\bowtie}} \pi_{R_i}(r)$,因此 $t \in m_\rho(r)$,即 $r \subseteq m_\rho(r)$。

②根据①可得 $r \subseteq m_\rho(r)$,已设 $s = m_\rho(r)$,因此,$r \subseteq s,\pi_{R_i}(r) \subseteq \pi_{R_i}(s)$ 现在仅需证明 $\pi_{R_i}(s) \subseteq \pi_{R_i}(r)$,从而就有 $\pi_{R_i}(s) = \pi_{R_i}(r) = r_i$。

任取 $S_i \in \pi_{R_i}(s)$,一定有 S 中的一个元组 υ,使得 $\upsilon.U_i = S_i$。由自然连接的定义可知 $\upsilon = t_1 t_2 \cdots t_k$,对于某中每一个 t_i 必存在 r 中的一个元组 t,使得 $\upsilon.U_i = t_i$。根据前面 $\pi_{R_i}(r)$ 的定义可得 $t_i \in \pi_{R_i}(r)$。又因为 $\upsilon = t_1 t_2 \cdots t_k$,所以 $\upsilon.U_1 = t_i$。又根据上面证得:

$$\upsilon.U_i = S_i,t_i \in \pi_{R_i}(r),$$

所以 $S_i \in \pi_{R_i}(r)$。即 $\pi_{R_i}(s) \subseteq \pi_{R_i}(r)$。所以 $\pi_{R_i}(s) = \pi_{R_i}(r)$。

③ $m_\rho(m_\rho(r)) = \overset{k}{\underset{i=1}{\bowtie}} \pi_{R_i}(m_\rho(r)) = \overset{k}{\underset{i=1}{\bowtie}} \pi_{R_i}(s) = \overset{k}{\underset{i=1}{\bowtie}} \pi_{R_i}(r) = m_\rho(r)$。

定义 3.18　$\rho = \{R_1 < U_1,F_1 >,R_2 < U_2,F_2 >,\cdots,R_k < U_k,F_k >\}$ 为 $R < U,F >$ 的一个分解,如果对 $R < U,F >$ 的任何一个关系 r 均有 $r = m_\rho(r)$ 成立,那么称分解 ρ 具有无损连接性。简称 ρ 为无损分解。

例 3.11　已知 $R < U,F >,U = \{A,B,C,D,E\},F = \{AB \to C,C \to D,D \to E\},R$ 的一个分解为 $R_1(A,B,C),R_2(C,D),R_3(D,E)$。

①构造初始表如表 3-8(a)所示。

②对 $AB \to C$,因各元组的第一、二列不存在相同的分量,所以表不改变。由 $C \to D$ 可将 b_{14} 改为 a_4,再由 $D \to E$ 可使 b_{15},b_{25} 全改为 a_5。最后结果如表 3-8(b)所示。

表 3-8　分解具有无损连接的一个实例表

A	B	C	D	E
a_1	a_2	a_3	b_{14}	b_{15}
b_{21}	b_{22}	a_3	a_4	b_{25}
b_{31}	b_{32}	b_{33}	a_4	a_5

（a）

A	B	C	D	E
a_1	a_2	a_3	a_4	a_5
b_{21}	b_{22}	a_3	a_4	a_5
b_{31}	b_{32}	b_{33}	a_4	a_5

（b）

表中第一行成为 a_1,a_2,a_3,a_4,a_5，因此该分解具有无损连接性。

当关系模式 R 分解为两个关系模式 R_1,R_2 时存在如下两个判定准则。

定理 3.4　对于 $R<U,F>$ 的一个分解 $\rho=\{R_1<U_1,F_1>,R_2<U_2,F_2>\}$，如果

$$U_1 \bigcap U_2 \rightarrow U_1-U_2 \in F^+$$

或者

$$U_1 \bigcap U_2 \rightarrow U_2-U_1 \in F^+$$

则 ρ 具有无损连接性。

定义 3.19　如果 $F^+=(\bigcup\limits_{i=1}^{k} F_i)^+$，则 $R<U,F>$ 的分解

$$\rho=\{R_1<U_1,F_1>,R_2<U_2,F_2>\}$$

保持函数依赖。

3.4.4　模式分解的算法

证明每个 $R_i<U_i,F_i>$ 一定属于 3NF。

设 $F'_i=\{X\rightarrow A_1,X\rightarrow A_2,\cdots,X\rightarrow A_k\}$，$U_i=\{X,A_1,A_2,\cdots,A_k\}$

① $R_i<U_i,F_i>$ 必定以 X 为码。

② 如果 $R_i<U_i,F_i>$ 不属于 3NF，那么一定存在非主属性 $A_m(l\leqslant m\leqslant k)$ 及属性组合 Y，$A_m\notin Y$，使得 $X\rightarrow Y,Y\rightarrow A_m\in F_i^+$，而 $Y\rightarrow X\notin F_i^+$。

如果 $Y\subset X$，则与 $X\rightarrow A_m$ 属于最小依赖集 F 相矛盾，所以 $Y\subseteqq X$。令

$$Y\bigcap X=X_1, Y-X=\{A_1,\cdots,A_\rho\}$$

设 $G=F-\{X-A_m\}$，十分明显 $Y\subseteqq X_G^+$，即 $X\rightarrow Y\in G^+$。

易知 $Y\rightarrow A_m$ 同样属于 G^+。由于 $Y\rightarrow A_m\in F_i^+$，因此 $A_m\in Y_F^+$。如果假设 $Y\rightarrow A_m$ 不属于 G^+，那么在求 Y_F^+ 的算法中，只有使用 $X\rightarrow A_m$ 才能将 A_m 引入。根据算法 3.1 一定有 j，使得 $X\subseteq Y^{(j)}$，于是 $Y\rightarrow X$ 成立是矛盾的。

因此 $X \to A_m$ 属于 G^+，同 F 是最小依赖集相矛盾。所以 $R_i < U_i, F_i >$ 一定属于 3NF。

算法 3.2 转换为 3NF 既有无损连接性又保持函数依赖的分解。

① 设 X 是 $R < U, F >$ 的码。$R < U, F >$ 分解为

$$\rho = \{R_1 < U_1, F_1 >, R_2 < U_2, F_2 >, \cdots, R_k < U_k, F_k >\},$$

令 $\tau = \rho \bigcup \{R^* < X, F_x >\}$。

② 如果存在某个 $U_i, X \subseteq U_i$，将 $R^* < X, F_x >$ 从 τ 中去掉。

③ τ 就是所求的分解。

显然 $R^* < X, F_x >$ 属于 3NF，但 τ 保持函数依赖也很显然，只要判定 τ 的无损连接性即可。

因为 τ 中必有某关系模式 $R(T)$ 的属性组 $T \supseteq X$。因为 X 是 $R < U, F >$ 的码，任取 $U - T$ 中的属性 B，必存在某个 i，使 $B \in T^{(i)}$。表中关系模式 $R(T)$ 所在的行一定可成为 $a_1, a_2, \cdots, a_n$。τ 的无损连接性得证。

算法 3.3（分解法） 转换为 BCNF 的无损连接分解。

① 令 $\rho = \{R < U, F >\}$。

② 检查 ρ 中各关系模式是否均属于 BCNF。如果属于 BCNF，那么此时算法终止。

③ 设 ρ 中 $R_i < U_i, F_i >$ 不属于 BCNF，则一定有 $X \to A \in F_i^+ (A \notin X)$，且 X 不是 R_i 的码。

所以，XA 为 U_i 的真子集。对 R_i 进行分解：

$$\sigma = \{S_1, S_2\}, U_{S1} = XA, U_{S1} = U_i - \{A\}$$

以 σ 代替 $R_i < U_i, F_i >$ 返回第②步。

因为 U 中的属性有限，所以经过有限次循环后算法 3.3 必定终止。

这是一个自顶向下的算法。它自然地形成一棵对 $R < U, F >$ 的二叉分解树。这里需要指出，$R < U, F >$ 的分解树不一定是唯一的。这与步骤③中具体选定的 $X \to A$ 有关。

引理 3.5 如果 $\rho = \{R_1 < U_1, F_1 >, R_2 < U_2, F_2 >, \cdots, R_k < U_k, F_k >\}$ 是 $R < U, F >$ 的一个无损连接分解，$\sigma = \{S_1, S_2, \cdots, S_m\}$ 为 ρ 中 $R_i < U_i, F_i >$ 的一个无损连接分解，则

$$\rho' = \{R_1, R_2, \cdots, R_{i-1}, S_1, S_2, \cdots, S_m, R_{i+1}, \cdots, R_k\},$$
$$\rho'' = \{R_1, R_2, \cdots, R_k, R_{k+1}, \cdots, R_n\}$$

（其中 ρ'' 是 $R < U, F >$ 包含 ρ 的关系模式集合的分解），均是 $R < U, F >$ 的无损连接分解。

引理 3.6 $(R_1 \bowtie R_2) \bowtie R_3 = R_1 \bowtie (R_2 \bowtie R_3)$。

证明：设 r_i 为 $R_i < U_i, F_i >$ 的关系，$i = 1, 2, 3$。

设 $U_1 \bigcap U_2 \bigcap U_3 = V$；

$U_1 \bigcap U_2 - V = X$；

$U_2 \bigcap U_3 - V = Y$；

$U_1 \bigcap U_3 - V = Z$（如图 3-9 所示）。

易证得 t 为 $(R_1 \bowtie R_2) \bowtie R_3$ 中的一个元组的充要条件为：

T_{R_1}、T_{R_2}、T_{R_3} 为 t 的连串，此处 $T_{R_i} \in (i = 1, 2, 3)$，$T_{R_1}[V] = T_{R_2}[V] = T_{R3}[V]$，$T_{R_1}[X] = T_{R_2}[X]$，$T_{R_1}[Z] = T_{R_3}[Z]$，$T_{R_2}[Y] = T_{R_3}[Y]$。而这也是 t 为 $R_1 \bowtie (R_2 \bowtie R_3)$ 中的元组的充要条件，从而有

$$(R_1 \bowtie R_2) \bowtie R_3 = R_1 \bowtie (R_2 \bowtie R_3)$$

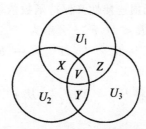

图 3-9 引理 3.6 三个关系属性的示意图

一个关系模式中如果存在多值依赖,那么数据的冗余度大并且存在插入、修改等问题。为此要消除这种多值依赖,从而使模式分离达到一个新的高度 4NF。下面讨论达到 4NF 的具有无损连接性的分解。

定理 3.5 关系模式 $R<U,F>$ 中,D 为 R 中函数依赖 FD 和多值依赖 MVD 的集合。$X \twoheadrightarrow Y$,成立的充要条件是 R 的分解 $\rho = \{R_1<U_1,F_1>, R_2<U_2,F_2>\}$ 具有无损连接性,其中 $Z = U - X - Y$。

证明:首先证明其充分性。

如果 ρ 是 R 的一个无损连接分解,则对 $R<U,F>$ 的任一关系 r 有:

$$r = \pi_{R_1}(r) \bowtie \pi_{R_2}(r)。$$

设 $t,s \in r$,且 $t[X] = s[X]$,从而 $t[XY], s[XY] \in \pi_{R_1}(r), t[XZ], s[XZ] \in \pi_{R_2}(r)$。由于 $t[X] = s[X]$,所以 $t[XY] \cdot s[XZ]$ 与 $t[XZ] \cdot s[XY]$ 均属于 $\pi_{R_1}(r) \bowtie \pi_{R_2}(r)$,也属于 r。

设 $u = t[XY] \cdot s[XZ], v = t[XZ] \cdot s[XY]$,则有

$$u[X] = v[X] = t[X]$$
$$u[Y] = t[Y]$$
$$u[Z] = s[Z]$$
$$v[Y] = s[Y]$$
$$v[Z] = t[Z]$$

所以 $X \twoheadrightarrow Y$ 成立。

接下来证明其必要性。

如果 $X \twoheadrightarrow Y$ 成立,对于 $R<U,F>$ 的任一关系 r,任取 $\omega \in \pi_{R_1}(r) \bowtie \pi_{R_2}(r)$,那么一定有 $t,s \in r$,使得 $\omega = t[XY] \cdot s[XZ]$,从而 $X \twoheadrightarrow Y$ 对 $R<U,F>$ 成立,ω 应当属于 r,因此 ρ 是无损连接分解。

定理 3.5 给出了对 $R<U,F>$ 的一个无损的分解方法。如果 $R<U,F>$ 中 $X \twoheadrightarrow Y$ 成立,那么 R 的分解 $\rho = \{R_1<U_1,F_1>, R_2<U_2,F_2>\}$ 具有无损连接性。

算法 3.4 达到 4NF 的具有无损连接性的分解。

首先使用算法 3.4,得到 R 的一个达到了 BCNF 的无损连接分解 ρ。然后对某一 $R_i<U_i,F_i>$,如果不属于 4NF,此时可以根据定理 3.5 的作法进行分解。直到每一个关系模式均属于 4NF 为止。定理 3.6 和引理 3.5 保证了最后得到的分解的无损连接性。

关系模式 $R<U,F>$,U 为属性总体集,D 是 U 上的一组数据依赖(函数依赖和多值依赖),对于包含函数依赖和多值依赖的数据依赖有一个有效且完备的公理系统。

①如果 $Y \subseteq X \subseteq U$，则 $X \to Y$。

②如果 $X \to Y$，且 $Z \subseteq U$，则 $XZ \to YZ$。

③如果 $X \to Y, Y \to Z$，则 $X \to Z$。

④如果 $X \twoheadrightarrow Y, V \subseteq W \subseteq U$，则 $XW \twoheadrightarrow YV$。

⑤如果 $X \twoheadrightarrow Y$，则 $X \twoheadrightarrow U - X - Y$。

⑥如果 $X \twoheadrightarrow Y, Y \twoheadrightarrow Z$，则 $X \twoheadrightarrow Z - Y$。

⑦如果 $X \to Y$，则 $X \twoheadrightarrow Y$。

⑧如果 $X \twoheadrightarrow Y, W \to Z, W \bigcap Y = \Phi, Z \subseteq Y$，则 $X \to Z$。

从 D 出发根据 8 条公理推导出的函数依赖或多值依赖一定为 D 蕴含的性质称为公理系统的有效性；凡 D 所蕴含的函数依赖或多值依赖均可从 D 根据 8 条公理推导出来的性质称为完备性。即在函数依赖和多值依赖的条件下，"蕴含"与"导出"仍就是相互等价的。

根据 8 条公理可得如下 4 条有用的推理规则：

①合并规则：$X \twoheadrightarrow Y, X \twoheadrightarrow Z$，则 $X \twoheadrightarrow YZ$。

②伪传递规则：$X \twoheadrightarrow Y, WY \to Z$，则 $WX \twoheadrightarrow Z - WY$。

③混合伪传递规则：$X \twoheadrightarrow Y, XY \to Z$，则 $X \to Z - Y$。

④分解规则：$X \twoheadrightarrow Y, X \to Z$，则 $X \to Y \bigcap Z, X \twoheadrightarrow Y - Z, X \twoheadrightarrow Z - Y$。

第4章 结构化查询语言 SQL

4.1 SQL 概述

4.1.1 SQL 语言基本概念

根据 E. F. Codd 的定义,关系数据模型中关系(Relation)与表(Table)同义,关系数据库是表的集合,表是关系数据库的基本组成单位,数据库操作即是对表的操作。

SQL 中,表分为基表(Base Table)和视图(View)。

(1)基表

基表是独立存在的表,不由其他表导出。一个关系对应一个基表,一个或多个基表对应一个存储文件,一个表可带若干索引,索引也存放于存储文件中。表 4-1 为一个基表,表中 Rq 表示日期,其他字段名的含义与前面相同。

表 4-1　每月物资库存表 Months_Wzkcb

Rq	Wzbm	Wzckbm	Price	Wzkcl
2002/12/01	020102	0101	80	150
2002/12/31	010401	0201	1200	46

(2)视图

视图是数据库的一个重要概念。视图是从基本表或其他视图中导出的表,它本身不独立存储在数据库中,即数据库中只存放视图的结构定义而不存放视图对应的数据,因此视图是一个虚表。表与视图的联系如图 4-1 所示。

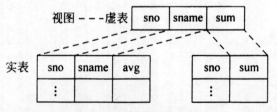

图 4-1　表与视图的联系

视图同基表一样,也是由一组命名字段和记录行组成,但其中的数据在视图被引用时才动态生成。视图定义的查询语句可以引用一个或多个表,也可以引用当前数据库或其他数据库中的视图。表 4-2 为表 4-1 的一个视图。

表 4-2　每月物资库存视图 Months_Wzkcb_view

Rq	Wzbm	Wzkcl
2002/12/01	020102	150
2002/12/31	010401	46

4.1.2　SQL 的支持特性

SQL 语言支持关系数据库三级模式结构,如图 4-2 所示。其中外模式对应于视图和部分基表,模式对应于基本表,内模式对应于存储文件。

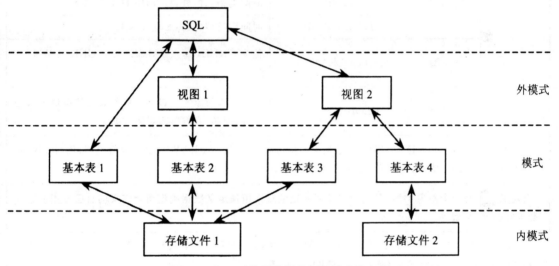

图 4-2　SQL 对关系数据库三级模式的支持

4.1.3　SQL 的数据类型

在 SQL 中规定了 3 类数据类型:①预定义数据类型;②构造数据类型;③用户定义数据类型。SQL 的数据类型说明及其分类如表 4-3 所示。

表 4-3　SOL 的数据类型及其分类表

分类	类型	类型名	说明
预定义 数据类型	数值型	INT	整数类型(也可写成 INTEGER)
		SMALLINT	短整数类型
		REAL	浮点数类型
		DOUBLE PRECISION	双精度浮点数类型
		FLOAT(n)	浮点数类型,精度至少为 n 位数字

分类	类型	类型名	说　明
预定义数据类型	数值型	NUMERIC(p,d)	定点数类型,共有 p 位数字(不包括符号、小数点),小数点后面有 d 位数字
	字符串型	CHAR(n)	长度为 n 的定长字符串类型
		VARCHAR(n)	具有最大长度为 n 的变长字符串类型
	位串型	BIT(n)	长度为 n 的二进制位串类型
		BIT VARYING(n)	最大长度为 n 的变长二进制位串类型
	时间型	DATE	日期类型:年-月-日(形如 YYYY-MM-DD)
		TIME	时间类型:时:分:秒(形如 HH:MM:SS)
		TIMESTAMP	时间戳类型(DATE 加 TIME)
	布尔型	BOOLEAN	值为 TRUE(真)、FALSE(假)、UNKNOWN(未知)
	大对象	CLOB 与 BLOB	字符型大对象和二进制大对象数据类型值为大型文件、视频、音频等多媒体数据
构造数据类型	由特定的保留字和预定义数据类型构造而成,如用"ARRAY"定义的聚合类型,用"ROW"定义的行类型,用"REF99"定义的引用类型等		
自定义数据类型	是一个对象类型,是由用户按照一定的规则用预定义数据类型组合定义的自己专用的数据类型		

说明:许多数据库产品还扩充了其他一些数据类型,如 TEXT(文本)、MONEY(货币)、GRAPHIC(图形)、IMAGE(图像)、GENERAL(通用)、MEMO(备注)等。

4.2　SQL 的数据定义

SQL 的数据定义包括定义基本表、索引、视图和数据库,其基本语句在表 4-4 中列出。

表 4-4　SQL 的数据定义语句

操作对象	创建语句	删除语句	修改语句
基本表	CREATE TABLE	DROP TABLE	ALTER TABLE
索引	CREATE INDEX	DROP NDEX	—
视图	CREATE VIEW	DROP VIEW	—
数据库	CREATE DATABASE	DROP DATABASE	ALTER DATABASE

在 SQL 语句格式中,有下列约定符号和语法规定需要说明。

①一般语法规定:SQL 中的数据项分隔符为",",其字符串常数的定界符用单引号"'"表示。

②语句格式约定符号:语句格式中,括号"< >"中为实际语义;括号"[ ]"中的内容为任选项;用括号和分隔符"{…|…}"组成的选项组为必选项,即必选其中一项;[,…n]表示前面的项可重复多次。

③SQL 特殊语法规定:为使语言易读、易改,SQL 语句一般应采用格式化的书写方式;SQL 关键词一般使用大写字母表示,不用小写或混合写法;语句结束要有结束符号,结束符为分号";"。

4.2.1　基本表的定义和维护

SQL 的基本表定义和维护功能使用基本表的定义、修改和删除三种语句实现。

1. 表的建立

SQL 语言使用 CREATE TABLE 语句定义基本表,定义基本表语句的一般格式为:

CREATE TABLE [<库名>]<表名>(<列名><数据类型>[<列级完整性约束条件>]

[,<列名><数据类型>[<列级完整性约束条件>]][,…n]

[,<表级完整性约束条件>][,…n])

(1)SQL 支持的数据类型

不同的数据库系统支持的数据类型不完全相同。IBM DB2 SQL 支持的数据类型由表 4-5 中列出。尽管表 4-5 中列出了许多数据类型,但实际上使用最多的是字符型数据和数值型数据。因此,必须熟练掌握 CHAR、INTEGER、SMALLINT 和 DECIMAL 数据类型。

表 4-5　IBM DB2 SQL 支持的主要数据类型

类型表示		类型说明
数值型数据	SMALLINT	半字长二进制整数,15bit 数据
	INTEGER 或 INT	全字长(4 字长)整数,31bit 数据
	DECIMAL(p[,q])	十进制数,共 p 位,小数点后 q 位。0≤q≤p,q=0 时可省略
	FLOAT	双字长浮点数
字符型数据	CHARTER(n)或 CHAR(n)	长度为 n 的定长字符串
	VARCHAR(n)	最大长度为 n 的变长字符串
特殊数据类型	GRAPHIC(n)	长度为 n 的定长图形字符串
	VARGRAPHIC(n)	最大长度为 n 的变长图形字符串
日期时间型	DATE	日期型,格式为 YYYY-MM-DD
	TIME	时间型,格式为 HH. MM. SS
	TIMESTAMP	日期加时间

（2）列级完整性的约束条件

列级完整性约束是针对列值设置的限制条件。SQL的列级完整性条件有以下几种。

①NOT NULL或NULL约束。NOT NULL约束不允许列值为空,而NULL约束允许列值为空。列值为空的含义是该分量"不详""含糊""无意义"或"无"。对于关系的主属性,必须限定是"NOT NULL",以满足实体完整性;而对于一些不重要的列,如学生的爱好、特长等,则可以不输入列值,即允许为NULL值。

②UNIQUE约束(唯一性约束),即不允许该关系的列中出现有重复的列值。

③DEFAULT约束(默认值约束)。将列中的使用频率最高的值定义为DEFAULT约束中的默认值,可以减少数据输入的工作量。DEFAULT约束的格式为：

DEFAULT＜约束名＞＜默认值＞FOR＜列名＞

④CHECK约束(检查约束),通过约束条件表达式设置列值应满足的条件。列级约束的约束条件表达式中只涉及一个列的数据。如果约束条件表达式涉及多列,则它就成为表级的约束条件,应当作为表级完整性条件表示。CHECK约束的格式为：

CONSTRAINT＜约束名＞CHECK(＜约束条件表达式＞)

2.表的删除

删除表的一般格式如下：

DROP TABLE＜表名＞[CASCADE|RESTRICT]

当选用了CASCADE选项删除表时,该表中的数据、表本身以及在该表上所建的索引和视图将全部随之消失;当选用了RESTRICT时,只有在清除表中全部记录行数据,以及在该表上所建的索引和视图后,才能删除一个空表,否则拒绝删除表。

3.表的扩充和修改

随着应用环境和应用需求的变化,有时需要修改已建立好的表,包括增加新列、修改原有的列定义或增加新的、删除已有的完整性约束条件等。

（1）表中加新列

SQL修改基本表的一般格式为：

ALTER TABLE＜表名＞

ADD(＜列名＞＜数据类型＞,…)

（2）删除列

删除已存在的某个列的语句格式为：

ALT职TABLE＜表名＞

DROP＜列名＞[CASCADE|RESTRICT]

其中,CASCADE表示在基表中删除某列时,所有引用该列的视图和约束也自动删除;RESTRICT在没有视图或约束引用该属性时,才能被删除。

（3）修改列类型

修改已有列类型的语句格式为：

ALTER TABLE＜表名＞

MODIFY＜列名＞＜类型＞;

需要注意的是:新增加的列一律为空值;修改原有的列定义可能会破坏已有数据。

例 4.1　用 SQL 表示一组增、删、改操作。

①设有建立的已退学学生表 st-quit,删除该表。

DROP TABLE st-quit CASCADE;

该表一旦被删除,表中的数据、此表上建立的索引和视图都将自动被删除。

②在学生表 student 中增加"专业"、"地址"列。

ALTER TABLE. student

ADD(subject VARCHAR(20),addr VARCHAR(20));

③将学生表 student 中所增加的"专业"列长度修改为 8。

ALTER TABLE student

MODIFY subject VARCHAR(8);

④把 student 表中的 subject、addr 列删除。

ALTER TABLE. student DROP addr;

ALTER TABLE student DROP subject;

4.2.2　索引的定义和维护

在基本表上建立一个或多个索引,可以提供多种存取路径,加快查找速度。SQL 新标准不主张使用索引,而是以在创建表时直接定义主键,一般系统会自动在主键上建立索引。有特殊需要时,建立与删除索引由数据库管理员 DBA(或表的属主)负责完成。

在基本表上可建立一个或多个索引,目的是提供多种存取路径,加快查找速度。建立索引的一般格式为:

CREATE[UNIQUE][CLUSTER]INDEX<索引名>

ON<表名>(<列名 1>[ASC|DESC],<列名 2>[ASC|DESC],…)

ASC 表示升序(默认设置),DESC 表示降序。

4.3　SQL 的数据更新

数据更新是指数据的增加、删除、修改操作,SQL 的数据更新语句包括 INSERT(插入)、UPDATE(修改)和 DELETE(删除)三种。

4.3.1　数据插入语句

SQL 的数据插入语句有两种使用形式:一种是使用常量,一次插入一个元组;另一种是插入子查询的结果,一次插入多个元组。

1.使用常量插入单个元组

使用常量插入单个元组的 INSERT 语句的格式为:

INSERT

INTO(<表名>[<列名 1>[,<列名 2>…])

VALUES(<常量 1>[,<常量 2>]…);

上述语句的功能是将新元组插入指定表中,新记录<列名 1>的值为<常量 1>,<列名 2>的值为<常量 2>,……如果 INTO 子句中有列名项,则没有出现在子句中的列将取空值,假如这些列已定义为 NOT NULL,将会出错。如果 INTO 子句中没有指明任何列名,则新插入的记录必须在每个列上均有值。

例 4.2 插入一条选课记录"(学号:'98011',课程号:'C10',成绩不详)"。

INSERT

INTO 选课(学号,课程号)

VALUES('98011','C10');

解题说明:本例选课表后的学号和课程号两个列与常量"98011"和"C10"对应,没有出现在选课表后的成绩列,插入值为 NULL。由于选课表后列出的列与定义表时的页序一致,本例还可以用下面的语句表达:

INSERT

INTO 选课 VALUES('98011','C10');

2.在表中插入子查询的结果集

只有使用插入子查询结果集的 INSERT 语句才能查询插入的数据。SQL 允许将查询语句嵌到数据插入语句中,以便将查询得到的结果集作为批量数据输入到表中。

含有子查询的 INSERT 语句的格式为:

INSERT

INTO<表名>[(<列名 1>[,<列名 2>]…)]

<子查询>:

4.3.2 数据修改语句

SQL 修改数据操作语句是 UPDATE 语句,一般格式为:

UPDATE<表名>

SET<列名>=<表达式>[,<列名>:<表达式>][,…,n]

[WHERE<条件>];

SQL 的修改数据语句一次只能对一个表中的数据进行修改,其功能是将<表名>中那些符合 WHERE 子句条件的元组的某些列,用 SET 子句中给出的表达式的值替代。如果 UPDATE 语句中无 WHERE 子句,则表示要修改指定表中的全部元组。在 UPDATE 的 WHERE 子句中,也可以嵌入查询语句。

例 4.3 将学生表中全部学生的年龄加上 2 岁。

UPDATE 学生

SET 年龄=年龄+2;

解题说明：①由于本例要求修改全部学生记录，所以不需要 WHERE 子句对修改的记录加以选择；②SET 子句中的"年龄＝年龄＋2"为赋值语句，它使每个记录用原年龄加上 2 作为新年龄值，并用新年龄值替代原有的年龄值。

例 4.4　学生张春明在数据库课考试中作弊，该课成绩应作零分计。

UPDATE ENROLLS

SET GRADE＝0

WHERE CNO＝'C1' AND

'张春明'＝

(SELECT SNAME

FROM STUDENTS

WHERE STUDENTS. SNO＝ENROLLS. SNO)

在 SET 子句中可以使用表达式，而表达式中可以包含子查询。这样就可以用子查询从其他表中取出数据，作为 SET 子句中的新值，修改表的内容，使 UPDATE 的能力更为灵活。这样的 UPDATE 语句形式为

UPDATE＜表名＞

SET(＜列名 1＞,＜列名 2＞,…＝)(＜子查询＞)

［WHERE＜条件表达式＞］；

注意，如果 SET 子句含有一个子查询，则只能返回一行(行子查询)，而且在子查询的 SELECT 语句返回的值将赋给括号中列表所指定的列；如果括号内列表只含一列，则不需要括号。

4.3.3　数据删除语句

数据删除语句的一般格式为：

DELETE

FROM＜表名＞

［WHERE＜条件＞］；

DELETE 语句的功能是从指定表中删除满足 WHERE 子句条件的所有元组。如果在数据删除语句中省略 WHERE 子句，表示删除表中全部元组。DELETE 语句删除的是表中的数据，而不是表的定义，既使表中的数据全部被删除，表的定义仍在数据库中。

与 UPDATE 语句一样，DELETE 语句中可以嵌入 SELECT 的查询语句。一个 DELECT 语句只能删除一个表中的元组，它的 FROM 子句中只能有一个表名，而不允许有多个表名。如果需要删除多个表的数据，就需要用多个 DELETE 语句。

例 4.5　删除物资编码表中"铅锑合金"的记录。

使用的删除语句如下：

DELETE FROM Wzbmb WHERE Wzmc＝'铅锑合金'；

例 4.6　删除物资"铅锑合金"的全部入库记录。

使用的删除语句如下：

DELETE FROM Wzrkb WHERE'铅锑合金'=
(SELECT Wzmc FROM Wzbmb WHERE Wzbmb. Wzbm=Wzrkb. Wzbm);

4.4 SQL 的数据查询

由 SELECT 构成的数据查询语句是 SQL 的核心语句,由其实现的数据检索功能也是 SQL 语言和数据库操作中极为重要的一部分。SELECT 语句具有灵活的使用方式和丰富的功能,它包括单表查询、多表连接查询、嵌套查询和集合查询等。SELECT 命令通过对一个表或多个表及视图进行操作,操作后的结果以表的形式显示。

4.4.1 SELECT 语句基本格式

SELECT 语句的基本格式为:
SELECT[ALL|DISTINCT[ON<目标表达式>][别名][,<目标表达式>[别名]]…]]
[INTO[TEMPORARY|TEMP][TABLE]新表名]
FROM<表名或视图名>[别名][,<表名或视图名>[别名]…]
[WHERE<条件表达式>]
[GROUP BY<字段名 1>[,…]][HAVING<条件表达式>[,…]]
|{UNION|INTERSECT|EXCEPT|ALL}[select]
[ORDER BY<字段名 2>[ASC|DESC|USINGoperator][,…]]
[FOR UPDATE[OF 类名[,…]]]
[LIMIT{coum|ALL}[{OFFSET|,}start]];

SELECT 语句以其强大的功能不仅可以完成单表查询,而且可以完成复杂的连接查询和嵌套查询。下面以四个基表为例具体说明 SELECT 语句的各种复杂语法。

设有 4 个基表如表 4-6、表 4-7、表 4-8、表 4-9 所示,后面将对其进行操作。

表 4-6　单位编码表 Dwbmb

Dwbm	Dwmc
0121	一分厂生产科
0101	一分厂一车间
0102	一分厂二车间
0221	二分厂生产科
0201	二分厂一车间
0202	二分厂二车间
0203	二分厂三车间
0204	二分厂四车间

表 4-7　物资编码表 Wzbmb

Wzbm	Wzmc	Xhgg	Jldw	Price
010101	铍铜合金	铍铜合金	kg	800
010201	铅钙合金	铅钙合金	kg	750
010301	铅锑合金	铅锑合金	kg	1000
010401	锆镁合金	锆镁合金	kg	1200
020101	25 铜管材	25×1000	根	90
020102	20 铜管材	20×1000	根	80
020103	15 铜管材	15×1000	根	70
020201	25 铝管材	25×1000	根	70

表 4-8　物资入库表 Wzrkb

Rq	Rkh	Wzbm	Gms	Srs	Price	Rkr
2002/12/01	0001	020101	35	30	90	林平
1002/12/01	0002	010201	150	150	750	林平
2002/12/01	0003	010301	80	80	1000	林平
2002/12/01	0004	010101	100	100	800	林平
2002/12/02	0005	020101	250	250	90	林平
2002/12/02	0006	020102	120	100	80	林平
2002/12/02	0007	020103	45	45	70	林平
2002/12/02	0008	010101	20	20	800	林平

表 4-9　物资出库表 Wzlkb

Rq	Lkh	Dwbm	Wzbm	Qls	Sfs	Llr	Flr
2002/12/01	0001	0101	020101	5	5	刘林	林平
2002/12/01	0002	0203	010401	10	8	周杰	林平
2002/12/02	0003	0102	010101	20	20	李虹	林平
2002/12/02	0004	0102	020102	5	5	李虹	林平
2002/12/02	0005	0102	020101	10	10	李虹	林平
2002/12/02	0006	0204	010301	8	8	卫东	林平
2002/12/02	0007	0204	020101	3	3	卫东	林平
2002/12/02	0008	0204	020201	20	15	卫东	林平

4.4.2 单表查询

1.单表的查询

SQL 的 SELECT 语句用于查询与检索数据,其基本结构是以下的查询块:

SELECT<列名表 A>

FROM<表或视图名集合 R>

WHERE<元组满足的条件 F>;

上述查询语句块的基本功能等价于关系代数式 $\prod_A(\sigma_F(r))$,但 SQL 查询语句的表示能力大大超过该关系代数式。查询语句的一般格式为:

SELECT[ALL | DISTINCT]<目标列表达式>[,<目标列表达式>]…

FROM<表名或视图名>[,<表名或视图名>]…

[WHERE<条件表达式>]

[GROUP BY<列名 1>[HAVING<条件表达式>]]

[ORDER BY<列名 2>[ASC | DESC]];

例 4.7 查询所有物资的物资编码、名称和价格。

使用的查询语句如下:

SELECT Wzbm,Price,Wzmc FROM Wzbmb;

得到的结果如下所示:

Wzbm	Price	Wzmc
010101	800	铍铜合金
010201	750	铅钙合金
010301	1000	铅锑合金
010401	1200	锆镁合金
020101	90	25 铜管材
020102	80	20 铜管材
020103	70	15 铜管材
020201	70	25 铝管材

将表中的所有字段都选出来,可以有两种方法:一种是在 SELECT 后面列出所有字段名;另一种是当字段的显示顺序与其在基表中的顺序相同时,可简单地用 * 表示。

例 4.8 查询每批入库物资的购买总金额。

使用的查询语句如下:

SELECT Rq,Rkh,Wzbm,Gms,Price,Gms * Price AS TGmCost FROM Wzrkb;

得到的结果如下所示:

Rq	Rkh	Wzbm	Gms	Price	TGmCost	Rkr
2002/12/01	0001	020101	35	90	3150	林平
2002/12/01	0002	010201	150	750	112500	林平
2002/12/01	0003	010301	80	1000	80000	林平
2002/12/01	0003	010301	80	1000	80000	林平
2002/12/02	0005	020101	250	90	22500	林平
2002/12/02	0006	020102	120	80	9600	林平
2002/12/02	0007	020103	45	70	3150	林平
2002/12/02	0008	010101	20	800	16000	林平

用户可通过 AS 指定别名来改变查询结果的字段标题,这对于含算术表达式、常量、函数名的目标表达式尤为有用。此例中就定义了别名 TGmCost 表示购买总金额,它的值由 Gms 和 Price 两个字段的乘积构成。

例 4.9 查询价格在 800 元以下的物资编码、名称和型号规格。

使用的查询语句如下:

    SELECT Wzbm,Wzmc,Xhgg,Price FORM Wzbmb WHERE Price<800;

得到的结果如下:

Wzbm	Wzmc	Xhgg	Price
010201	铅钙合金	铅钙合金	750
020101	25 铜管材	25×1000	90
020102	20 铜管材	20×1000	80
020103	15 铜管材	15×1000	70
020201	25 铝管材	25×1000	70

通过此查询得到了物资编码表中价格低于 800 元的那些物资信息。

例 4.10 查询实际入库量不在 50～200 之间的物资入库情况。

使用的查询语句如下:

    SELECT * FORM Wzrkb WHERE Srs NOT BETWEEN 50 AND 200;

得到的结果如下:

Rq	Rkh	Wzbm	Gms	Srs	Price	Rkr
2002/12/01	0001	020101	35	30	90	林平
2002/12/02	0005	020101	250	250	90	林平
2002/12/02	0007	020103	45	45	70	林平
2002/12/02	0008	O10101	20	20	800	林平

例 4.11 查询领料人李虹和卫东领取物资的情况。

使用的查询语句如下：

SELECT Rq,Lkh,Dwbm,Wzbm,Qls,Sfs,Llr FROM Wzlkb WHERE Llr IN('李虹', '卫东')；

得到的结果如下：

Rq	Lkh	Dwbm	Wzbm	Qls	Sfs	Llr
2002/12/02	0003	0102	010101	20	20	李虹
2002/12/02	0004	0102	020102	5	5	李虹
2002/12/02	0005	0102	020101	10	10	李虹
2002/12/02	0006	0204	010301	8	8	卫东
2002/12/02	0007	0204	020101	3	3	卫东
2002/12/02	0008	0204	020201	20	15	卫东

例 4.12 查询一分厂的所有单位。

使用的查询语句如下：

SELECT * FROM Dwbmb WHERE Dwmc LIKE'%一分厂%'；

得到的结果如下：

Dwbm	Dwmc
0121	一分厂生产科
0101	一分厂一车间
0102	一分厂二车间

在执行该命令时，匹配串'%一分厂%'中应用通配符%，表示查找字段 Dwmc 中含有“一分厂”的记录，将其显示出来。

例 4.13 若物资型号规格“25×1000”，改为“25_1000”，请查询型号规格为“25_1000”物资。

此例查询时由于字符串本身含有%或_，就要使用 ESCAPE'<换码字符>'短语对通配符进行转义，如下用“\”来转义“_”。

使用的查询语句如下：

SELECT * FROM Wzbmb WHERE Xhgg LIKE'25\1000'ESCAPE'\'；

得到的结果如下：

Wzbm	Wzmc	Xhgg	Jldw	Price
020101	25 铜管材	25_1000	根	90
020201	25 铝管材	25_1000	根	70

应指出的是，若 LIKE 后的匹配串中不含通配符，则可以用=（等于）运算符取代 LIKE 谓词，用！=或<>（不等于）运算符取代 NOT LIKE 谓词。

例 4.14 查询缺少领料人的物资出库记录。

假设原 Wzlkb 表数据改为：

Rq	Lkh	Dwbm	Wzbm	Qls	Sfs	Llr	Fir
2002/12/01	0001	0101	020101	5	5		林平
2002/12/01	0002	0203	010401	10	8		林平
2002/12/02	0003	0102	010101	20	20	李虹	林平
2002/12/02	0004	0102	020102	5	5	李虹	林平
2002/12/02	0005	0102	020101	10	10	李虹	林平
2002/12/02	0006	0204	010301	8	8	卫东	林平
2002/12/02	0007	0204	020101	3	3	卫东	林平
2002/12/02	0008	0204	020201	20	1	5	卫东

使用的查询语句如下：

    SELECT Rq,Lkh,Dwbm,Wzbm,Qls,Llr FROM Wzlkb WHERE Llr IS NULL；

得到的结果如下：

Rq	Lkh	Dwbm	Wzbm	Qls	Llr
2002/12/01	0001	0101	020101	5	
2002/12/01	0002	0203	010401	10	

由此，在表中查出了 Llr 字段为空的记录。注意这里 IS 不能用"＝"来代替。

ORDER BY 子句用于实现对查询结果按一个或多个字段进行升序（ASC）或降序（DESC）排列，默认为升序。对于排序字段值为空的记录，若按升序则显示在最后，若按降序则显示在最前。

例 4.15　查询入库人为林平的物资入库情况，显示结果按物资编码升序排列，同一物资按购买量降序排列。

使用的查询语句如下：

SELECT ＊ FROM Wzrkb WHERE Rkr='林平'ORDER BY Wzbm,Gms DESC；

得到的结果如下：

Rq	Rkh	Wzbm	Gms	Srs	Price	Rkr
2002/12/01	0004	010101	100	100	800	林平
2002/12/02	0008	010101	20	20	800	林平
2002/12/01	0002	010201	150	150	750	林平
2002/12/01	0003	010301	80	80	1000	林平
2002/12/02	0005	020101	250	250	90	林平
2002/12/01	0001	020101	35	30	90	林平
2002/12/02	0006	020102	120	100	80	林平
2002/12/02	0007	020103	45	45	70	林平

此命令将查询结果先按 Wzbm 从小到大排序,使得两个 010101 以及两个 020101 分别排在一起,再对同一编号的物资按购买量从大到小排列,因而 Rkh 为 0004 的记录排在 0008 之前,0005 排在 0001 之前。

2. 函数与表达式

(1)聚集函数(Build-In Function)

为方便用户,增强查询功能,SQL 提供了许多聚集函数,主要有:

COUNT([DISTINCT|ALL]＊)　　　　　　//统计元组个数
COUNT ([DISTINCT|ALL]<列名>)　　　//统计一列中值的个数
SUM([DISTINCT|ALL]<列名>)　　　　//计算一数值型列值的总和
AVG([DISTINCT|ALL]<列名>)　　　　//计算一数值型列值的平均值
MAX([DISTINCT|ALL]<列名>)　　　　//求一列值中的最大值
MIN([DISTINCT|ALL]<列名>)　　　　//求一列值中的最小值

SQL 对查询的结果不会自动去除重复值,如果指定 DISTINCT 短语,则表示在计算时要取消输出列中的重复值。ALL 为默认设置,表示不取消重复值。聚集函数统计或计算时一般均忽略空值,即不统计空值。

(2)算术表达式

查询目标列中允许使用算术表达式。算术表达式由算术运算符＋、－、＊、/与列名或数值常量及函数所组成。常见函数有算术函数 INTEGER(取整)、SQRT(求平方根)、三角函数(SIN,COS)、字符串函数 SUBSRING(取子串)、UPPER(大写字符)以及日期型函数 MONTHS_BETWEEN(返回两个日期之间的月份差(数))等。

(3)分组与组筛选

GROUP BY 子句将查询结果表按某相同的列值来分组,然后再对每组数据进行规定的操作。对查询结果分组的目的是为了细化聚集函数的作用对象。如果未对查询结果分组,聚集函数将作用于整个查询结果。

分组与组筛选语句的一般格式:

<SELECT 查询块>
GROUP BY<列名>
HAVING<条件>

解释如下:

①GROUP BY 子句对查询结果分组,即将查询结果表按某列(或多列)值分组,值相等的为一组,再对每组数据进行统计或计算等操作。GROUP BY 子句总是跟在 WHERE 子句之后(若无 WHERE 子句,则跟在 FROM 子句之后)。

②HAVING 短语常用于在计算出聚集函数值之后对查询结果进行控制,在各分组中选择满足条件的小组予以输出,即进行小组筛选。

比较:HAVING 短语是在各组中选择满足条件的小组;而 WHERE 子句是在表中选择满足条件的元组。

例 4.16　函数与表达式的使用示例。

①用聚集函数查询选修了课程的学生人数。

```
SELECT COUNT (DISTINCT sno)
FROM s_c;
```

学生每选修一门课，在 s_c 中都有一条相应的记录。一个学生可选修多门课程，为避免重复计算学生人数，必须在 COUNT 函数中用 DISTINCT 短语。

②用聚集函数查选 001 号课并及格学生的总人数及最高分、最低分。

```
SELECT COUNT( * ),MAX(Grade),MIN(Grade)
FROM s_c
WHERE cno='001' and grade>=60;
```

③设一个表 tab(a,b)，表的列值均为整数，使用算术表达式的查询语句如下：

```
SELECT a,b,a * b,SQRT(b)
FROM tab;
```

输出的结果是：tab 表的 a 列、b 列、a 与 b 的乘积及 b 的平方根。

④按学号求每个学生所选课程的平均成绩。

```
SELECT sno,AVG(grade)avg_grade      / * 为 AVG(grade)指定别名 avg_grade * /
FROM s_c
GROUP BY sno;
```

SQL 提供了为属性指定一个别名的方式，这对表达式的显示非常有用。用户可通过指定别名来改变查询结果的列标题。

分组情况及查询结果示意图如图 4-3 所示。若将平均成绩超过 90 分的输出，则只需在 GROUP BY sno 子句后加 HAVING avg_grade>90 短语即可。

	sno	cno	grade
1组	000101	c1	90
	000101	c2	85
	000101	c3	80
2组	010101	c1	85
	010101	c2	75
3组	020101	c3	70
⋮	⋮		

查询结果：

sno	avg_grade
000101	85
010101	80
……	

图 4-3　分组情况及查询结果示意图

4.4.3　多表查询

1. 嵌套查询

在 SQL 语言中，WHERE 子句可以包含另一个称为子查询的查询，即在 SELECT 语句中先用子查询查出某个(些)表的值,主查询根据这些值再去查另一个(些)表的内容。子查询总是括在圆括号中,作为表达式的可选部分出现在条件比较运算符的右边,并且可有选择地跟在IN、SOME(ANY)、ALL 和 EXIST 等谓词后面。采用子查询的查询称为嵌套查询。

例 4.17　嵌套查询示例。

①找出年龄超过平均年龄的学生姓名。

```
SLECECT sname              //外层查询或父查询
FROM student
WHERE age>
    (SELECT AVG(age)       //内层查询或子查询
        FROM student);
```

嵌套查询一般的求解方法是先求解子查询,其结果用于建立父查询的查找条件。SQL 语言允许多层嵌套查询,从而增强 SQL 的查询能力。层层嵌套的方式构造程序正是 SQL 语言结构化的含义所在。

嵌套查询中,谓词 ALL、SOME 的使用一般格式如下:

<标量表达式><比较运算符>ALL|SOME(<表子查询>)

其中:X>SOME(子查询),表示 X 大于子查询结果中的某个值;X<ALL(子查询),表示 X 小于子查询结果中的所有值。此外,=SOME 等价于 IN;<>ALL 等价于 NOT IN。

②找出平均成绩最高的学生号。

```
SLECECT sno
FROM s_c
GROUP BY sno
HAVING AVG(grade)>=ALL
        (SELECT AVG(grade)
            FROM s_c
            GROUP BY sno);
```

2.条件连接查询

通过连接使查询的数据从多个表中取得。查询中用来连接两个表的条件称为连接条件,其一般格式如下:

[<表名 1>.]<列名 1><比较运算符>[<表名 2>.]<列名 2>

连接条件中的列名也称为连接字段。连接条件中的各连接列的类型必须是可比的,但不必是相同的。当连接条件中比较的两个列名相同时,必须在其列名前加上所属表的名字和一个圆点"."以示区别。表的连接除=外,还可用比较运算符<>、>、>=、<、<= 以及 BE-TWEEN、LIKE、IN 等谓词。当连接运算符为=时,称为等值连接。

例 4.18　条件连接查询示例。

①查询全部学生的学生号、学生名和所选修课程号及成绩。

```
SELECT student. sno,sname,cno,grade
FROM student,s_c
```

WHERE student. sno＝s_c. sno;

②查询选修了数据库原理课程的学生学号、成绩。用嵌套查询表示：

SELECT sno,grade

FROM s_c

WHERE cno IN

　　　　(SELECT cno

　　　　　FROM course

　　　　　　WHERE cname＝'数据库原理');

上述语句可以用下面的条件连接查询语句表示：

SELECT sno,grade

FROM s_c,course

WHERE s_c. cno＝course. cno AND cname＝'数据库原理'

若上例还要查询输出课程名、学分,用条件连接查询语句很容易实现,而用嵌套查询则难以实现,但一般嵌套查询效率较高。

③按平均成绩的降序给出所有课程都及格的学生(号、名)及其平均成绩,其中成绩统计时不包括 008 号考查课。

SELECT student. sno,sname,AVG(grade)avg_g

FROM student,s_c

WHERE student. sno＝s_c. sno AND cno＜＞'008'

GROUP BY sno

HAVING MIN(grade)＞＝60

ORDER BY avg_g DESC;

连接操作不仅可以在两个表之间进行,也可以是一个表与其自己进行连接,这种连接称为自身连接,涉及的查询称自身连接查询。

④找出年龄比"王迎"同学大的学生的姓名及年龄。

SELECT s1. sname,s1. age

FROM student s1,student s2　　//s1、s2 在此用作设置的元组变量

WHERE s1. age＞s2. age AND s2. sname＝'王迎';

4.4.4　连接查询

数据库中的基表或者视图总是可以通过其相同名称和数据类型的字段名相互连接起来,当查询涉及两个或两个以上基表或视图时就称之为连接查询。当构造多表连接查询命令时,必须遵循两条规则。第一,连接条件数正好比表数少 1;第二,若表中的主关键字是由多个字段组成,则对此主关键字中的每个字段都要有一个连接条件。本节给出的样表间可建立如图 4-4 所示的连接关系。

连接查询的一般过程如下：

①在基表 1 中找到第一个记录,然后从头开始扫描基表 2,逐一查找满足连接条件的记

录,找到后就将基表1中的第1个记录与该记录拼接起来,形成结果表中的一个记录。

②基表2中符合的记录全部查找完毕后,开始找基表1中的第2个记录,再从头扫描基表2,找到所有满足条件的记录和基表1中第2个记录拼接形成结果表中的又一记录。

③重复上述过程直到基表1中全部记录都处理完毕为止。

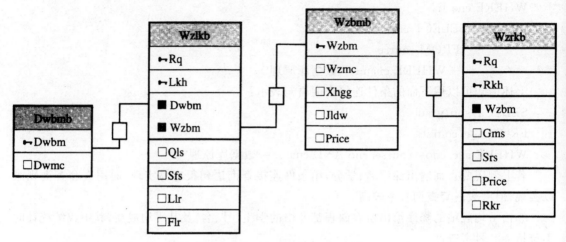

图 4-4　四个样表间的连接关系图

1.等值连接、自然连接与非等值连接

连接查询的格式为:

[<表名1>.]<字段名1><比较运算符>[<表名2>.]<字段名2>或[<表名1>.]<字段名1>BETWEEN[<表名2>.]<字段名2>AND[<表名2>.]<字段名3>

等值连接指比较运算符为"="的连接,使用其他运算符的则称为非等值连接。

连接运算中的两个特例:

①自然连接——去掉目标字段中重复字段的等值连接。

②广义笛卡儿积——不带连接条件(连接谓词)的连接,查询结果表的行数等于每个表的行数的乘积。

例 4.19　查询物资出库表中每个单位领取物资的情况。

使用的查询语句如下:

SELECT Rq,Lkh,Dwbmb.Dwmc,Wzbm,Qls,Sfs FROM Dwbmb,Wzlkb
WHERE Dwbmb.Dwbm＝Wzlkb.Dwbm;

得到的结果如下:

Rq	Lkh	Dwbmb.Dwnlc	Wzbm	Qls	Sfs
2002/12/01	0001	一分厂一车间	020101	5	5
2002/12/01	0002	二分厂三车间	010401	10	8
2002/12/02	0003	一分厂二车间	010101	20	20
2002/12/02	0004	一分厂二车间	020102	5	5

续表

Rq	Lkh	Dwbmb. Dwnlc	Wzbm	Qls	Sfs
2002/12/02	0005	一分厂二车间	020101	10	10
2002/12/02	0006	二分厂四车间	010301	8	8
2002/12/02	0007	二分厂四车间	020101	3	3
2002/12/02	0008	二分厂四车间	020201	20	15

由于物资出库表中只记录了领取物资的单位编码,因而要想在查询结果中显示单位名称就必须从单位编码表中查出相应的单位名称,这两个表有个共同的字段 Dwbm,就以此字段做自然连接可得以上结果。

引用字段时为避免混淆,一般常在字段名前加上表名前缀,中间以"."相连,但如果字段名在连接的多表中是唯一的就可以省略表名前缀。采用的方式如下:

　　＜关系名/表名＞.＜字段名/＊＞

如上例中,Rq,Wzbm,Sfs 是唯一的,引用时去掉了表名前缀,而 Dwbm 在两个表中均存在,所以必须加上表名前缀。

2. 自身连接

一个表与自身进行连接称为自身连接,一般较少使用。

例 4. 20　将物资编码表按物资价格进行自身连接。

使用的语句如下:

SELECT First. ＊,Second. ＊ FROM Wzbmb AS First,Wzbmb AS Second

WHERE First. Price＝Second. Price;

得到的结果如下:

First. Wzbm	First. Wznlc	First. Xhgg	First. Jldw	First. Price	Second. Wzbm	Second. Wzmc	Second. Xhgg	Second. Jldw	Second. Price
010101	铍铜合金	铍铜合金	kg	800	010101	铍铜合金	铍铜合金	kg	800
010201	铅钙合金	铅钙合金	kg	750	010201	铅钙合金	铅钙合金	kg	750
010301	铅锑合金	铅锑合金	kg	1000	010301	铅锑合金	铅锑合金	kg	1000
010401	锆镁合金	锆镁合金	kg	1200	010401	锆镁合金	锆镁合金	kg	1200
020101	25 铜管材	25×10000	根	90	020101	25 铜管材	25×1000	根	90
020102	20 铜管材	20×1000	根	80	020102	20 铜管材	20×1000	根	80
020103	15 铜管材	15×1000	根	70	020103	15 铜管材	15×1000	根	70
020201	25 铝管材	25×1000	根	70	020103	15 铜管材	15×1000	根	70
020103	15 铜管材	15×1000	根	70	020201	25 铝管材	25×1000	根	70
020201	25 铝管材	25×1000	根	70	020201	25 铝管材	25×1000	根	70

此命令按 Price 字段进行了 Wzbmb 表的自身连接,因而得到了价格为 70 元的 4 条物资记录。

3. 外连接

外连接(Outer Join)是连接(Join)的扩展。外连接允许在结果表中保留非匹配记录,其作用是避免连接操作时丢失信息。

外连接表示方法是在连接谓词的某一边加符号 *(有的 DBMS 中用+),它分为三类:如果外连接符出现在连接条件的右边称为右外连接;如果连接符出现在连接条件的左边称为左外连接;如果两边均出现则称为全外连接,其结果保留左右两关系的所有记录。

例 4.21 查询各类物资的入库情况(右外连接)。

使用的查询语句如下:

SELECT Rq,Rkh,Wzbmb. Wzbm,Gms,Srs,Price FROM Wzbmb,Wzrkb

WHERE Wzbmb. Wzbm=Wzrkb. Wzbm(*)AND Gms>125;

得到的结果如下:

Rq	Rkh	Wzbm	Gnls	Srs	Price
2002/12/01	0002	010201	150	150	750
		010401			
2002/12/02	0005	020101	250	250	90
		020201			

此命令将 Wzbmb 表和 Wzrkb 表按 Wzbm 字段进行右外连接,Wzbm 值在 Wzbm 表中有,而在 Wzrkb 表中没有的记录就用空值列出,如以上结果中的第二行和第四行。

4. 复合条件连接

在连接查询中,WHERE 子句带有多个连接条件的称为复合条件连接。

例 4.22 查询物资价格在 500 元以上的物资入库信息。

使用的语句如下:

SELECT Rq,RKh Wzbmb. Wzbm,Wzmc,Srs,Price FROM Wzbmb,Wzrkb

WHERE Wzbmb. Wzbm=Wzrkb. Wzbm AND   / * 限定条件 1 * /

Wzbmb. Price>500;   / * 限定条件 2 * /

得到的结果如下:

Rq	Rkh	Wzbm	Wzmc	Srs	Price
2002/12/01	0002	010201	铅钙合金	150	750
2002/12/01	0003	010301	铅锑合金	80	1000
2002/12/01	0004	010101	铍铜合金	100	800
2002/12/02	0008	010101	铍铜合金	20	800

此命令中"AND"将两个条件以"与"的关系连接。此外还有"OR"表示"或"的关系。

4.4.5　集合查询

集合查询属于 SQL 关系代数运算中的一个重要部分,是实现查询操作的一条新途径。由于 SELECT 语句执行结果是记录的集合,所以多个 SELECT 的结果可以进行集合操作,主要包括 UNION(并)、INTERSECT(交)、EXCEPT(差)。

SELECT<语句 1>
　　　　UNION[INTERSECT|EXCEPT][ALL]
SELECT<语句 2>
或 SELECT *
FROM TABLE<表名 1>UNION[INTERSECT|EXCEPT][ALL]TABLE<表名 2>;
用此命令可实现多个查询结果集合的并、交、差运算。

1. UNION

UNION 用于实现两个基表的并运算。UNION 操作的结果表中,不存在两个重复的行,若在 UNION 后加 ALL 则可以使两个表中相同的行在合并后的结果表中重复出现。

例 4.23　查询一分厂一车间和一分厂二车间的所有物资出库信息。

使用的查询语句如下:

SELECT Rq,Lkh,Wzlkb.Dwbm,Wzbm,Qls,Sfs,Llr,Fir FROM Wzlkb,Dwbmb
WHERE Dwmc='一分厂一车间'AND Wzlkb.Dwbm=Dwbmb.Dwbm
UNION
SELECT Rq,Lkh,Wzlkb.Dwbm,Wzbm,Qls,Sfs,Llr,Fir FROM Wzlkb,Dwbmb
WHERE Dwmc='一分厂二车间'AND Wzlkb.Dwbm=Dwbmb.Dwbm;
等价于:
SELECT * FROM Wzlkb WHERE Dwbmb(SELECT Dwbm FROM Dwbmb
WHERE Dwmc='一分厂一车间'OR Dwmc='一分厂二车间');
得到的结果如下:

Rq	Lkh	Dwbm	Wzbm	QIs	Sfs	Llr	Fir
2002/12/01	0001	0101	020101	5	5	刘林	林平
2002/12/02	0003	0102	010101	20	20	李虹	林平
2002/12/02	0004	0102	020102	5	5	李虹	林平
2002/12/02	0005	0102	020101	10	10	李虹	林平

其实查询的就是 Dwbm 为 0101 或 0102 的单位领取物资情况。

2. INTERSECT

INTERSECT 用于实现两个基表的交运算。

例 4.24　查询计量单位为 kg 并且价格大于 850 元的物资。

使用的查询语句如下：

SELECT * FROM Wzbmb WHERE Jldw='kg'

INTERSECT

SELECT * FROM Wzbmb WHERE Price>850;

得到的结果如下：

Wzbm	Wzmc	Xhgg	Jldw	Price
010301	铅锑合金	铅锑合金	kg	1000
010401	锆镁合金	锆镁合金	kg	1200

等价于：SELECT * FROM Wzbmb WHERE Jldw='kg' AND Price>850;

例 4.25　查询既领取了编码为 010101 的物资又领取了编码为 020101 的物资的单位的编码。

使用的查询语句如下：

SELECT DISTINCT Dwbm FROM Wzlkb WHERE Wzbm='010101'

INTERSECT

SELECT DISTINCT Dwbm FROM Wzlkb WHERE Wzbm='020101';

得到的结果如下：

Dwbm
0102

第一个 SELECT 命令可得到结果如表 4-10 所示，第二个 SELECT 命令得到结果如表 4-11 所示，两个表通过 INTERSECT 命令进行交运算就得到以上结果。

表 4-10　中间结果表 1

Dwbm
0102

表 4-11　中间结果表 2

Dwbm
0101
0102
0204

3. EXCEPT/MINUS

EXCEPT/MINUS 用于实现两个基表的差运算。

例 4.26　查询物资出库表中没有领取价格大于 760 元的物资的单位。使用的查询语句如下：

SELECT Wzbm FROM Wzbmb WHERE Price＞760
EXCEPT
SELECT Dwbm,Wzbm FROM Wzlkb
CORRESPONDING BY Wzbm；
得到的结果如下：

Dwbm	Wzbm
0101	020101
0102	020102
0102	020101
0204	020101
0204	020201

第一个 SELECT 命令可得到结果如表 4-12 所示,第二个 SELECT 命令得到结果如表 4-13 所示,两个表通过 EXCEPT 命令进行差运算就得到以上结果。

表 4-12　中间结果表 1

Dwbm	Wzbm
0101	020101
0203	010401
0102	010101
0102	020102
0102	020101
0204	010301
0204	020101
0204	020201

表 4-13　中间结果表 2

Wzbm
010101
010301
010401

可见,集合运算作用于两个表,这两个表必须是相容可并的,即字段数相同,对应字段的数据库类型必须兼容(相同或可以互相转换),但这也不是要求所有字段都对应相同,只要用 CORRESPONDING BY 指明做操作的对象字段(共同字段)的字段名即可运算。

第 5 章   SQL Server 程序设计的高级应用

5.1   Transact-SQL 程序设计基础

5.1.1   Transact-SQL 语法约定格式

Transact-SQL 语句由以下语法元素组成：
- 标识符
- 数据类型
- 函数
- 表达式
- 运算符
- 注释
- 关键字

5.1.2   标识符

SQL Server 标识符可以分为常规标识符和定界标识符两类。

1.常规标识符

在 Transact-SQL 语句中，常规标识符不需要定界符进行分隔。例如，下面语句中的 jobs 和 MyDB 两个标识符即为常规标识符。

```
SELECT * FROM jobs
GO
CREATE DATABASE MyDB
GO
```

2.定界标识符

定界标识符允许在标识符中使用 SQL Server 保留关键字或常规标识符中不允许使用的一些特殊字符，但必须由双引号或方括号定界符进行分隔。

例 5.1   下面语句所创建的数据库名称中包含空格，所创建的表名与 SQL Server 保留字相同，所以在 Transact-SQL 语句中需要使用定界符来分隔这些标识符。

——所创建的数据库名称中包含空格：

```
CREATE DATABASE[MyDB]
GO
USE[MyDB]
——所创建的表名与 Transact-SQL 保留字相同：
CREATETABLE[table]
(
    column1 CHAR(8)NOT NULL PRIMARY KEY,
    column2 SMALLINT NOT NULL
)
GO
```

5.1.3　运算符

1. 赋值运算符

T-SQL 中只有一个赋值运算符（＝），即将某一数值指派给指定对象。例如：set@number＝2008。

2. 算术运算符

算术运算符包括加（＋）、减（一）、乘（＊）、除（/）和取模（％）。
下面是使用算术运算符的一段程序代码：

```
USE school
SELECT 姓名,总学分
FROM XS
WHERE 总学分－30＞0
```

3. 位运算符

位运算符能够在整型数据或者二进制数据之间执行位操作。表 5-1 列出了所有的位运算符及其含义。

表 5-1　位运算符及其含义

运算符	运算规则
&（按位与）	两个位均为 1 时,结果为 1,否则为 0
|（按位或）	只要一个位为 1,结果为 1,否则为 0
∧（按位异或）	两个位值不同时,结果为 1,否则为 0

```
例如：DECLARE@number int
    set@number＝1&2
    print@number
```

结果为:0

例如:DECLARE@number int

　　　set@number＝1|2

　　　print@number

结果为:3

4.比较运算符

比较运算符亦称为关系运算符,用于比较两个表达式的大小或是否相同,其比较的结果是布尔值,即 TRUE(表示表达式的结果为真)、FALSE(表示表达式的结果为假)以及 UNKNOWN。除了 text、ntext 或 image 数据类型的表达式外,比较运算符可以用于所有的表达式。表 5-2 列出了所有的比较运算符及其含义。

表 5-2　比较运算符

运算符	含义	运算符	含义
=	相等	<=	小于等于
>	大于	<>! =	不等于
<	小于	! <	不小于
>=	大于等于	! >	不大于

例如:USE school

　　　SELECT 学号,课程编号,成绩

　　　FROM CJ

　　　WHERE 成绩>80

5.逻辑运算符

逻辑运算符可以把多个逻辑表达式连接起来,逻辑运算符包括 AND、OR 和 NOT 等运算符。

(1)AND、OR、NOT 运算符

AND、OR、NOT 运算符用于与、或、非的运算。

(2)ANY、SOME、ALL、IN 运算符

可以将 ALL 或 ANY 关键字与比较运算符组合进行子查询。SOME 的用法与 ANY 相同。

例如:USE school

　　　SELECT 学号,姓名,总学分

　　　FROM XS

　　　WHERE 总学分　IN(32,34)

6.字符串串联运算符

字符串串联运算符通过加号(＋)进行字符串连接,这个加号即被称为字符串连接运算符。

例如：print zhong＋guo，其结果为 zhongguo。

7.一元运算符

符号和含义见表 5-3。

表 5-3　符号和含义

符号	含义
＋(正)	数值为正
－(负)	数值为负
～(位非)	返回数字的非

＋(正)和－(负)运算符可以用于数值型数据中任一数据类型的任意表达式。～(位非)运算符只能用于整数数据类型类别中任一数据类型的表达式。例如：print～3,其结果为－4。

8.运算符的优先顺序

在 SQL Server 2008 中,运算符的优先等级从高到低如下所示,如果优先等级相同,则按照从左到右的顺序进行运算。

①括号()。

②～(位非)。

③＊(乘)、/(除)、％(取模)。

④＋(正)、－(负)、＋(加)、＋(连接)、－(减)、&(位与)。

⑤＝,＞,＜,＞＝,＜＝,＜＞,！＝,！＞,！＜(比较运算符)。

⑥∧(位异或)、|(位或)。

⑦NOT。

⑧AND。

⑨ALL、ANY、BETWEEN、IN、LIKE、OR、SOME。

⑩＝(赋值)。

例如：DECLARE@MyNumber int

　　　　SET@MyNumber＝2＊(4＋(5－3))

结果　@MyNumber＝12

5.1.4　常量与变量

1.常量

与其他计算机编程语言一样,在程序运行时的值保持不变的称为常量,常量也称为标量值。SQL 中的常量分为数字常量、字符串常量和日期时间常量。

数字常量分为整数常量和浮点数常量。整数常量是由一个可选符号、数字字符(0~9)构成的字符序列,如 123,－99。浮点数常量有两种表示方式:①用包含小数点的数字字符序列表示,如 123.45,−25.709;②用科学记数法表示,如 2.3E8,0.6914E−10。

字符串常量是由一对单引号括起来的字符序列,如'Book','123'。其中,字符可包括数字字符(0～9),英文字母(A～Z,a～z),也可包括特殊字符,如感叹号(!)和数字号(♯)等。在中文系统环境中,字符串常量也可包含中文汉字,如'中国'。在字符序列中用两个单引号('')表示字符串中的一个单引号('),如'I''m a student'表示字符串 I'm a student。

日期时间常量用特定格式的字符序列表示,并被单引号括起来,其中表示的日期和时间的数值必须是有效的,如'1949-10-01','08:20:50','2009-02-18 09:45:30'。

2.变量

在程序运行时值可以改变的称为变量,SQL Server 中变量分为全局变量和局部变量。全局变量存储系统的信息,由系统定义和维护,名称以两个@符号开头,如@@VERSION。局部变量由用户定义和维护,名称以一个@符号开头,如@lcount。局部变量用 DECLARE 语句声明,可用 SET 或 SELECT 命令对其赋值,举例如下。

```
DECLARE @lcount INT
SET @lcount=20
DECLARE @lname CHAR(10)
SELECT @lname='Hello!'
```

5.1.5 流程控制语句

流程控制语句用于控制 Transact-SQL 语句、语句块或存储过程的执行流程。

1. BEGIN…END 语句

BEGIN…END 语句的语法格式为:

```
BEGIN
    {SQL 语句|语句块}
END
```

比如:

```
IF EXISTS(SELECT title_id FROM titles WHERE title_id='TC5555')
BEGIN
    DELETE FROM titles WHERE title_id='TC5555'
    PRINT'TC5555 is deleted. '
END
    ELSE
    PRINT'TC5555 not found. '
```

2.条件语句

条件语句的语法格式为:

```
IF   <布尔表达式>
```

　　　　〈SQL 语句|语句块〉
　　ELSE
　　　　〈SQL 语句|语句块〉
　　条件语句的执行流程是：当条件满足时，也就是布尔表达式的值为真时，执行 IF 语句后的语句或语句块。ELSE 语句为可选项，它引入另一个语句或语句块，当布尔表达式的值为假时，执行该语句或语句块。
　　布尔表达式可以包含列名、常量和运算符所连接的表达式，也可以包含 SELECT 语句。包含 SELECT 语句时，该语句必须括在括号内。比如：
　　　　IF EXISTS(SELECT pub_ jd FROM publishers WHERE pub_id＝'9999')
　　　　　　PRINT'Lucerne Publishing'
　　　　ELSE
　　　　　　PRINT'NOT Found Lucerne Publishing'
　　在这个例子中，如果 Publishers 表中存在标识为 9999 的出版社，则打印该出版社的名称：Lucerne Publishing；否则打印提示信息：NOT Found Lucerne Publishing。
　　在条件语句中，IF 子句和 ELSE 子句都允许嵌套，SQL Server 对它们的嵌套级数没有限制。比如：
　　DECLARE@vat INT
　　SET@vat＝0
　　IF@var＞50
　　　　IF@var＞100
　　　　PRINT'@vat＞100'
　　　　ELSE
　　　　PRINT'50＜@var＜＝100'
　　ELSE
　　　　IF@vat＜20
　　　　　PRINT'@var＜20'
　　　　ELSE
　　　　PRINT'20＜@var＜＝50'

3.转移语句

　　转移语句的语法格式为：
　　GOTO＜标号＞
　　GOTO 语句和标号可用在存储过程、批处理或语句块中。标号名称必须遵守 Transact-SQL 标识符命名规则。GOTO 语句常用在循环语句和条件语句内，它使程序跳出循环或进行分支处理。

4.循环语句

　　循环语句根据所指定的条件重复执行一个 Transact-SQL 语句或语句块，只要条件成立，循环体就会被重复执行下去。

循环语句的语法格式为：

WHILE<布尔表达式>

　　{SQL 语句|语句块}

　　[BREAK]

　　{SQL 语句|语句块}

　　[CONTINUE]

　　[SQL 语句|语句块]

5.等待语句

等待语句挂起一个连接中各语句的执行，直到指定的某一时间点到来或在一定的时间间隔之后继续执行。等待语句的语法格式为：

WAITFOR{DELAY'interval'|TIME'time'}

其中，DELAY 子句指定 SQLserver 等待的时间间隔，TIME 子句指定一时间点。interval 和 time 参数为 DATETIME 数据类型，其格式为"hh:mm:ss"，它们分别说明等待的时间长度和时间点，在 time 内不能指定日期。

比如指定在 10 点钟执行一个查询语句。

BEGIN

　　WAITFOR TIME'10:00:00'

　　SELECT * FROM Borrow

END

再比如，下面的语句设置在 5 秒后执行一次查询操作：

BEGIN

　　WAITFOR DELAY'00:00:05'

　　SELECT * FROM Borrow

END

6.返回语句

返回语句结束查询、存储过程或批的执行，使程序无条件返回，其后面的语句不再执行。返回语句的语法格式为：

RETURN[整数表达式]

5.1.6　游标

1.游标的使用

SQL 语言可以认为是一种面向集合的语言，它对数据库中数据的操作是面向集合的操作。所谓面向集合的操作是指对结果集执行一个特定的动作。但实际上，某些业务规则却要求对结果集逐行执行操纵，而不是对整个集合执行操纵。ANSI-92 定义的游标正是逐行操纵结果集的，当然 Transact-SQL 也遵循这一标准。也就是说，Transact-SQL 游标可以使用户逐行访问 SQL Server 返回的结果集。

游标使用之前必须首先在存储过程块的声明部分定义游标，控制游标状态的 3 个基本命令是：OPEN，FETCH 和 CLOSE。声明的游标可以使用 OPEN 语句执行和游标相关的查询，生产结果集，并将游标指针定位于首条记录。然后可以使用 FETCH 语句检索当前记录，并将游标移至下条记录。处理完所有记录后，用 CLOSE 语句来关闭游标。

SQL Server 对游标的使用要遵循以下几个步骤：声明游标→打开游标→读取游标→关闭游标→删除游标。

（1）声明游标

声明游标使用 DECLARE 语句。该语句的组成元素包括关键字 DECLARE、游标名称、关键字 CURSOR FOR 和查询语句。游标的内容由这里的查询语句确定，因此游标实际上是把一个查询语句的结果关系实例存储到内存缓冲区中。DECLARE 语句的使用方法如下：

DECLARE cursorName CURSOR

FOR＜selectStatement＞

例 5.2　声明一个名为 mycursor 的游标。

DECLARE

　　　　CURSOR mycursor FOR SELECT ename，age FROM emp WHERE eno＝1001

游标名不是变量，只用来标识游标对应的查询，不可对游标名赋值或直接将其用于表达式的运算中。

游标相关的 SQL 语句中可以使用过程体中声明的变量，也可以使用过程的参数。有些系统在 SQL 标准的基础上还拓展支持带参数的游标，程序员在游标名后给出参数列表，表明参数名和参数的数据类型，这些参数也可以在游标的查询中使用。游标的实参在打开游标（OPEN）时给出。

（2）打开游标

使用 OPEN 语句打开游标，其语法格式如下所示。

OPEN ＜cursor_name＞［参数 1，参数 2，…］

（3）读取游标

提取数据行的语法格式如下：

FETCH［［NEXT｜PRIOR｜FIRST｜LAST｜ABSOLUTE｛n｜@nvar｝｜RELATIVE｛n｜@nvar｝]FROM]＜游标名＞[INTO＜变量名列表＞]

说明：

· NEXT：表示提取下一条记录。

· PRIOR：表示提取前一条记录。

· FIRST：表示提取第一条记录。

· LAST：表示提取最后一条记录。

· RELATIVE n 选项指定一个元组的相对位置 n。

· ABSOLUTE n 选项指定一个元组的绝对位置。

· 如果以上选项都省略，默认为 NEXT。

读取游标数据是使用游标最为关键的一步,也是声明和打开游标的目的。使用 FETCH 语句打开游标,FETCH 语句一次只能检索结果集中的一条记录,并把结果送到过程体声明的变量或过程参数中。只有当游标处于打开状态时才能执行 FETCH 语句,否则发生执行序列错误。执行一次 FETCH 后结果集的游标指针所指向的元组被传送到过程体变量中,并将指针移到下一条记录,FETCH FROM 语句的语法形式如下:

FETCH FROM cursorName

INTO<variablesList>

例 5.3 获取游标 mycursor 的当前记录,投影列值保存在局部变量中。

FETCH FROM mycursor INTO para1,para2;

游标定义的查询所返回的每个列值都要和 INTO 之后的变量相对应,数据类型必须匹配。

(4)关闭游标

游标使用后可以执行 CLOSE 语句关闭它,以释放该游标占用的资源。关闭游标的语句格式为:

CLOSE <cursor_name>

游标关闭后,用户还可以根据应用的需要用 OPEN 语句再次打开游标,这时会形成新的结果集。如果游标支持参数,在重新打开时给定的参数值不同则可能获得完全不同的结果集。

(5)删除游标

删除游标使用 DEALLOCATE 语句,DEALLOCATE 语句的语法格式如下:

DEALLOCATE <cursor_name>

下面通过实例来说明游标的使用方法:

例 5.4 对如下图书的定价进行分析,从中找出一些有价值的定价规律,并把关系 Book 中的价格提取出来。

```
DECLARE priceAnalysisCursour CURSOR
FOR SELECT price FROM Book
OPEN priceAnalysisCursour
WHILE(1=1){
    FETCH FORM priceAnalysisCursour
    INTO priceVar
    PRINT priceVar
}
CLOSE priceAnalysisCursour
```

在上述游标定义语句中,第 1 和第 2 行定义了一个名为 priceAnalysisCursor 的游标,该游标中的数据来自表 Book 中的图书价格。

第 3 行表示打开游标。打开游标实际上就是初始化游标,使得游标中的指针指向游标中的第一行元组。也可以根据需要,使得游标中的指针指向游标中指定的数据。

第 4 行至第 8 行是取游标的数据。因为 FETCH 语句一次只能取出一行的数据,所以必须对该语句进行循环处理。第 4 行指定循环条件。这里指定的条件是 1＝1,这是一个恒成立的条件,表示一致取游标中的数据。在实际应用中,应该根据数据库系统的特点,明确指定循环结束的条件。第 5 和第 6 行是取数据,且把取出的数据赋予变量 priceVar。然后,就可以对该变量进行各种处理。取数据的方向可以根据需要指定,默认情况下是一次一行,逐行向前。第 7 行是显示出变量 priceVar 的值。也可以根据需要,把变量 priceVar 的值用作他用。

　　第 9 行是使用 CLOSE 语句关闭游标。关闭游标之后,游标的定义依然存在,只是释放游标占用的系统资源。只有再次使用 OPEN 语句打开游标之后才能使用。

　　2. 使用游标属性

　　存储过程中使用游标的目的是为了解决数据失配,从而更方便地访问查询的结果集。前面已经讲过:数据库服务器执行 SQL 查询时可能返回不同的执行状态,这些状态信息保存在 SQLCODE 或 SQLSTATE 中,但它们所传递的只能是最近操作的状态信息,为了描述各个游标所对应的 SQL 查询的状态信息,许多数据库系统的 PL/SQL 引擎都支持游标属性。

　　游标属性是记录游标当前执行状态的内置标记。多数系统支持的游标属性有 NOTFOUND,FOUND 和 ISOPEN,有的还支持 ROWCOUNT。这些属性一般只能在过程语句中使用,不可用在 SQL 语句中。

　　(1)使用 NOTFOUND

　　NOTFOUND 标识游标中是否没有元组了。如果 FETCH 语句从结果集获得一条记录,NOTFOUND 值为 FALSE;否则 NOTFOUND 值被设置为 TRUE。在第 1 次检索数据前,NOTFOUND 的值没有意义。

　　在下面的例子中,当 FETCH 语句不能返回记录时,使用 NOTFOUND 作为跳出 LOOP 循环的判断条件。

　　例 5.5　　根据游标属性结束循环。

```
LOOP
    ⋮
    FETCH mycursor INTO para1,para2;
    EXIT WHEN mycursor%NOTFOUND;        /* NOTFOUND 作为条件 */
    ⋮
END LOOP;
```

　　(2)使用 FOUND

　　FOUND 属性与 NOTFOUND 属性相反,如果 FETCH 语句从游标结果集中返回一条记录,那么 FOUND 值为 TRUE;反之为 FALSE。在第 1 次检索数据前,FOUND 的值也同样没有意义。

　　例 5.6　　使用 FOUND 属性选择相应的操作。

```
LOOP
    FETCH mycursor INTO para1,para2;
```

```
    IF mycursor%FOUND THEN        /* 获得结果集元组 */
            INSERT INTO temp VALUES(para1,para2);       /* 将结果数据插入到一临
时表中 */
    ELSE
            EXIT;
    END IF:
        :
```

END LOOP;

当游标中所有元组读取结束后退出循环。

(3)使用 ISOPEN

这个属性可以测定游标的 SQL 语句是否已经提交给数据库服务器执行了,如果相应游标已经打开,则 ISOPEN 返回值为 TRUE;否则返回 FALSE。

例 5.7 使用 ISOPEN 选择相应的操作。

```
IF mycursor%ISOPEN THEN
    :
ELSE
    OPEN mycursor;
END IF:
```

例 5.7 中判断游标对应 SQL 语句的执行状态,如果游标没有打开,则打开游标。使用该属性可以避免因为操纵未打开的游标而导致的"游标未处理"的执行逻辑错误。

3. 游标的选项

游标具有强大且灵活的功能,这些功能需要使用游标选项来定义。例如,可以指定取出元组的顺序、限制游标的基表数据修改时对游标的影响、改变游标的移动方式等。

还可以在游标的声明语句中增加关键字 ORDER BY 来对游标中的数据进行排序,这样可以方便对游标数据的处理。例如,在上面的游标示例中,可以指定游标中的价格数据按照从高到低的顺序进行排列。

还可能有这样的情况,如果游标正在处理的时候,其基表中的数据发生了变化,那么这种变化是否能反映到游标中呢? 大多数情况下,用户只是需要打开游标时刻的数据,不要求游标中的数据发生变化,那么可以使用 INSENSITIVE 选项来声明游标为不敏感的。该选项也可以用在 DECLARE 语句中。

游标的移动方式也可以进行改变。在默认情况下,游标中的数据由前向后逐行移动。如果希望游标中的数据按照其他移动方式来移动,那么可以在 FETCH 语句中选择其他选项。

例如,如果希望把前面例 5.4 的游标数据改成从高到低的降序排列,且对基表数据的修改变化不敏感,即游标打开之后基表中的数据无论是否变化不再反映到游标中,那么可以使用下面的游标定义语句:

DECLARE priceAnalysisCursour INSENSITIVE CURSOR

```
FOR SELECT price FROM Book ORDER BY price
OPEN priceAnalysisCursour
WHILE(1=1){
    FETCH FORM priceAnalysisCursour
    INTO priceVar
    PRINT priceVar
}
CLOSE priceAnalysisCursour
```

4. 使用隐式游标

支持游标属性的 PL/SQL 编译器一般也会支持隐式游标。存储过程在过程体中直接处理 INSERT,UPDATE,DELETE 或 SELECT INTO 等语句时,尽管过程体中没有为其定义游标,但 PL/SQL 执行器将隐式打开一个游标。用户不能用 OPEN,FETCH 和 CLOSE 语句控制隐式游标。在这个游标上可以使用游标属性对刚刚执行的 SQL 语句的检索结果进行判断。

如果 INSERT,UPDATE,DELETE 语句没有涉及任何记录,或者 SELECT INTO 语句没有检索到任何一条记录,那么 NOTFOUND 值为 TRUE;否则 NOTFOUND 值为 FALSE。而 FOUND 的设置条件恰好相反。

例 5.8　查询后判断 SQL%NOTFOUND 和 FOUND。

```
DECLARE
    par1   INT;
BEGIN
    ⋮
    SELECT Tnumber INTO par1 FROM stunum;
    IF SQL%NOTFOUND THEN      /* 最近的 SQL 语句没有检索到任何元组 */
        ⋮
    ELSE IF SQL%FOUND THEN      /* 获得元组,向 TEMP 表中插入数据 */
        INSERT INTO temp VALUES(…);
    END IF;
    ⋮
END;
⋮
```

对于过程自定义游标的 ISOPEN 属性,服务器执行完 SQL 语句后将自动关闭隐式游标,因此 ISOPEN 属性对于隐式游标没有任何意义。

游标是使用 PL/SQL 定义服务器存储过程不可或缺的要素,各种数据库服务器系统都会在存储过程中增强其特性,实际应用设计和开发中需要按照上面游标管理的指导原则去发现、掌握所选平台系统的编程特性,进而设计、开发出准确、高效、可靠的数据库管理程序。

5.2 存储过程

5.2.1 存储过程概述

1.存储过程的概念

存储过程是一组用来完成某种特定功能的 Transact-SQL 语句集合,这组 SQL 语句经过预编译后存储在数据库中,可以在 SQL Server 中或前端应用程序中对其进行调用。可以说存储过程是在数据库端执行的 Transact-SQL 程序,它主要用于实现需要频繁使用的查询。

存储过程分为三类:系统提供的存储过程、用户定义的存储过程和扩展存储过程。

(1)系统提供的存储过程

系统存储过程由 SQL Server 自动创建并存储在 master 数据库中,其名称都以 sp_为前缀。管理员可以通过 SQL Server 提供的系统存储过程进行管理性和信息性的工作,如查看数据库的相关信息、目录管理、配置和管理日志、安全性管理等。

(2)自定义的存储过程

在 SOL Server 中,按编写的语言,又分为两种类型:Transact-SQL 和 CLR。

• Transact-SQL 存储过程,是指保存的 Transact-SQL 语句集合可以接收和返回用户提供参数的存储过程。Transact-SQL 存储过程多用于数据库业务逻辑的处理。

• CLR 存储过程,是指对 Microsoft . NET Framework 公共语言运行时方法的调用,它们在. NET Framework 程序集中是作为类的公共静态方法实现的,可以通过 SQL Server 2012 数据库引擎直接运行。

(3)扩展存储过程

扩展存储过程是对动态链接库(DLL)函数的调用。

2.存储过程的优点

在创建 SQL Server 应用程序时,Transact-SQL 是应用程序与 SQL Server 数据库之间主要的编程接口。在实际操作中,既可以创建本地 Transact-SQL 程序,通过向 SQL Server 发送命令并处理结果,也可以将 Transact-SQL 程序作为存储过程存储在 SQL Server 中,再对数据结果进行相应处理。两种方法比较起来,后者具有一些显著的优点。

存储过程具有如下的优点:

(1)减少网络流量

客户端应用程序需要使用存储过程时,网络上只传输对存储过程进行调用的命令和返回结果,而无须传送大段的 Transact-SQL 代码,减少了网络流量。

(2)增强代码的重用性和共享性

存储过程只需创建一次并存储在数据库中,就可以在程序中被反复调用,还可以被多个用户所共享。那些经常执行的查询操作可以写成存储过程,这样就避免了在程序中反复编写,提高了开发的效率和质量。

（3）加强安全性

可以将执行存储过程的权限赋予某些用户而不将对数据表的直接访问权限授予他们，这样用户只能通过存储过程来访问和操作表中的数据，从而保证了数据的安全性。

5.2.2　创建存储过程

创建存储过程的语法为：
CREATE PROC［EDURE］<procedure_name>［;number］
［{@parameter data_type}
　　［VARYING］
　　［=default］［OUTPUT］［,…n］
［WITH
　　{RECOMPILE|ENCRYPTION|RECOMPILE,ENCRYPTION}］
［FOR REPLICATION］
AS sql_statement［,…n］
其中：
- WITH ENCRYPTION：加密存储过程代码，保护作者知识产权。
- procedure_name：存储过程的名称。
- @parameter：参数名称。
- data_type：参数的数据类型。
- default：输入参数的缺省值。
- OUTPUT：表明该参数是输出参数。
- sql_statement：SQL 语句，这是存储过程的重点构造部分。

5.2.3　执行存储过程

执行存储过程的方法有两种：可以使用 SQL Server Management Studio 执行一个存储过程，也可以使用 Transact-SQL 语言的 EXECUTE 语句执行一个存储过程，下面详细介绍这两种方法。

1. 使用 SQL Server Management Studio 执行存储过程

使用 SQL Server Management Studio 执行存储过程的步骤如下：
①打开 SQL Server Management Studio，并连接到服务器。
②选中准备执行的存储过程，单击右键，选择"执行存储过程"命令，在"执行过程"窗口中单击"确定"按钮，执行存储过程。

2. 使用 EXECUTE 语句执行存储过程

（1）语法格式
EXECUTE

```
{
[@return_stares＝]
{module_name[;number]|@module_name_var}
[[@parameter＝]{value
    |@variable[OUTPUT]
    |[DEFAULT]
    }
]
[,…n]
[WITH RECOMPILE]
}
```

EXECUTE 语句的参数的含义与 CREATE PROCEDURE 语句的参数的含义基本相同，不再重复。

（2）示例

创建一个代表存储过程名称的变量，执行该存储过程。

```
USE school
GO
DECLARE@proc_name varchar(10)
SET@proc_name='XS_1'
EXEC@proc_name
```

5.2.4 修改存储过程

修改存储过程可以通过企业管理器和 Transact SQL 语句实现。

1.使用企业管理器修改存储过程

修改存储过程的操作步骤如下：
①在企业管理器中打开服务器组。
②打开"数据库"文件夹，再展开要修改存储过程的数据库。
③在要修改的存储过程上右击，选择"属性"项，或者双击要修改的存储过程，弹出"存储过程属性"对话框。
④在"文本"文本框中直接对其代码进行修改，修改完成后，先检查语法，正确后单击"确定"按钮。

2.使用 ALTER PROCEDURE 语句修改存储过程

可以使用 ALTER PROCEDURE 语句修改用 CREATE PROCEDURE 语句创建的存储过程，并且不改变权限的授予情况，不影响任何其他独立的存储过程或触发器。其语法规则如下：

ALTER PROC[EDURE]procedure_name[;number]

[{@parameter data_type}

[VARYING][＝default][OUTPUT]][,…n]

[WITH{RECOMPILE|ENCRYPTION|RECOMPILE,ENCRYPTION}]

[FOR REPLICATION]

As sql_statement[,…n]

例 5.9　使用 ALTER PR0CEDURE 语句更改存储过程。

①创建存储过程 employca_dep,以获取总经理办的男员工。

```
CREATE PROCEDURE employee_dep AS
SELECT employee_name,sex,address,department_name
FROM employee e INNER JOIN department d
ON e. department_id＝d. department_id
WHERE sex＝'男'AND e. department_id＝'D001'
GO
```

②用 SELECT 语句查询系统表 sysobjects 和 syseomments,查看 employee_dep 存储过程的文本信息的代码如下:

```
SELECT o. id,c. text
FROM sysobjects o INNER JOIN syscomments CON o. id＝c. id
WHERE o. type＝'P'AND o. name＝'employee_dep'
GO
```

③使用 ALTER PRoCEDURE 语句对 employee_dep 过程进行修改,使其能够显示出所有男员工,并使 employee_dep 过程以加密方式存储在表 syscomments 中,其代码如下:

```
ALTER PROCEDURE employee_dep
WITH ENCRYPTION AS
SELECT employee_name,sex,address,department_name
FROM employee e INNER JOIN department d
ON e. department_id＝d. department_id
WHERE sex＝'男'
GO
```

④从系统表 sysobjects 和 syscomments 提取修改后的存储过程 employee_dep 的文本信息可以运行步骤②中的代码,发现运行结果为乱码。这是由于在 ALTER PROCEDURE 语句中使用 WITH ENCRYPTION 关键字对存储过程 employee_dep 的文本进行了加密,其文本信息显示为乱码。

也可以使用系统存储过程 sp_helptext 显示存储过程的定义(存储在 syscomments 系统表内),其命令如下:

sp_helptext employee_dep

结果为"对象备注已加密"。

5.2.5 删除存储过程

当不再使用一个存储过程时,就可以把它从数据库中删除。

语法格式如下所示:

DROP{PROC|PROCEDURE}存储过程的名称

说明:PROC 是 PROCEDURE 的简写。

例 5.10 删除数据库中的 stu_info1 存储过程。

IF EXISTS(SELECT name FROM sysobiects WHERE name='stu_info1')

　　　　　　　　　　　　——先判断是否存在该存储过程。

DROP PROCEDURE stu_info1

　　　　　　　　　　　　——如果存在则删除,否则不进行任何操作。

5.3　函　数

1. 标量值函数

标量值函数返回的是一个数值。函数定义的语法格式为:

CREATE FUNCTION FunctionName([{@ param1[AS]DataType[= default]}[,…n]])

RETURNS DataType

AS

BEGIN

　　Function_body

　　RETURN Expression

END

其中,FunctionName 是用户自定义函数的名称,在数据库中应该是唯一的;@param1 是函数的参数;default 为函数参数的默认值;DataType 是数据类型;RETURNS 表示函数要返回的数据类型;Function_body 是函数体定义;Expression 为返回的函数值。

例 5.11 创建一个函数,其功能是将指定的日期显示为"XXXX 年 XX 月 XX 日"。

CREATE FUNCTION ChangeDateFormat(@thistime date)

RETURNS VARCHAR(20)

AS

BEGIN

DECLARE @Year CHAR(4),@Month CHAR(2),@Day CHAR(2),@thattime VAR-CHAR(20)

　　SET @Year=YEAR(@thistime)

```
SET @Month＝MONTH(@thistime)
SET @Day＝DAY(@thistime)
SET @thattime＝@Year＋'年'＋@Month＋'月'＋@Day＋'日'
RETURN@thattime
END
GO
SELECT dbo. ChangeDateFormat('2011/12/15')
```

2. 内联表值函数

内联表值函数没有由 BEGIN…END 语句块中包含的函数体,而是直接使用 RETURN 子句。其语法格式为:

```
CREATE FUNCTION FunctionName([{@ param1[AS]DataType[＝default]}[,…
n]])
RETURNS TABLE
AS
RETURN(SELECT statement)
```

例 5.12　创建一个函数,并调用该函数,其功能是查询 Hrsys 数据库中 Employee 表中的所有员工记录。

```
USE Hrsys
GO
CREATE FUNCTION SelectEmployee()
RETURNS TABLE
AS
RETURN SELECT  *  FROM Employee
GO
SELECT  *  FROM SelectEmployee()
```

3. 多语句表值函数

其函数定义的语法格式为:

```
CREATE FUNCTION FunctionName([{@ param1[AS]DataType[＝default]}[,…
n]])
RETURNS @return_variable TABLE＜table_type_def inition＞
AS
BEGIN
    Function_body
    RETURN
END
```

例 5.13　创建一个函数,并调用该函数,其功能是通过输入员工编号 Emp_Id,查询该员工所属的部门名称及实发工资情况。

```
CREATE FUNCTION GetSalary(@Employee_no CHAR(10))
RETURNS @Emp_sfgz TABLE(
            Depname CHAR(20),
            Month CHAR(6),
            SfgzDECIMAL(10,2))
AS
BEGIN
    INSERT INTO@Emp_sfgz
    SELECT Depname,Month,Sfgz
    FROM Department JOIN Employee ON Department. Dep_Id=Employee. Dep_Id
            JOIN Salary ON Employee. Emp_Id=Salary. Emp_IdV
    WHERE Employee. Emp_Id=@Employee_no
    RETURN
END
GO
SELECT * FROM Getbalary('000001')
```

调用自定义函数和调用系统内置函数的方式基本上相同,但是需要注意以下两点:

· 当调用标量值函数时,必须加上"所有者",通常都是 dbo,表值函数无此限制;

· 执行用户自定义函数时,所有参数都不能省略,包括有默认值的参数,默认值用 DE-FAULT 关键字指定。

5.4　触发器

5.4.1　触发器概述

触发器是一种实施复杂的完整性约束的特殊存储过程,它基于一个表创建并和一个或多个数据修改操作相关联。当对触发器所保护的数据进行修改时其自动激活,可防止对数据进行不正确、未授权或不一致的修改。触发器不像一般的存储过程,不可以使用触发器的名称来调用或执行。

触发器建立在表一级,它与指定的数据修改操作相对应。每个表可以建立多个触发器,常见的有插入触发器、更新触发器、删除触发器。触发器的应用很广泛,例如银行的存取款系统,当系统一旦遇到用户存取款时必须立即更新数据,这就需要使用触发器。

SQL Server 为每个触发器都创建了两个专用表:Inserted 表和 Deleted 表。Inserted 表存放由于执行 INSERT 或 UPDATE 语句时导致要加到该触发表中去的所有新行,即用于插入或更新表的新行值,在插入或更新表的同时,也将其副本存入 Inserted 表中。因此,Inserted 表中的行总是与触发表中的新行相同。Deleted 表存放由于执行 DELETE 或 UPDATE 语句而删除或更改的所有表中的旧行,即用于删除或更改表中数据的旧行值,在删除或更改表中数据的同时,也将其副本存入 Deleted 表中。

一个触发器由事件、条件和动作三个组成部分。该结构的示意图如图 5-1 所示。

在触发器中,事件指对数据库的各种操作,这些操作包括数据库的插入、删除、更新等数据操纵动作,创建表、修改表和删除表等数据定义动作,以及启动和停止数据库等系统动作。触发器在这些事件发生时,开始工作。下面主要介绍由数据操纵引起的触发事件。

在 SQL 语言中,数据操纵触发事件有三种类型,即 INSERT 事件、UPDATE 事件和 DELETE 事件。当向某一个表中插入数据时,如果该表有 INSERT 类型的触发器,那么该 INSERT 触发器就触发执行。同样,如果该表有 UPDATE 类型的触发器,那么当对该触发器表中的数据进行修改时,UPDATE 触发器就执行;如果该表有 DELETE 类型的触发器,那么当对该触发器表中的数据执行删除操作时,DELETE 触发器就执行。

图 5-1　触发器的结构示意图

虽然触发器只有这三种类型,但是对于一个表来说,可以有许多触发器。例如,关系 Book 可以有五个 INSERT 类型的触发器,三个 DELETE 类型的触发器,以及两个 UPDATE 类型的触发器。需要注意的是 DELETE 和 INSERT 事件都是针对表中的整个数据行的,而 UPDATE 事件既可以针对行,也可以针对表中的数据列。

5.4.2　触发器类型

在 SQL Server 中,根据触发事件的不同,触发器可以分为不同的种类:DML 触发器、DDL 触发器和登录触发器。本节详细地讲解这三种类型的触发器。

1. DDL 触发器

DDL 触发器是一种特殊的触发器,它在响应数据定义语言(DDL)语句时触发。
示例:

```
CREATE TRIGGER safety
ON DATABASE
FOR DROP_TABLE
AS
PRINT N      /* 如果想删除表,请删除 safety 触发器。*/
ROLLBACK
```

2. DML 触发器

当对定义了触发器的表执行 DML 命令时执行此类触发器。通常所说的 DML 触发器主要包括三种：INSERT 触发器、UPDATE 触发器和 DELETE 触发器。

（1）INSERT 触发器

INSERT 命令插入的数据行将同时插入到该触发器表和 Inserted 表。Inserted 表保存了已经插入的数据行的复本，该表允许用户引用该表的数据。

（2）DELETE 触发器

执行 DELETE 命令将数据行从数据表或视图删除时，被删除的数据首先被放在 Deleted 的表中，该表保存了被删除的数据行的副本。Deleted 表和触发器表通常没有相同的行。

（3）UPDATE 触发器

UPDATE 触发器的处理过程与前两种不同，UPDATE 触发器处理分为两个步骤。

3. 登录触发器

登录触发器将在登录的身份验证阶段完成之后且用户会话实际建立之前触发。如果身份验证失败，将不激发登录触发器，可以使用登录触发器来审核和控制服务器会话。

5.4.3 创建触发器

创建触发器的方法有两种，可以使用 SQL Server Management Studio 创建一个触发器，也可以使用 Transact-SQL 语言的 CREATE TRIGGER 语句创建一个触发器，下面我们详细介绍这两种方法。

1. 使用 SQL Server Management Studio 创建触发器

步骤如下：

①打开 SQL Server Managemem Studio，并连接到服务器。

②在数据库中展开准备创建触发器的表，选择"触发器"单击鼠标右键，选择"新列触发器"命令，在系统给出的查询中进行修改并保存。

例 5.14 创建触发器，其作用是：在 EGOSHOP 数据库里的订单表 ORDER 中插入一条记录后，提示一条"成功添加订单记录！"的信息。显然，这里要建立的是一个 DML AFTER INSERT 触发器。操作步骤如下：

①启动"SQL Server Management Studio"，在对象资源管理器中展开"数据库"文件夹，展开"EGOSHOP"→"表"→"dbo. ORDER"节点，右键单击其下的"触发器"，弹出新建触发器的快捷菜单。

②选择快捷菜单中的"新建触发器"项，系统将在查询编辑器中打开触发器模板。

③在模板中修改代码，将从"CREATE"到"GO"结束的代码改为以下代码：

```
CREATE TRIGGER order_insert ON"ORDER"AFTER INSERT AS
BEGIN
print'成功添加订单信息！'
```

END

GO

④在工具栏中单击"分析"按钮,检查语法是否有错,如果在"结果"区域里出现"命令已成
功完成",则表示语法没有错误。

⑤如果语法没有错误,在工具栏中单击"执行"按钮,生成触发器。

⑥单击"刷新",会发现该触发器下会多出一个名为"order_insert"的节点。

⑦单击工具栏的保存按钮,保存为 SQL 文件。

2. 使用 CREATE TRIGGER 语句创建触发器

语法为:

```
CREATE TRIGGER trigger_name
ON{table|view}
[WITH ENCRYFHON]
{
    {{FOR|AFIER|INSTEAD OF}
        [[UPDATE][,][INSERT][,][DELETE]}
            [WITH APPEND]
            [NOT FOR REPLICATION]
                AS
                [{IF UPDATE(column)
                [{AND|OR}UPDATE(column)]
                […n]
                |IF(COLUMNS_UPDATED(){bitwise_operator}updated_bitmask)
            {comparison_operator}column_bitmask[…n]
    }]
    sql_statement[…n]
    }
}
```

5.4.4　修改触发器

当认为某个触发器不适合时,可以修改这个触发器。修改触发器相当于重建一个触发器,
修改后的触发器与原来的触发器没有任何关系,也不继承原来触发器的任何属性。修改触发
器的方法有两种,可以使用 SQL Server Management Studio 修改一个触发器,也可以使用 T-
SQL 语言的 ALTER TRIGGER 语句修改一个触发器。

1. 使用 SQL Server Management Studio 修改触发器

步骤如下:

①打开 SQL Server Management Studio,并连接到服务器。

②选中准备修改的触发器,单击右键,选择"修改"命令,在系统给出的查询中进行修改并保存。

2.使用 ALTER TRlGGER 语句修改触发器

ALTER TRIGGER trigger_name ON{table|view}

{FOR|AFTER|INSTEAD OF}{[INSERT][,][UPDATE][,][DELETE]}

AS

sql_statement

各参数的含义与创建触发器语法中的相应参数一致。

例 5.15 修改触发器 Tri_Emp,实现如下功能,如果该员工的职称为"高级",则不允许删除。

ALTER TRIGGER Tri_Emp ON Employee FOR DELETE

AS

BEGIN

    SET NOCOUNT ON

    IF(SELECT Prof FROM Deleted)='高级'

        BEGIN

            PRINT'员工职称为高级,不可以删除! '

            ROLLBACK TRANSACTION

        END

END

使用 DELETE 语句删除一条员工记录,以验证触发器是否会自动执行。

DELETE FROM Employee WHERE Emp_Id='000007';

5.4.5 删除触发器

当一个触发器不再需要时,可以删除触发器。删除触发器的方法有两种,可以使用 SQL Server Management Studio 删除一个触发器,也可以使用 Transact-SQL 语言的 DROP TRIG-GER 语句删除触发器,下面我们详细介绍这两种方法。

1.使用 SQL Server Managemem Studio 删除触发器

步骤如下:

①打开 SQL Server Management Studio,并连接到服务器。

②选中准备删除的触发器,单击鼠标右键,选择"删除"命令,在"删除对象"窗口中单击"确定"按钮,删除触发器。

2.使用 DROPTRIGGER 语句删除触发器

(1)语法格式

删除 DML 触发器

DROP TRIGGER schema_name. trigger_name[,…n][;]

删除 DDL 触发器

DROP TRIGGER trigger_name[,…n]

ON{DATABASE|ALL SERVER}[;]

删除登陆触发器

DROP TRIGGER trigger_name[,…n]

ON ALL SERVER

（2）示例

DROP TRIGGER reminder1

5.4.6　更新触发器

更新触发器的执行步骤如下：

（1）执行 UPDATE 语句进行更新操作

系统检查被更新值的正确性（如约束等），如果正确，在表中修改该行的信息，将修改前的旧行存放到 Deleted 表中，并将修改后的新行存放到 Inserted 表中。

（2）执行触发器中的相应语句

如果修改了某些表中相应列的信息并执行到 ROLLBACK 语句，则系统将回滚整个操作（将新值改为旧值，对触发器中已经执行的操作做反操作）。

5.4.7　禁用/激活触发器

在 SQL Server 中，用户可以禁止/激活一个指定的触发器或者一个表的所有触发器，默认情况下，创建触发器会自动启用触发器。

1. 禁用触发器

禁用触发器和删除触发器不同，触发器禁用后仍保存在数据库中，只是在对表执行 IN-SERT、UPDATE 或 DELETE 语句时，并不执行触发器的动作，直到重新激活触发器。禁用触发器的语法为：

DISABLE TRIGGER{trigger_name|ALL}ON{object_name}

2. 激活触发器

对于处在禁用状态的触发器，可在 SQL Server Management Studio 中将其激活（具体操作类似禁用触发器），也可以使用 T_SQL 命令 ENABLE TRIGGER 激活，其语法为：

ENABLE TRIGGER{trigger_name|ALL}ON{object_name}

第 6 章　数据库中数据的查询处理与优化

6.1　查询优化概述

查询优化对关系型数据库来说,既是一种机遇也是一种必须要面对的挑战。关系表达式的语义的级别非常高,关系数据库可直接从表达式中对其语义进行分析,这为查询优化的提供了理论上的可行性,也为关系数据库接近亦或超过非关系数据库的性能创造了机遇。

从优化内容的角度来看,查询优化分为逻辑优化和物理优化。逻辑优化主要依据关系代数的等价变换做一些逻辑变换,物理优化主要根据数据读取、表连接方式、表连接顺序、排序等技术对查询进行优化。"查询重写规则"属于逻辑优化方式,运用了关系代数和启发式规则;"查询算法优化"属于物理优化方式,运用了基于代价估算的多表连接算法求解最小花费的技术。

6.1.1　查询中遇到的问题

数据查询作为数据库系统中最常用和最基本的一项数据操作,也是数据库的最主要的功能,其操作的复杂程度直接影响着系统的速度。也就是说,对数据进行查询,需要系统付出开销代价。对数据进行查询时,势必会对系统的磁盘进行访问,访问磁盘的速度要比访问内存的速度慢很多。假若数据查询时,访问磁盘的次数越多,系统付出的开销代价就越大。在数据库系统中,用户的查询通常直接交给数据库管理系统进行执行,同样的查询要求,所使用的查询语句不同,执行时所付出的代价也不相同,它们之间的开销代价相差较大,有时甚至可以有几个数量级的差异。在实际操作中,查询操作是必不可少的一类数据操作,无法避免,怎样从多个查询的实现策略中选择合适策略的过程就是查询处理过程的优化,简称查询优化。

数据查询必然会有查询优化的问题;从对数据库的性能要求和使用技术的角度来看,在任何一种数据库中相应的处理方法和途径都是存在的。用户手动处理和机器自动处理组成了查询优化的基本途径。

6.1.2　查询优化的可行性

在数据库系统中,对数据进行查询操作时,一般都是在集合的基础上进行运算,称之为关系代数。关系代数具有 5 种基本运算,一定的运算定律在这些运算中是成立的,如结合律、交换律、分配律和串接律等,这就表明使用不同的关系表达式可以表示同一结果,进行查询树时就可以得到同一结果。因此,使用关系表达式进行查询时,可先对其进行查询优化。

关系查询语句与普通语言相比有坚实的理论支撑,人们能够找到有效的算法,使查询优化的过程内含于 DBMS,由 DBMS 自动完成,从而将实际上的"过程性"向用户"屏蔽",用户只需提出"干什么",具体"怎么干"可以不用管,这样用户在编程时只需表示出所需要的结果,获得结果的操作步骤无需给出。从这种意义上讲,关系查询语言是一种高级语言,这给查询优化提供了可能性。

6.2　查询处理过程

6.2.1　查询处理步骤

RDBMS 查询处理可以分为四个阶段:查询分析、查询检查、查询优化和查询执行,如图 6-1 所示。

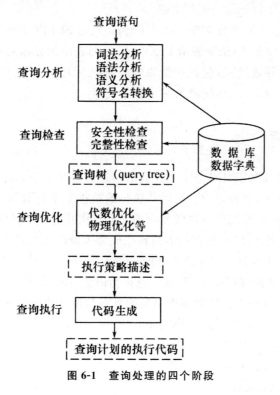

图 6-1　查询处理的四个阶段

6.2.2　查询分析

查询分析要对查询语句进行扫描、词法分析和语法分析。从查询语句中将语言符号识别出,如 SQL 关键字、属性和关系名称等,并进行语法检查和分析,对语句是否符合 SQL 语法规则进行检查。

查询分析是 DMBS 处理所有 SQL 查询的第一步,它的功能是对用户输入的 SQL 语句进行分析,并将其转化成适合计算机处理的内部表示,因为 SQL 语句虽然适合人类理解,但对计算机来说却过于复杂。

查询处理中的语法分析与一般语言的编译系统中的语法分析类似,主要是检查查询的合法性,包括单词、其他句子成分是否正确,以及它们是否构成一个合乎语法的句子,并将其转换成一种能清楚地表示查询语句结构的语法分析树。

下面是一个查询的基本语法规则:

<Query>::<SFW>|<Rel-Exper>|<Query>

<Query>是所有规则 SQL 查询语句,<Rel-Exper>表示一个或多个关系和 UNION、INTERRSECT、JOIN 等操作组成的表达式,<SFW>表示常用的 Select-From-Where 形式的查询,即

<SFW>::=SELECT<S_List>WHERE<Condition>

<S_List>::=<Attribute>{,Atribute}|<S_Expr>

<F_List>::=<Relation>|<F_Expr>

{,}表示其中的元素为 0,1 或多个。<S_Expr>表示 SELECT 后的列表中的元素可以是表达式或者聚集函数。<F_Expr>表示 FROM 后的列表中的元素可以为表达式。<Condition>为一般意义的条件表达式,包括由逻辑运算符 AND、OR、NOT 等构成的逻辑表达式,由比较操作符=、<、>、≤、≥、≠构成的关系表达式等。

6.2.3 查询检查

查询检查首先根据数据字典对合法的查询语句进行语义检查,检查语句中识别出的语言符号在数据库中是否存在,是否有效。对用户进行的检查是根据数据字典中的用户权限和完整性约束定义来完成的,如果用户不具备相应的访问权限或者违反了完整性约束原则,该查询的执行就会被拒绝。检查通过后,把查询语句转化成为等价的关系代数表达式。在 RDBMS 中一般都用查询树(Query Tree)(也称为语法分析树(Syntax Tree)),来作为查询的内部表示形式。

RDBMS 一般都用查询树(Query Tree),也称为语法分析树(Syntax Tree),来表示扩展的关系代数表达式。这个过程中要把数据库对象的外部名称转换为内部表示。语法分析树是一个查询的语法元素构成的树,按树的结构定义,有:

<Syntax-tree>::=<N,E>

n::=<Atom>|<Stn-Cat>

<Atom>::=Syntaxpart

如关键字、关系属性名、常数、运算符等。

<Stn－Cat>::=<Sub-tree>

<Sub－tree>::=a tree formed by component

如<SFW>、<Condition>等。

E::={$n_i-n_j|n_j$}按语法规则是 n_i 的一个部件。

一个基本的不带嵌套查询的 SQL 语句可以比较方便地转化成关系代数,只需将 FROM 字

句转化为连接或笛卡儿积，将 WHERE 语句转化为选择操作，将 SELECT 字句转化为投影操作。

例如，查询 Q1：找出"Database System Concepts"一书的作者。

SELECT name FROM Book natural join author

WHERE title＝'Database System Concepts'

根据上述规则可以转化为关系代数：

$$\prod_{name}(\sigma_{title='Database\ System\ Concepts'}(Book \bowtie auther))$$

对于带嵌套查询的 SQL 语句，通常的做法是首先将它分解为多个查询块，一个查询块包括一个非嵌套的 SELECT-FROM-WHERE 表达式，可以直接转换成查询代数，子查询被转化成一个独立的查询块。

例如，查询 Q2：找出最早出版的书。

SELECT title FROM Book

WHERE year＝(SELECT min(year)FROM Book)

在转换时会被分解为两个查询块。内层块为：

SELECT min(year)FROM Book

外层块为：

SELECT title FROM Book

WHERE year＝X

其中 X 表示内层块的结果。

6.2.4　查询优化

查询优化的任务是为查询生成一个最优的执行计划。由于 SQL 是陈述式的语言，在查询中并没有指明查询的具体操作步骤，因此，一个 SQL 查询转换为关系代数时就可能有多种方法。同样，关系代数中也没有指明具体的执行步骤，因此关系代数在转化为执行计划时也会存在多种可能。DMBS 中的查询优化模块接收初始查询树作为输入，枚举该查询的多种可能的执行计划，并对每个计划的执行代价进行估计，最后返回代价最小的计划。

查询优化常用的方法不外乎代数优化和物理优化。①代数优化：指关系代数表达式的优化，即根据某些启发式规则，改变代数表达式中的次序和组合，使查询执行得更高效，例如"先选择、投影和后连接"等就可完成优化，所以还可以称之为规则优化；②物理优化：存取路径和底层操作算法的选择，可以是基于规则的、基于代价的，也可以是基于语义的。

实际优化过程中，为了达到更好的优化效果往往都综合使用这些优化技术。

6.2.5　查询执行

针对查询优化器得到的查询计划，系统的代码生成器产生出这个计划的执行代码。

①确定实现每一关系代数操作的算法（基于排序、基于 Hashing 和基于索引）。按操作实现的复杂度来分，有一趟（从磁盘读一遍数据）、两趟（自磁盘读两遍数据）和多趟（读多遍磁盘数据）算法。

②决定中间结果何时被"物化"（Materializing，即实际存储到各磁盘上）、何时被"流水作业地传递"（Pipelining，即直接传送给一操作，而不实际保存）。

③物理操作的确定与注释。物理查询计划由物理操作构成，每一操作实现计划中的一步。逻辑查询计划中的每一（扩展）关系代数操作都由特定物理操作来实现。物理查询计划中各个DBMS可能使用自己的不同操作。

通过上述一系列处理后得到的最优物理查询计划由执行引擎具体执行。执行时向存储数据管理器发送请求以获取相应的数据，依计划中给出的顺序执行各步操作；同时与事务管理器交互，以保证数据的一致性和可恢复性；最后输出查询结果。

在数据库中，查询语句的执行过程如图 6-2 所示。

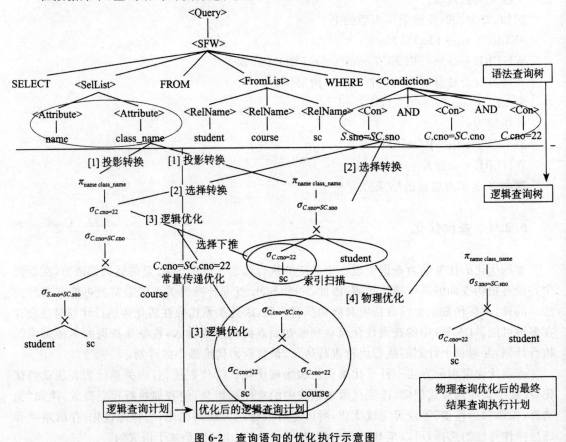

图 6-2　查询语句的优化执行示意图

6.3　查询优化方法

查询优化通常包括两项工作：一是代数优化，二是物理优化。这两项工作都要对语法分析树的形态做修改，把语法分析树变为查询树。其中，逻辑查询优化将生成逻辑查询执行计划。在生成逻辑查询执行计划的过程中，根据关系代数的原理，把语法分析树（见图 6-3）变为关系代数语法树（见图 6-4）的样式，原先 SQL 语义中的一些谓词变化为逻辑代数的操作符等样式，这些样式是一个临时的中间状态,经过进一步的逻辑查询优化,如执行常量传递、选择下推等(逻辑优化过程的样式如图 6-5 所示,对树的结构做调整,如一些结点下移、一些结点上移),从而生成逻辑查询执行计划。

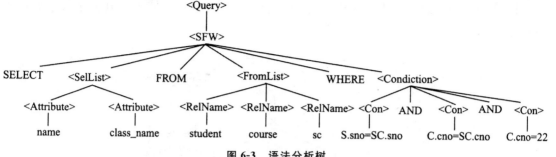

图 6-3　语法分析树

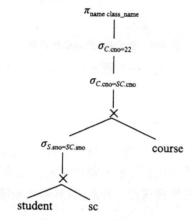

图 6-4　关系代数语法树

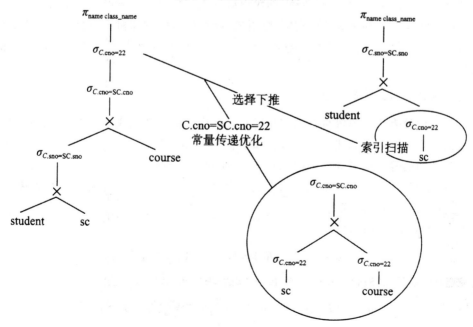

图 6-5　逻辑查询优化过程样式

在生成逻辑查询计划后,查询优化器会进一步对查询树进行物理查询优化。物理优化会对逻辑查询计划进行改造,改造的内容主要是对连接的顺序进行调整。SQL 语句确定的连接顺序经过多表连接算法的处理,可能导致表之间的连接顺序发生变化,所以树的形态有可能调整(图 6-6 所示为经过物理查询优化后,表的连接顺序发生变化,表 student 从左子树变为右子树)。

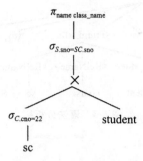

图 6-6　查询树(查询执行计划)

物理查询优化的最终结果是生成最终物理查询执行计划,如图 6-6 所示。

6.3.1　代数优化

前面已经介绍过 SQL 语句经过查询分析、查询检查后变换为查询树,它是关系代数表达式的内部表示。本节介绍基于关系代数等价变换规则的优化方法,即代数优化。代数优化是根据等价变换规则将初始查询树转换成另一种形式,其输入和输出都是关系代数表达式,但输出比输入更有利于执行。

代数优化有两个要求,其一是等价,即优化后的查询树与优化前的查询树是等价的,因为优化过程中的每次变换都是等价的;其二要有效,即优化后的查询树在一般情况下应该比优化前的查询树有利于执行,这是通过在优化过程中启发式地运用那些有利于减小执行代价的规则实现的。

1. 关系代数表达式等价变换规则

所谓关系代数表达式的等价是指用相同的关系代替两个表达式中相应的关系所得到的结果是相同的。两个关系表达式 E_1 和 E_2 是等价的,可记为 $E_1 \equiv E_2$。

下面是常用的等价变换规则,对其相关证明在此不再进行。

θ_1、θ_2、θ_3 表示谓词表达式,A_1、A_2、A_3 表示属性(列),E_1、E_2、E_3 表示关系代数表达式。

(1)选择运算尽量下降规则

若 θ_1 只涉及 E_1 中的属性,则:

$$\sigma_{\theta_1}(E_1 \bowtie_\theta E_2) = (\sigma_{\theta_1}(E_1)) \bowtie_\theta E_2$$

若 θ_1 只涉及 E_1 的属性,θ_2 只涉及 E_2 的属性,则:

$$\sigma_{\theta_1 \wedge \theta_2}(E_1 \bowtie_\theta E_2) = (\sigma_{\theta_1}(E_1)) \bowtie_\theta (\sigma_{\theta_2}(E_2))$$

　　上述规则在查询优化中非常重要,作用为通过优先执行选择操作,可以减少参与连接操作的元组数,从而大大提高查询执行的效率。由于直观上它的作用是将选择操作在查询树中的位置下降了(图 6-7),因此又称"选择操作尽量下降"规则。

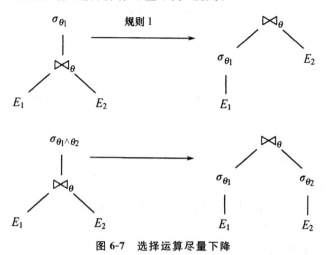

图 6-7　选择运算尽量下降

　　(2)连接、笛卡儿积交换律

　　设 E_1 和 E_2 是关系代数表达式,E_1 和 E_2 是连接运算的条件,则有

$$E_1 \times E_2 \equiv E_2 \times E_1$$
$$E_1 \bowtie E_2 \equiv E_2 \bowtie E_1$$
$$E_1 \underset{F}{\bowtie} E_2 \equiv E_2 \underset{F}{\bowtie} E_1$$

　　(3)连接、笛卡儿积的结合律

　　设 E_1, E_2, E_3 是关系代数表达式,F_1 和 F_2 是连接运算的条件,则有

$$(E_1 \times E_2) \times E_3 \equiv E_1 \times (E_2 \times E_3)$$
$$(E_1 \bowtie E_2) \bowtie E_3 \equiv E_1 \bowtie (E_2 \bowtie E_3)$$
$$(E_1 \underset{F_1}{\bowtie} E_2) \underset{F_2}{\bowtie} E_3 \equiv E_1 \underset{F_1}{\bowtie} (E_2 \underset{F_2}{\bowtie} E_3)$$

　　(4)投影的串接定律

$$\pi_{A_1, A_2, \cdots, A_n}(\pi_{B_1, B_2, \cdots, B_m}(E)) \equiv \pi_{A_1, A_2, \cdots, A_n}(E)$$

　　此处,E 是关系代数表达式,$A_i(i = 1, 2, \cdots, n)$,$B_j(j = 1, 2, \cdots, m)$ 是属性名且 $\{A_1, A_2, \cdots, A_n\}$ 构成 $\{B_1, B_2, \cdots, B_m\}$ 的子集。

　　(5)选择的串接定律

$$\sigma_{F_1}(\sigma_{F_2}(E)) \equiv \sigma_{F_1 \wedge F_2}(E)$$

　　此处,E 是关系代数表达式,F_1、F_2 是选择条件。选择的串接律说明选择条件能够有效合并。这样的话,对全部条件的检查一次即可完成。

　　(6)选择与投影操作的交换律

$$\sigma_F(\pi_{A_1, A_2, \cdots, A_n}(E)) \equiv \pi_{A_1, A_2, \cdots, A_n}(\sigma_F(E))$$

此处,选择条件 F 只涉及属性 $A_1, \cdots, A_n$。

　　若 F 中有不属于 $A_1, \cdots, A_n$ 的属性 $B_1, \cdots, B_m$ 则有更一般的规则:

$$\pi_{A_1,A_2,\cdots,A_n}(\sigma_F(E)) \equiv \pi_{A_1,A_2,\cdots,A_n}(\sigma_F(\pi_{A_1,A_2,\cdots,A_n,B_1,B_2,\cdots,B_m}(E)))$$

(7)选择与笛卡儿积的交换律

如果 F 中涉及的属性都是 E_1 中的属性,则

$$\sigma_F(E_1 \times E_2) \equiv \sigma_F(E_1) \times E_2$$

如果 $F=F_1 \wedge F_2$,并且 F_1 只涉及 E_1 中的属性,F_2 只涉及 E_2 中的属性,则由上面的等价变换规则不难推出:

$$\sigma_F(E_1 \times E_2) \equiv \sigma_{F_1}(E_1) \times \sigma_{F_2}(E_2)$$

若 F_1 只涉及 E_1 中的属性,F_2 涉及 E_1 和 E_2 两者的属性,则仍有

$$\sigma_F(E_1 \times E_2) \equiv \sigma_{F_2}(\sigma_{F_1}(E_1) \times E_2)$$

它使部分选择在笛卡儿积前先做。

(8)选择与并的分配律

设 $E = E_1 \bigcup E_2$,E_1,E_2 有相同的属性名,则

$$\sigma_F(E_1 \bigcup E_2) \equiv \sigma_F(E_1) \bigcup \sigma_F(E_2)$$

(9)选择与差运算的分配律

若 E_1 与 E_2 有相同的属性名,则

$$\sigma_F(E_1 - E_2) \equiv \sigma_F(E_1) - \sigma_F(E_2)$$

(10)选择对自然连接的分配律

$$\sigma_F(E_1 \bowtie E_2) \equiv \sigma_F(E_1) \bowtie \sigma_F(E_2)$$

F 只涉及 E_1 与 E_2 的公共属性。

(11)投影与笛卡儿积的分配律

设 E_1 和 E_2 是两个关系表达式,$A_1,\cdots,A_n$ 是 E_1 的属性,$B_1,\cdots,B_m$ 是 E_2 的属性,则

$$\pi_{A_1,A_2,\cdots,A_n,B_1,B_2,\cdots,B_m}(E_1 \times E_2) \equiv \pi_{A_1,A_2,\cdots,A_n}(E_1) \times \pi_{B_1,B_2,\cdots,B_m}(E_2)$$

(12)投影与并的分配律

设 E_1 和 E_2 有相同的属性名,则

$$\pi_{A_1,A_2,\cdots,A_n}(E_1 \bigcup E_2) \equiv \pi_{A_1,A_2,\cdots,A_n}(E_1) \bigcup \pi_{B_1,B_2,\cdots,B_m}(E_2)$$

2.查询树的启发式优化

下面讨论的是应用启发式规则(Heuristic Rules)的代数优化。这是对关系代数表达式的查询树进行优化的方法。典型的启发式规则不外乎以下几种:

①当语句中出现选择运算时,要尽可能的先做选择运算。选择运算优化后可使执行的效率大幅度提高。这是查询优化中最基本也是最重要的一条策略。

②当在查询过程中,对同一个关系同时出现投影运算和选择运算时,二者同时进行,避免进行重复扫描操作。

③投影运算的前后假若有双目运算的话,二者也需结合起来进行运算。没有必要为了仅去掉某些字段而进行扫描操作。

④将要执行的笛卡儿积运算同其后面的选择运算进行结合,成为一个连接运算,可节省大量的时间。

⑤当重复出现某个子表达式时,可将其进行抽象,形成一个公共表达式,可节省计算该表

达式的时间。

下面给出遵循这些启发式规则,应用等价变换公式来优化关系表达式的方法。

①利用等价变换规则把形如 $\sigma_{F_1 \wedge F_2 \wedge \cdots \wedge F_n}(E)$ 变换为 $\sigma_{F_1}(\sigma_{F_2}(\cdots(\sigma_{F_n}(E))\cdots))$。

②查询中的每一个选择运算,都尽可能利用等价变换规则将其移到树的叶端。

③查询中的每一个投影运算,都尽可能利用等价变换规则将其移向树的叶端。

需要注意的是,相关的等价变换规则使一些投影消失,而又有相关等价变换规则把一个投影分裂为两个,其中一个有可能被移向树的叶端。

④多个选择或者投影的操作可在一次扫描中全部完成,这样操作尽管会与"投影尽可能早做"的原则相抵触,但实际上效率更高。

⑤把上述得到的语法树的内节点分组。每一双目运算($\times$,$\bowtie$,$\cup$,$-$)和它所有的直接祖先为一组(这些直接祖先是(σ,π 运算)。如果其后代直到叶子全是单目运算,则也将它们并入该组,但当双目运算是笛卡儿积($\times$),而且后面不是与它组成等值连接的选择时,则不能把选择与这个双目运算组成同一组,而是把这些单目运算单独分为一组。

例 6.1 在关系模式 S(学生),C(课程),SC(选课)中,查询修读课程号为 C5 的所有学生姓名的 SQL 查询语言的语句形式为:

SELECT S. Sname FROM S,SC WHERE S. Sno＝SC. Sno AND SC. Cno＝'C5';

将上述 SQL 语句进行代数优化。

解:①把 SQL 语句转换成查询树,如图 6-8 所示。

为了使用关系代数表达式的优化法,可以假设内部表示是关系代数语法树,则上面的查询树如图 6-9 所示。

②对查询树进行优化。

利用前面介绍的规则把选择 $\sigma_{SC. Cno='2'}$ 移到叶端,图 6-9 查询树便转换成图 6-10 优化的查询树。优化后的查询树的查询效率就会高很多。

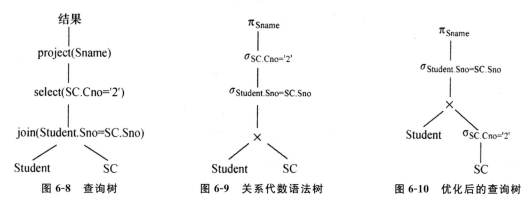

图 6-8 　查询树　　　　　　图 6-9 　关系代数语法树　　　　　图 6-10 　优化后的查询树

6.3.2 　物理优化

代数优化改变查询语句中操作的次序和组合,对底层的存取路径完全不涉及。前面已经介绍了对每一种操作有多种执行这个操作的算法,有多条存取路径。因此对于一个查询语句有许多存取方案,它们的执行效率各不相同,有的会相差很大。因此,我们还需采用物理优化来选择更加合理高效的算法亦或是存储路径,完成最终的查询优化。

实际上,代数优化与物理优化的思想也体现在人们的日常生活中。如要计算 $314×217+314×712$,为了计算方便,先根据结合律将上述算式化简为 $314×(217+712)$,这一步相当于代数优化,是基于结合律这一规则进行的。然后再确定化简后的算式的计算方法,如用心算 $217+712$ 得到 929,然后用笔算 $314×929$,这一步相当于物理优化,是基于代价进行的,因为对于 $217+712$ 这种简单的加法运算,心算比笔算来得快,而对于 $314×929$ 这种比较复杂的乘法,只能用笔算。如果有计算器的话,则用计算器算出 $314×929$ 更快,这可以看做是在优化时利用了有没有计算器这一统计信息。

可以用上一小节的 Q1 来说明上述两种优化途径在查询优化中的应用。Q1 转化为关系代数后为图 6-11 中左边的查询树,通过代数优化,等价变换为右边的查询树。

然后系统进行物理优化。设在 Book 表的 title 列上建有 B+树索引,则 Q1 中对 Book 表的选择操作就有两种执行方式,一种是对 Book 表进行线性扫描,另一种是通过 B+树索引进行选择。假设根据统计信息,通过 B+树索引进行选择的代价比线性扫描小,则物理优化将产生如图 6-12 所示的执行计划。

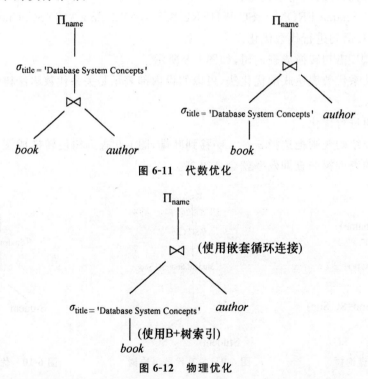

图 6-11 代数优化

图 6-12 物理优化

上述计划表示首先使用 B+树索引选出 Book 表中 title 为'Database System Concept'的行,然后用嵌套循环法将其与 author 表进行连接,最后对连接结果进行投影,只输出 name 列。

1.选择操作的执行策略

选择操作有两种常用的执行策略:

（1）顺序扫描

对被选择关系的数据文件进行线性扫描，判断扫描经过的每一条记录是否符合选择条件。如果选择条件是主键上的等值选择，符合条件的记录最多只有一条，在扫描的记录最多只有一条，在扫描时命中一条记录之后即可停止扫描，因此代价为 $\frac{1}{2}b_r$；否则，则有可能命中多条记录，必须完全扫描整个数据文件，代价是 b_r。

（2）使用 B＋树索引

当在选择条件涉及的列上建有 B＋树索引时，可以考虑使用索引来进行选择。如果是主键上的等值选择，则代价为 $h+1$，其中 h 为 B＋树的高；否则，代价就会与选择操作的选择率有关，设选择率为 f，当 f 较小时，代价大约是 $h+b_{leaf}\times f+n_r\times f$，当 f 较大时，代价大约是 $h+b_{leaf}\times f+b_r\times f$，其中 b_{leaf} 是 B＋树索引中叶节点数；对于不等选择，由于选择率接近 100％，一般不用索引执行。

因此，并不是在有索引可用的情况下就一定用索引进行选择，是否使用索引进行选择遵循一定的规则，如图 6-13 所示。

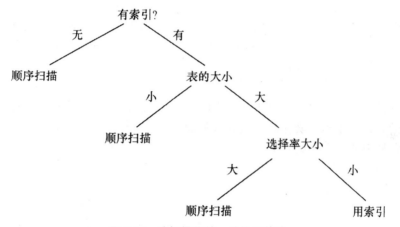

图 6-13 选择操作的一种执行策略

2.连接操作的执行策略

就执行策略的选择而言，连接操作是最复杂的操作，常用的执行策略有嵌套循环连接、块嵌套循环连接、索引嵌套循环连接、归并连接等多种。以下讨论连接操作 $R\bowtie_\theta S$ 的各种执行策略，其中 R 又称为外关系，S 又称为内关系。

（1）嵌套循环连接

嵌套循环连接是最简单的连接操作执行策略，过程如下：

```
for(关系 R 中的每个元组 t_r){
    for(关系 S 中的每个元组 t_s){
        if( t_r 与 t_s 符合选择条件)将 t_r·t_s 加入到连接结果中;
    }
}
```

上述过程中的 $t_r\cdot t_s$ 表示元组 t_r 与 t_s 连接的结果，即 $t_r\cdot t_s$ 也为一个元组，其中包含 t_r 和

t_s 中的所有属性,对于自然连接,还要去掉重复的属性。

嵌套循环连接的代价是很高的,在最差情况下(缓冲区中为每个关系只能开辟一个缓冲块),代价为 $b_R + n_R \times b_S$,在最好情况下(缓冲区可以完全容纳两个关系),代价为 $b_R + b_S$。

(2)块嵌套循环连接

块嵌套循环连接是对嵌套循环连接的改进,块嵌套循环连接中每次只处理一个元组。块嵌套循环连接的执行过程如下:

```
for(关系 R 中的每个块 B_R ){
    for(关系 S 中的每个块 B_S ){
        for( B_R 中每个元组 t_r ){
            for( B_S 中每个元组 t_s ){
if( t_r 与 t_s 符合选择条件)将 t_r · t_s 加入到连接结果中;
            }
        }
    }
}
```

最差情况下块嵌套循环连接的代价为 $b_R + b_R \times b_S$,约为嵌套循环连接的 $1/f_R$,最好情况下块嵌套循环连接的代价为 $b_R + b_S$。若 R 的块因子为100,则使用块嵌套循环连接在最差情况下就比嵌套循环连接快了100倍。

(3)索引嵌套循环连接

索引嵌套循环连接的思想是对于外关系的每个元组,利用内关系的索引直接找到内关系中与之匹配的元组。索引嵌套循环连接的过程如下:

```
for(关系 R 中的每个元组 t_r ){
利用索引找到 S 中与 t_r 匹配的元组 t_s ;
将 t_r · t_s 加入到连接结果中;
}
```

设进行一次索引查找的代价为 C,则索引嵌套循环连接的代价为 $b_R + n_R \times C$。

(4)归并连接

归并连接在进行连接之前首先对参与连接的关系按连接条件中的属性进行排序,因此,在连接时只需对参与连接的关系进行一遍扫描,代价仅为 $b_R + b_S$。归并连接的输出也是按连接条件中的属性排好序的。

归并连接的限制是只能用于计算自然连接和等值连接(连接条件形如 $R.A = S.B$ 的连接)。

6.4 实际应用中的查询优化

6.4.1 基于索引的优化

一般来说,是由数据库管理员 DBA 或表的主人(owner),即建立表的主人来负责建立和删除索引的工作。系统在存取数据时会自动选择合适的索引作为存取路径,用户不必显式地选择索引。

在查询中使用索引的目的是减少扫描的时间,节省时间,加快数据库查询的速度。但也要清楚地看到,使用索引之后数据更新的速度降低。这是因为,原来数据只需增加到表中即可,但现在还需增加到索引中去。除此之外,系统还需一定的磁盘空间和额外的开销代价才能保证索引正常工作。因此,建立索引时必须要对修改和查询的频率进行考虑,权衡利弊。建立索引时需注意以下几个方面:

①当记录有一定的规模,且查询的记录较少时才值得建立索引。规模较小且查询记录较多时没有必要建立索引。

②先装数据,后建索引。对于大多数基本表,总是有一批初始数据需要装入。建立关系后,先将这些初始数据装入基本表,然后再建立索引,使得初始数据的录入速度得以加快。

③需要返回某字段局部范围的大量数据,应在该字段建立聚簇索引。经常修改的列不应该建立聚簇索引,否则会使得系统的运行效率降低。

④查询语句中经常进行排序或在分组(用 GROUP BY 或 ORDER BY 操作)的列上建立索引。

⑤在条件表达式中经常用到的重复值较少的列上建立索引,重复值较多的列上建立索引的情况要尽可能地避免。有大量重复值并且经常有范围查询(BETWEEN,>,<,>=,<=)时可考虑建立聚簇索引。

⑥SELECT、UPDATE、DELETE 语句中的子查询应当有规律地查找少于 20% 的表行。如果一个语句查找的行数超过总行数的 20%,即使通过使用索引性能也无法得到提高。

一般来说,当检索的数据超过 20% 时,数据库将选择全表扫描,而不使用索引。

⑦如果表中对主键查询较少,并且按照范围检索的情况较少,就不要将聚集索引建立在主键上。由于聚集索引每张表只有一个,因此应该根据实际情况确定将其分配给经常使用范围检查的属性列,这样可以最大限度地提高系统的运行效率。

⑧比较窄的索引具有较高的效率。对于比较窄的索引来说,每页上能存放较多的索引行,而且索引的深度也比较少,所以,缓存中能放置更多的索引页,这样的话,I/O 操作得以有效减少。

⑨当数据库的数据大量更新之后,将原来的索引删除并重新建立一个新的索引会提高查询的效率。

⑩不应该对包含大量 NULL 值的字段设置索引。就像代码和数据库结构在投入使用之前需要反复进行测试一样,索引也不例外。应该用一些时间来尝试不同的索引组合。索引的使用无固定规则可循,需要对表的关系、查询和事务需求、数据本身有透彻的了解才能最有效地使用索引。索引也不是越多越好,只有适度参照上面的原则使用索引才能得到理想的效果。

需要注意的是,表和索引都应该进行事先的规划,不要存在侥幸心理,认为所有的性能问题通过索引都能够解决,索引有可能根本不会改善性能(甚至可能降低性能)而只是占据磁盘空间。

在使用索引时可以有效地提高查询速度,但如果 SQL 语句使用得不恰当的话,所建立的索引也就无法收到预期效果。所以应该做到不但会写 SQL 语句,还要写出性能优良的 SQL

语句。

6.4.2　查询语句的优化

下面介绍的一些针对 SQL 语句的优化方法，虽然查询优化器已经帮用户做了很多优化，但是熟识这些方法可以在实际使用中提高查询效率。

1. 避免和简化排序

排序对系统速度的影响非常大。假若有一顺序存储的三层嵌套查询，每层查询 1000 行，查询的数据可达 1 亿行。所以，避免和简化排序对提高查询效率有着较大的影响。为避免这种顺序存储的大范围数据查询，常采用对连接的列进行索引或使用并集的方法来解决。

例 6.2　OR 不能使用索引，可以用 UNION 来代替，以避免全表扫描。

SELECT Sno,Grade FROM SC
WHERE(Sno='2013111001' and Grade>=60) or Grade>=80
调整为：
SELECT Sno,Grade FROM SC WHERE Sno=' 2013111001' and Grade>=60
UNION
SELECT Sno,Grade FROM SC WHERE Grade>=80

2. 子查询的优化

子查询是查询语句中经常出现的一种类型，是比较耗时的操作，相关查询效率不高。优化子查询对查询效率的提升有着直接的影响。

如果在主查询和 WHERE 子句中的查询中出现了同一个列标签，就会使主查询的列值改变，子查询也必须进行新一次的查询。随着查询嵌套层次的不断增多查询效率会相应地有所降低，所以应该避免子查询。如果子查询不可避免，那么就要在查询的过程中过滤掉尽可能多的行。

子查询优化技术的思路如下：

(1)子查询合并(Subquery Coalescing)

在某些条件下(语义等价：两个查询块产生同样的结果集)，多个子查询能够合并成一个子查询(合并后还是子查询，以后可以通过其他技术消除子查询)。这样可以把多次表扫描、多次连接减少为单次表扫描和单次连接，如：

SELECT * FROM t1 WHERE a1<10 AND {
　　EXISTS(SELECT a2 FROM t2 WHERE t2.a2<5 AND t2.b2=11 OR
　　EXISTS(SELECT a2 FROM t2 WHERE t2.a2<5 AND t2.b2=21)};
可优化为：
SELECT * FROM t1 WHERE a1<10 AND {
　　EXISTS(SELECT a2 FROM t2 WHERE t2.a2<5 AND(t2.b2=1 OR t2.b2=2)
/* 两个 EXISTS 子句合并为一个，条件也进行了合并 */
　　};

(2)子查询展开(Subquery Unnesting)

又称子查询反嵌套,又称为子查询上拉。把一些子查询置于外层的父查询中,作为连接关系与外层父查询并列,其实质是把某些子查询重写为等价的多表连接操作(展开后,子查询不存在了,外层查询变成了多表连接)。带来的好处是:有关的访问路径、连接方法和连接顺序可能被有效使用,使得查询语句的层次尽可能地减少。常见的 IN/ANY/SOME/ALL/EXISTS 依据情况转换为半连接(SEMI JOIN)、普通类型的子查询消除等情况属于此类,如:

SELECT * FROM t1,(SELECT * FROM t2 WHERE t2.a2>10)v_t2

WHERE t1.a1<10 AND v_t2.a2<20;

可优化为:

SELECT * FROM t1,t2 WHERE t1.a1<10 AND t2.a2<20 AND t2.a2>10 /*子查询变为了 t1、t2 表的连接操作,相当于把 t2 表从子查询中上拉了一层*/

(3)聚集子查询消除(Aggregate Subquery Elimination)

聚集函数上推,将子查询转变为一个新的不包含聚集函数的子查询,并与父查询的部分或者全部表做左外连接。

通常,一些系统支持的是标量聚集子查询消除,如:

SELECT * FROM t1 WHERE t1.a1>(SELECT avg(t2.a2)FROM t2);

(4)其他

利用窗口函数消除子查询的技术(Remove Subquery using Window functions,RSW)、子查询推进(Push Subquery)等技术可用于子查询的优化,这里不展开讨论。

3.消除对大型表行数据的顺序存储(避免顺序存取)

在嵌套查询中,表的顺序存取对查询效率带来的影响可能是致命的,比如一个嵌套 3 层的查询采用顺序存取策略,如果要每层都查询 1000 行,那么这个嵌套查询就要查询 10 亿行数据。对连接列进行索引可以说是避免这种情况的常用方法,还可以使用并集(UNION)来避免顺序存取。尽管在所有的检查列上都有索引,但某些形式的 WHERE 子句强迫优化器使用顺序存取。

4.等价谓词重写

(1)LIKE 规则

LIKE 谓词是 SQL 标准支持的一种模式匹配比较操作,LIKE 规则是对 LIKE 谓词的等价重写,即改写 LIKE 谓词为其他等价的谓词,以更好地利用索引进行优化。如列名为 name 的 LIKE 操作示例如下:

name LIKE'Abc%'

重写为:

name>='Abc'AND name<'Abd'

应用 LIKE 规则的好处是:转换前针对 LIKE 谓词只能进行全表扫描,如果 name 列上存在索引,则转换后可以进行索引范围扫描。

LIKE 其他形式还可以转换:LIKE 匹配的表达式中,若没有通配符(%或—),则与=等价。如:

name LIKE'Abc'

重写为：

name＝'Abc'

MATCHS 和 LIKE 关键字支持通配符匹配，技术上叫做正规表达式，但这种匹配较为消耗时间，另外非开始的子串也要尽可能地避免，如

SELECT * FROM employee WHERE name LIKE '％zhang'

写为：

SELECT * FROM employee WHERE name LIKE 'z％'

更有效。

(2)避免使用 IN 语句

当查询条件中有 IN 关键字时，优化器采用 OR 并列条件。数据库管理系统将对每一个 OR 从句进行查询，将所有的结果合并后将重复项去掉后作为最终结果，当可以使用 IN 或 EXIST 语句时如下原则需要考虑到：EXIST 远比 IN 的效率高，在操作中如果把所有的 IN 操作符子查询改写为使用 EXIST 的子查询，这样效率更高。同理，使用 NOT EXIST 代替 NOT IN 会使查询添加限制条件，由此减少全表扫描的次数，从而使得查询速度得以加快进而达到提高数据库运行效率的目的。

1)IN 转换 OR 规则

IN 是只 IN 操作符操作，不是 IN 子查询。IN 转换 OR 规则就是 IN 谓词的 OR 等价重写，即改写 IN 谓词为等价的 OR 谓词，以更好地利用索引进行优化。将 IN 谓词等价重写为若干个 OR 谓词，可能会提高执行效率。如：

age IN(8,12,21)

重写为：

age＝8 OR age＝12 OR age＝21

应用 IN 转换 OR 规则后效率是否能够提高，需要看数据库对 IN 谓词是否只支持全表扫描。如果数据库对 IN 谓词只支持全表扫描且 OR 谓词中表的 age 列上存在索引，则转换后查询效率会提高。

2)IN 转换 ANY 规则

IN 转换 ANY 规则就是 IN 谓词的 ANY 等价重写，即改写 IN 谓词为等价的 ANY 谓词。因为 IN 可以转换为 OR，OR 可以转为 ANY，所以可以直接把 IN 转换为 ANY。将 IN 谓词等价重写为 ANY 谓词，可能会提高执行效率。如：

age IN(8,12,21)

重写为：

age ANY(8,12,21)

应用 IN 转换 ANY 规则后效率是否能够提高，依赖于数据库对于 ANY 操作的支持情况。如，PostgreSQL 没有显式支持 ANY 操作，但是在内部实现时把 IN 操作转换为了 ANY 操作，如下所示：

test＝＃\d t1;

资料表"public.t1"

```
栏位  |  型别   | 修饰词
……+…………+………
Id1  | integer | 非空
a1   | integer |
b1   | integer |
```
索引：
　　"t1_pkey"PRIMARY KEY,btree(id1)
test＝♯ExPLAIN SELECT ＊ FROM t1 WHERE a1 IN(1,3,5)；
　　　　　　　QUERY PLAN
…………………………………………………………
Seq Scan on t1(cost＝0.00.192.50 rows＝3 width＝12)
　　Filter：(a1＝ANY('{1,3,5}'：：integer[]))
（2 行记录）

5.条件化简

(1)使用 WHERE 代替 HAVING

HAVING 子句仅在聚集 GROUP BY 子句收集行之后才施加限制,这样会导致全表扫描后再选择,而如果可以使用 WHERE 子句来代替 HAVING,则在扫描表的同时就进行了选择,其查询效率也会在很大程度上得以提高。

这样做的好处在于便于统一、集中化解条件子句,节约多次化解时间。但不是任何情况下HAVING 条件都可使用 WHERE 条件进行代替的,只有在 SQL 语句中不存在 GROUPBY条件或聚集函数的情况下,才能将 HAVING 条件与 WHERE 条件的进行合并。但当 HAVING 子句用于聚集函数,不能有 WHERE 代替时则必须使用 HAVING。

(2)去除表达式中冗余的括号

这样可以减少语法分析时产生的 AND 和 OR 树的层次。如((aAND b)AND(cAND d))就可以化简为 a AND b AND c AND d。

(3)消除死码

化简条件,将不必要的条件去除。如 WHERE(0＞1 AND s1＝5),0＞1 使得 AND 恒为假,则 WHERE 条件恒为假。此时就不必再对该 SQL 语句进行优化和执行了,加快了查询执行的速度。

6.避免大规模排序操作

大规模排序操作意味着 ORDER BY、GROUP BY 子句的使用。无论何时执行排序操作,都意味着数据自己必须保存到内存或磁盘里(当以分配的内存空间不足时)。数据是经常需要排序的,排序的主要问题是会对 SQL 语句的响应时间造成一定的影响。由于大规模排序操作不是总能够避免的,所以最好把大规模排序在批处理过程里,在数据库使用的非繁忙期运行,从而避免大多数用户进程的性能受到影响。

(1)GROUP BY 的优化

对于 GROUP BY 的优化,可考虑分组转换技术,即对分组操作、聚集操作与连接操作的位置进行交换。常见的方式如下：

①分组操作下移。GROUP BY 操作可能较大幅度地减少关系元组的个数,如果能够对某个关系先进行分组操作,然后再进行表之间的连接,很可能提高连接效率。这种优化方式是把分组操作提前执行。下移的含义,是在查询树上让分组操作尽量靠近叶子结点,使得分组操作的结点低于一些选择操作。

②分组操作上移。如果连接操作能够过滤掉大部分元组,则先进行连接后进行 GROUP BY 操作,可能提高分组操作的效率。这种优化方式是把分组操作置后执行。

上移的含义和下移正好相反。

（2）ORDER BY 优化

对于 ORDER BY 的优化,可有如下方面的考虑：

①排序消除（Order By Elimination）。优化器在生成执行计划前,将语句中没有必要的排序操作消除（如利用索引）,避免在执行计划中出现排序操作或由排序导致的操作（如在索引列上排序,可以利用索引消除排序操作）。

②排序下推（Sort Push Down）。把排序操作尽量下推到基表中,有序的基表进行连接后的结果符合排序的语义,这样能避免在最终的大的连接结果集上执行排序操作。

7.使用临时表加速查询

对表的一个子集进行排序并创建临时表,查询加速也能够得以实现。在一些情况下,这样做对于避免多重排序操作非常有帮助,而且在其他方面还能简化优化器的工作。

例 6.3 创建临时表加速查询。

SELECT S. Sno,Sname,SC. Cno,Grade FROM S,SC

WHERE S. Sno＝SC. Sno AND SC. Grade＞＝90 ORDER BY Sname

INTO TEMP S_SC

用如下方式在临时表中进行查询：

SELECT * FROM S_SC WHERE Sname＝'张三'

所创建的临时表的行要比主表的行少,其物理顺序就是所要求的顺序,这样就减少了磁盘 I/O,使得查询的工作量得以降低,提高了效率,而且临时表的创建并不会反映主表的修改。

8.视图重写

视图是数据库中基于表的一种对象,视图重写就是将对视图的引用重写为对基本表的引用。视图重写后的 SQL 多被作为子查询进行进一步优化。所有的视图都可以被子查询替换,但不是所有的子查询都可以用视图替换。这是因为子查询的结果作为一个结果集,如果是单行单列（标量）,则可以出现在查询语句的目标列;如果是多行多列,可以出现在 FROM、WHERE 等子句中;但即使是标量视图（视图等同于表对象）,也不可以作为目标列单独出现在查询语句中。

下面通过一个例子来具体看一下视图重写。SQL 语句如下：

CREATE TABLE t_a(a INT,b INT);

CREATE VIEW v_a As SELECT * FROM t_a;

基于视图的查询命令如下：

SELECT col_a FROM　v_a WHERE col_b＞100；

经过视图重写后可变换为如下形式：

SELECT col_a FROM

（

　　　SELECT col_a,col_b FROM t_a

）

WHERE col_b＞100；

未来经过优化,可以变换为如下等价形式：

SELECT col_a FROM t_a WHERE col_b＞100；

简单视图能够被查询优化器较好地处理；但是复杂视图则不能被查询优化器很好地处理。一些商业数据库,如 Oracle,提供了一些视图的优化技术,如"复杂视图合并""物化视图查询重写"等。但从整体上看,复杂视图优化技术还有待继续提高。

9.用排序来取代非顺序存储

磁盘存取臂的来回移动使得非顺序磁盘存取变成了最慢的操作。但是在 SQL 语句中这个情况被隐藏了,这样就使得我们在写应用程序时很容易写出进行了大量的非顺序页的查询代码,降低了查询速度,对于这个现象很好的解决办法尚未研究出来,只能依赖于数据库的排序能力来替代非顺序存取。

10.避免使用不兼容的数据类型

float 和 int,char 和 varehar,binary 和 varbinary 是不兼容的数据类型。数据类型的不兼容会导致优化器无法执行一些本来可以进行优化的操作。例如：

SELECT * FROM SC WHERE Grade＞62.5

在这条语句中,如果 Grade 字段是 int 型的,则优化器对其进行优化的难度非常大,因为62.5 是个 float 型的数据。应该在编程时将浮点型转化为整型,而不是等到运行时再转化。

第 7 章　数据库中数据的控制

7.1　安全性控制

数据库安全性的目标,是确保只有授权的用户才能在授权的时间里进行授权的操作。这一目标是很难达到的,而且为了真正能做出任何进展,数据库开发小组就必须在项目需求确定阶段便规定好所有用户的处理权限及责任。然后,这些安全性需求就能够通过 DBMS 的安全性特点得到加强,并补充写入应用程序里。

7.1.1　处理权限及责任

例如,考虑 View Ridge 画廊的要求。View Ridge 数据库存在三类用户:销售员、管理员和系统管理员。View Ridge 画廊设计处理权利如下:允许销售员输入新客户和事务数据,允许他们修改客户数据和查询任何数据,但是不允许他们输入新的艺术家或作品数据,也绝对不允许删除任何数据。

对于管理员,除了对销售员允许的全部事项以外,还允许输入新的艺术家和作品数据,以及修改事务数据。虽然管理员拥有删除数据的权限,但是在本应用系统里不给予这样的许可。这样的限制是为了防止数据意外丢失的可能性。

系统管理员可以授予其他用户处理权限,他还能够修改诸如表、索引、存储过程之类的数据库元素的结构。但不授予系统管理员直接加工处理数据的权限。

一个数据库使用者,想要登录 SQL Server 服务器上的数据库,并对数据库中的表执行更新操作,则该使用者必须经过图 7-1 所示的安全验证。

7.1.2　DBMS 安全性

DBMS 安全性的特点和功能取决于所用的 DBMS 产品。基本上,所有的此类产品都提供了限制某些用户在某些对象上的某些操作的工具。DBMS 安全性的一般模型如图 7-2 所示。

一个用户可以赋予一个或多个角色,而一个角色也可以拥有一个或多个用户。所谓的对象(OBJECT)就是诸如表、视图或存储过程等数据库要素。许可(PERMISSION)是用户、角色和对象之间的一个联系实体。因此,从用户到许可的联系,从角色到许可的联系以及从对象到许可的联系都是 1∶N,M-O 的。

　　每当用户面对数据库时,DBMS 就会将他的操作限定为他的许可或者分配给他的角色。一般来说,要确定某个人是否就是其声称的那个人,是一项很困难的任务。所有的商用 DBMS 产品都使用用户名和口令来验证,尽管这类安全性在用户不太注意时,是很容易被别人窃取的。

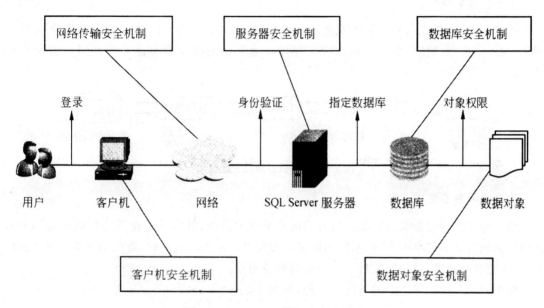

图 7-1　SQL Server 数据库安全验证

　　用户能够输入名字和口令,或者有些应用程序也能输入名字和口令。例如,Windows 用户名和口令可以直接传送给 DBMS。而在其他情况下,则由应用程序来提供用户名和口令。Internet 应用程序常常定义一个所谓“未知人群”(Unknown Public)的用户群组,并在匿名用户登录时把它们归入这个群组。这样,像 Dell 这样的计算机公司就不需要为每个客户在安全性系统中输入用户名和口令。

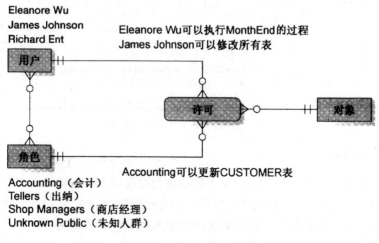

图 7-2　DBMS 安全性的一般模型

7.1.3 应用系统安全性控制

1. 安全控制模型

通常,在计算机系统中,安全措施是一级一级层层设置的。计算机系统的安全模型如图 7-3 所示,从用户使用数据库应用程序开始一直到访问后台数据库所要经过的安全认证过程。

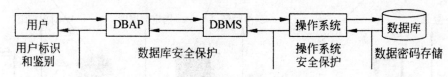

图 7-3 计算机系统的安全模型

2. 用户身份鉴定

用户标识和鉴定是系统提供的最外层的安全保护措施,其方法是由系统提供一定的方式让用户标识自己的名字或身份,系统内部记录着所有合法用户的标识,每次用户要求进入系统时,由系统进行核实,通过鉴定后才提供机器的使用权。

常用的用户标识和鉴定的方法有 3 种,如图 7-4 所示。

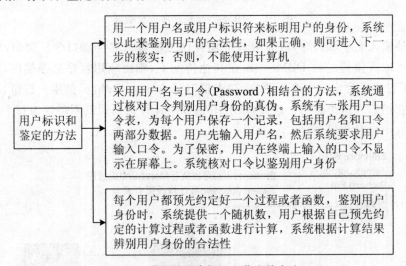

图 7-4 常用的用户标识和鉴定的方法

3. 权限的授予与收回

用户存取权限指的是不同的用户对于不同的数据对象允许执行的操作权限。在数据库系统中,每个用户只能访问其有权存取的数据并执行有权使用的操作。因此,必须预先定义用户的存取权限。常用的方法有自主存取控制方法和强制存取控制方法。

例 7.1 把查询 reader 表的权限授给用户 user1。
GRANT SELECT

ON TABLE reader

TO user1；

例 7.2　把对 reader 表和 book 表的全部操作权限授予用户 user2 和 user3。

GRANT ALL PRIVILEGES

ON TABLE reader,book

TO user2,user3；

例 7.3　把创建表的权限授给用户 user1。

GRANT CREATE TABLE

TO user1；

例 7.4　把对 borrow 表的查询权授予所有用户。

GRANT SELECT

ON TABLE borrow

TO PUBLIC；

例 7.5　把查询 reader 表和修改读者专业的权限授予用户 user4。

GRANT SELECT,UPDATE(rspecialty)

ON TABLE reader

TO user4；

例 7.6　把表 borrow 的插入权授予所有用户 user5,并允许 user5 将此权限授予其他用户。

GRANT INSERT

ON TABLE borrow

TO user5

WITH GRANT OPTION；

例 7.7　user5 可以把表 borrow 的插入权授予再授予 user6,并允许 user6 将此权限授予其他用户。

GRANT INSERT

ON TABLE borrow

TO user6

WITH GRANT OPTION；

例 7.8　user6 可以把表 borrow 的插入权授予再授予 user7,但不允许 user7 将此权限授予其他用户。

GRANT INSERT

ON TABLE borrow

TO user7；

　　由上面的例 7.1 至例 7.8 可以看到,GRANT 语句一次可以向一个或多个用户授权,还可以一次授予多个同类对象的不同权限,也可以一次完成不同对象的授权。表 7-1 是执行上述 8 条语句后读者-图书数据库中的用户权限定义表。

表 7-1 用户权限定义表

授权用户	被授权用户	数据库对象	允许的操作类型	能否转授权
DBA	user1	关系 reader	SELECT	否
DBA	user2	关系 reader	ALL	否
DBA	user2	关系 Book	ALL	否
DBA	user3	关系 reader	ALL	否
DBA	user3	关系 Book	ALL	否
DBA	user1	CREATE TABLE	否	否
DBA	PUBLIC	关系 borrow	SELECT	否
DBA	user4	关系 reader	SELECT	否
DBA	user4	属性列 reader. rspecialty	UPDATE	否
DBA	user5	关系 borrow	INSERT	能
user5	user6	关系 borrow	INSERT	能
user6	user7	关系 borrow	INSERT	否

例 7.9 把用户 user4 修改读者专业的权限收回。

REVOKE UPDATE(rspecialty)

ON TABLE reader

FROM user4；

例 7.10 收回所有用户对表 borrow 的查询权限。

REVOKE SELECT

ON TABLE borrow

FROM PUBLIC；

例 7.11 把用户 user5 对 borrow 表的 INSERT 权限收回。

REVOKE INSERT

ON TABLE borrow

FROM user5 CASCADE；

4. 角色

在一个有很多出纳的银行，每一个出纳必须对同一组关系具有同种类型的权限。无论何时招聘一个新的出纳，他都必须被单独授予所有这些授权。

一个更好的机制是指明所有出纳应该有的授权，并可以标识出数据库中哪些用户是出纳。系统可以用这两条信息来确定每一个有出纳身份的人的权限。当一个新人被雇佣为出纳时，只需给他分配一个用户名，并标识为出纳即可，不需要重新单独授予出纳的相关权限。

角色（ROLE）的概念可用于该机制。角色是被命名的一组与数据库操作相关的权限，角色是权限的集合。在银行数据库中,角色可以包括出纳、前台经理、审计和系统管理员等。可以为一组具有相同权限的用户创建一个角色,使用角色来管理数据库权限既可以简化授权的过程,又可以避免因多个用户使用一个登录名操作数据库,出错后无法鉴别的安全隐患。任何授予用户的权限都可以授予给角色,给用户分配角色就跟给用户授权一样。因此,用户的权限主要包括两个方面:一是直接授予给他的权限;二是分配给他的角色的权限。

角色创建的 SQL 语句格式是

CREATE ROLE<角色名>;

刚创建的角色只有名字,没有内容(权限)。

给角色授权的语句格式是

GRANT<权限>[,<权限>]…

ON<对象类型>对象名

TO<角色>[,<角色>]…

DBA 和用户可以利用 GRANT 语句将权限授予由一个或几个角色。

将角色分配给其他的角色或用户的语句格式是

GRANT<角色 1>[,<角色 2>]…

TO<角色 3>[,<用户 1>]…

[WITH ADMIN OPTION]

该语句把角色授予某用户或另一个角色。这样,一个角色(例如角色 3)所拥有的权限就是授予他的全部角色(例如角色 1 和角色 2)所包含的权限的总和。

如果指定了 WITH ADMIN OPTION,则获得这种权限的角色或用户还可以把这种权限再授予其他的角色或用户。

角色权限的收回语句的格式是

REVOKE<角色 1>[,<角色 2>]…

FROM<角色 3>[,<用户 1>]…

REVOKE 动作的执行者或者是角色的创建者,或者拥有在这个(些)角色上的 ADMIN OPTION。

例 7.12 通过角色来实现将一组权限授予一个用户。

首先创建一个角色 role1。

CREATE ROLE role1;

然后为角色 role1 授予权限,使角色 role1 拥有 reader 的 SELECT、UPDATE 和 INSERT 权限。

GRANT SELECT,UPDATE,INSERT

ON TABLE reader

TO role1;

将这个角色分配给用户 user1、user2 和 user3,使他们具有角色 role1 的全部权限。

GRANT role1

TO user1,user2,user3;

当然,也可以一次性地通过 role1 来收回 user1 的这 3 个权限。

REVOKE role1

FROM user1;

例 7.13 角色权限的修改。

GRANT DELETE

ON TABLE reader

TO role1;

角色 role1 的权限在原来的基础上增加 reader 表的 DELETE 权限。

REVOKE INSERT

ON TABLE reader

FROM role1;

使 role1 减少 reader 表的 INSERT 权限。

5. 视图机制

视图是从一个或几个基本表(或视图)导出的表,它与基本表不同,是一个虚表。基本表中的数据发生变化,从视图中查询出的数据也就随之改变了。在设计数据库应用系统时,对不同的用户定义不同的视图,使要保密数据对无权存取的用户隐藏起来。

例 7.14 假设在配电物资表 Stock 中,如果指定 U1 用户只能查看第一仓库的物资时,可以先建立第一仓库的配电物资视图,然后在该视图上进一步定义存取权限。

CREATE VIEW View_Stock1

AS

SELECT * FROM Stock

WHERE warehouse='第一仓库';

GRANT SELECT

ON View_Stock1

TO U1;

6. 审计跟踪

审计跟踪是一种监视措施,对某些保密数据,它跟踪记录有关这些数据的访问活动。一旦发现潜在的窃密企图,例如重复的、相似的查询,有些 DBMS 会自动发出警报;有些 DBMS 虽无自动报警功能,但可根据这些数据进行事后分析和调查。

7. 数据加密技术

数据加密模型如图 7-5 所示。

待加密的消息称为明文(Plaintext),它经过一个以密钥(Key)为参数的函数变换,这个过程称为加密,输出的结果称为密文(Ciphertext)。破解密码的艺术称为密码分析学(Cryptanalysis),它与设计密码的艺术(Cryptography)合起来统称为密码学或密码术(Cryptology)。我们将使用 $C = E_{K(P)}$ 来表示用密钥 K 加密明文 P 得到密文 C。类似地,$P = D_{x(C)}$ 代表了解密 C 得到明文 P 的过程。由此可以得到:$D_{x(Ex(P))} = P$。

从密码分析者的角度来看,密码分析问题有三个主要的变种。当他得到了一定量的密文,但是没有对应的明文时,他面对的是"只有密文(Ciphertext-Only)"问题。当密码分析者有了一些相匹配的密文和明文时,密码分析问题被称为"已知明文(Known Plaintext)"问题。最后,当密码分析者能够加密某一些他自己选择的明文时,问题就变成了"选择明文(Chosen Plaintext)"问题。

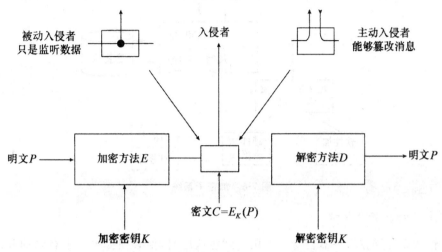

图 7-5 加密模型(假定使用了对称密钥密码)

在历史上,加密方法被分为两大类:置换密码和转置密码。

在置换密码(Substitution Cipher)中,每个字母或者每一组字母被另一个字母或另一组字母来取代,从而将原来的字母掩盖起来。最古老的密码之一是凯撒密码(Caesarcipher),它因为来源于 Julius Caesar 而得名。在这种方法中,a 变成 D,b 变成 E,c 变成 F,…,z 变成 C。

字母表置换基本的攻击手段利用了自然语言的统计特性。例如,在英语中,c 是最常见的字母,其次是 t、o、a、n、i 等。最常见两字母组合(或者两字母连字)是 th、in、er 和 an。最常见的三字母组合(或者三字母连字)是 the、ing、and 和 ion。

转置密码重新对字母进行排序,但是并不伪装明文。为了破解转置密码,密码分析者首先要明白,自己是在破解一个转置密码,通过查看 E,T,A,O,I,N 等字母的频率,很容易就可以看出它们是否吻合明文的常规模式。如果是的话,则很显然这是一种转置密码,因为在这样的密码时,每个字母代表的是自己,从而不改变字母的频率分布。

在 DBMS 中引入一个加密子系统,该子系统提供和软、硬件加密模块的接口,完成加密定义、操作、维护以及密钥的管理、使用等各项功能,所有和加密有关的操作都需要在该系统中完成,如图 7-6 所示。

7.1.4 SQL Server 的安全机制

1.操作系统安全验证

安全性的第一层在网络层,大多数情况下,用户将登录到 Windows 网络,但是他们也能登录到任何与 Windows 共存的网络,因此,用户必须提供一个有效的网络登录名和口令,否则其进程将被中止在这一层。这种安全验证是通过设置安全模式来实现的。

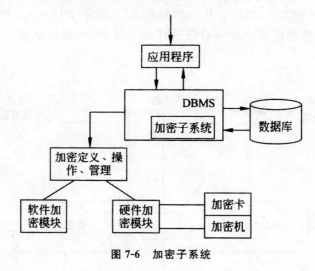

图 7-6　加密子系统

2. SQL Server 安全验证

安全性的第二层在服务器自身。当用户到达这层时，他必须提供一个有效的登录名和口令才能继续操作。服务器安全模式不同，SQL Server 就可能会检测登录到不同的 Windows 登录名。这种安全验证是通过 SQL Server 服务器登录名管理来实现的。

3. SQL Server 数据库安全性验证

这是安全性的第三层。当一个用户通过第二层后，用户必须在他想要访问的数据库里有一个分配好的用户名。这层没有口令，取而代之的是登录名被系统管理员映射为用户名。如果用户未被映射到任何数据库，他就几乎什么也做不了。这种安全验证是通过 SQL Server 数据库用户管理来实现的。

4. SQL Server 数据库对象安全验证

SQL Server 安全性的最后一层是处理权限，在这层 SQL Server 检测用户用来访问服务器的用户名是否获准访问服务器中的特定对象。可能只允许访问数据库中指定的对象，而不允许访问其他对象。这种安全验证是通过权限管理来实现的。

7.1.5　Oracle 的安全机制

1. 数据库用户

在 Oracle 数据库系统中可以通过设置用户的安全参数维护安全性。为了防止非授权用户对数据库进行存取，在创建用户时必须使用安全参数对用户进行限制。由数据库管理员通过创建、修改、删除和监视用户来控制用户对数据库的存取。用户的安全参数包括用户名、口令、用户默认表空间、用户临时表空间、用户空间存取限制和用户资源存取限制。Oracle 提供操作系统验证和 Oracle 数据库验证两种验证方式。

2. 权限管理

系统权限是指在系统级控制数据库的存取和使用的机制,系统权限决定了用户是否可以连接到数据库以及在数据库中可以进行哪些操作。系统权限是对用户或角色设置的,在 Oracle 中提供了一百多种不同的系统权限。

对象权限是指在对象级控制数据库的存取和使用的机制,用于设置一个用户对其他用户的表、视图、序列、过程、函数、包的操作权限。对象的类型不同,权限也就不同。

3. 角色

角色(Role)是一个数据库实体,该实体是一个已命名的权限集合。使用角色可以将这个集合中的权限同时授予或撤销。

Oracle 中的角色可以分为预定义角色和自定义角色两类。当运行作为数据库创建的一部分脚本时,会自动为数据库预定义一些角色,这些角色主要用来限制数据库管理系统权限。此外,用户也可以根据自己的需求,将一些权限集中到一起,建立用户自定义的角色。

4. 审计

数据库审计属于数据安全范围,是由数据库管理员审计用户的。Oracle 数据库系统的审计就是对选定的用户在数据库中的操作情况进行监控和记录,结果被存储在 SYS 用户的数据库字典中,数据库管理员可以查询该字典,从而获取审计结果。

Oracle 支持语句审计、特权审计、对象审计等 3 种审计级别。

审计设置以及审计内容一般都放在数据字典中。在默认情况下,系统为了节省资源、减少 I/O 操作,数据库的审计功能是关闭的。为了启动审计功能,必须把审计开关打开(即把系统参数 audit_trail 设为 true),才可以在系统表(SYS_AUDITTRAIL)中查看审计信息。

5. 数据加密

数据库密码系统要求将明文数据加密成密文数据,在数据库中存储密文数据,查询时将密文数据取出解密得到明文信息。Oracle 9i 提供了特殊 DBMS-OBFUSCATION-TOOLKIT 包,在 Oracle 10g 中又增加了 DBMS-CRYPTO 包用于数据加密/解密,支持 DES, AES 等多种加密/解密算法。

7.2　完整性控制

7.2.1　完整性约束

1. 主键约束

主键约束是数据库中最重要的一种约束。主键约束体现了实体完整性。

实体完整性要求表中所有的元组都应该有一个唯一的标识符,这个标识符就是平常所说的主键。主键不能为空值,所谓空值就是"不知道"或"无意义"的值,如果主属性取空值,就说明存在不可标识的实体,即存在不可区分的实体,这与客观世界中实体要求唯一标识相矛盾。因此这个规则是现实世界的客观要求。

例 7.15 创建带有主键约束的表 customers。实现该功能的 SQL 语句如下:

```
create table customers
    (cid char(4)not null,primary key,      /* 主键约束 */
    cname varchar(13),
    city varchar(20),
    discnt real check(discnt<=15.0));      /* check 约束 */
```

例 7.16 为 sales 数据库中的 agents 表创建主键约束。实现该功能的 SQL 语句如下:

```
create table agents
(aid nvarchar(255)not null,aname nvarchar(255),
    city nvarchar(255),[percent] float
constraint pk_aid primary key(aid));      /* 主键约束/
```

2. 外键约束

外键约束涉及的是一个表中的数据如何与另一个表中的数据相联系,这就是它称为参照完整性约束的原因   它引用另一个表。参照完整性是指一个关系中给定属性集上的取值也在另一关系的某一属性集的取值中出现。

下面就是一个使用外键约束的例子:

```
CREATE TABLE worker    /* 职工表 */
(no int PRIMARY KEY,       /* 编号,为主键 */
name char(8),       /* 姓名 */
sex,char(2),       /* 性别 */
dno int    /* 部门号 */
    FOREIGN KEY REFERENCES department(dno)
    ON DELETE NO ACTION.
address char(30)      /* 地址 */
);
```

例 7.17 写出带有主键约束和外键约束的创建表 ORDERS 的 create table 语句。

```
create table ORDERS(ordno integer,[month] char(3),
cid char(4)not null,
aid char(3)not null,pid char(4)not null,
qty integer not null CONSTRAINT qt_c
check(qty>=0),      /* CHECK 约束 */
dollars float CONSTRAINT dd default 0.0 CONSTRAINT do_c check(dollars>=
0.0),      /* CHECK 约束 */
    CONSTRAINT PK_ord primary key(ordno),           /* 主键约束 */
```

CONSTRAINT FK＿ord＿cus foreign key（cid）references customers，　　　／＊外键约束＊／

CONSTRAINT FK_ord age foreign key（aid）references agents，　　／＊外键约束＊／

CONSTRAINT FK_ord_pro foreign key（pid）references products）；　／＊外键约束＊／

3.属性约束

属性约束体现用户定义的完整性。属性约束主要限制某一属性的取值范围，属性约束可以分为以下几类。

①非空值约束：要求某一属性的值不允许为空值。

②唯一值约束：要求某一属性的值不允许重复。

③属性的值不能为空值，而且要唯一。

④基于属性的 CHECK 约束：在属性约束中的 CHECK 约束可以对一个属性的值加以限制。限制就是给某一列设定的条件，只有满足条件随值才允许输入。

例 7.18　定义一个教师表 teacher，要求不得出现重名现象。SQL 语句如下：

```
create table teacher(
    tno CHAR(9)NOT NULL PRIMARY KEY,      /*非空值主键约束*/
    tname CHAR(8)UNIQUE,      /*唯一值约束*/
    tsex CHAR(2),
    tage INTEGER,
    tbirth DATE,
    twork DATE,
    tposition CHAR(6),
    tpolit CHAR(6),
    tedu CHAR(6));
```

在该定义语句中，给 tname 属性列增加了唯一值约束 UNIQUE，保证在插入和修改数据时，姓名是唯一的。

例 7.19　在 DDL 语句中定义完整性约束条件。SQL 代码如下：

```
create table jobs
(job_id smallint IDENTITY(1,1)primary key,
job_desc varchar(50)not null default'New Position-title not formalized yet',
min_1v1 tinyint not null check(min_1v1>=10),
max_1v1 tinyint not null check(max_1v1<=250))
```

当建表时，系统自动为主键约束命名，并存入数据字典。

例 7.20　运用参照完整性定义一个枚举类型。SQL 代码如下：

```
create table cities(city varchar(20)not null,primary key(city));
create table customers
    (cid char(4)not null,cname varchar(13),
city varchar(20),
```

```
discnt real check(discnt<=15.0),
primary key(cid),
foreign key city references cities);
```

4. 域约束

域是某一列可能取值的集合。SQL 支持域的概念，用户可以定义域，给定它的名字、数据类型、默认值和域约束条件。用户可以使用带有 check 子句的 create domain 语句定义带有域约束的域。定义域命令的语法格式如下：

```
create domain<域名>as<数据类型>
    [default<默认值>]
    [check(条件)];
```

例 7.21　定义一个职称域，并声明只包含高级职称的域约束条件。

```
create domain dom_position as char(6)
check(value in('副教授','教授'));
```

使用域时可以在 check 子句中包含一个 select 语句，从其他表中引入域值。如下面的语句实现创建一个职称域：

```
create domain donyposition as char(6)
check(value in(select tposition from teacher));
```

例 7.22　用域约束保证小时工资域的值必须大于某一指定值（如最低工资）。

```
create domain hourly_wage numeric(5,2)
constraint value_test check(value>=4.00)
```

删除一个域定义，使用 drop domain 语句，语法格式如下：

```
drop domain<域名>;
```

5. 断言约束

一个断言（ASSERTION）就是一个谓词，它表达了用户希望数据库总能满足的一个条件。域约束和参照完整性约束是断言的特殊形式。当约束涉及多个表时，前面介绍的约束（外键参照完整性约束）有时是很麻烦的，因为总要关联多个表。SQL 支持断言的创建，断言是不与任何一个表相联系的。

SQL 中创建断言的语法格式如下：

```
create assertion<断言的名称>check<谓词>;
```

例 7.23　在教务管理系统中，要求每学期上课教师的人数不低于教师总数的 60%。

```
create table course(
    cno char(6) NOT NULL,
    tno char(9) NOT NULL,
    cname char(10) NOT NULL,
    credit numeric(3,1) NOT NULL,
    primary key(cno,tno));
create table teach(
```

tno char(9) NOT NULL primary key,

tname char(10) NOT NULL,

title char(6),

dept char(10));

在教师表 teacher 和课程表 course 之间创建断言约束,解决该实例提出的问题:

create assertion asser_constraint

 check((select count(distinct Tno) from course)

 >=(select count(*) from teacher) * 0. 6);

断言表示数据库状态应满足的条件,而触发子中表示的却是违反约束的条件。触发子(Trigger)是一个软件机制,其功能相当于下面的语句:

WHENEVER<事件>

IF<条件>THEN<动作>;

其语义为:当某一个事件发生时,如果满足给定的条件,则执行相应的动作。

这种规则称为主动数据库规则,又称为 ECA 规则(取事件、条件、动作英文名的首字母),也称为触发子。

触发子可定义(按照 ECA 规则)如下:

触发子∷=CREATE TRIGGER(触发子名)

 {BEFOREl AFTER)<触发事件)

 ON<表名>

 [REFERENCING<引用名>]/ * 旧值和新值的别名 * /

 FOR EACH{ROW|STATEMENT}

 WHEN(<条件>)

 <动作>

<触发事件)∷=INSERT|DELETE|UPDATE[OF<属性表>]

(引用名)∷=OLD[ROW][AS]<旧元组名>

 NEW[ROW][AS]<新元组名>

 OLD TABLE[AS]<旧表名>

 NEW TABLE[AS]<新表名>

7.2.2 数据库完整性的实施规则

1.创建规则

创建规则使用 CREATE RULE 语句,其语法格式如下:

CREATE RULE rule AS condition_expression;

2.绑定规则

规则创建后,需要把它和列绑定到一起,则新插入的数据必须符合该规则语法格式如下:

sp_bindrule[@rulename=]<rule_name)>

[@objectname＝]'object_name'

[,,@futureonle＝]'futureonly_flag'

3.解除和删除规则

对于不再使用的规则,可以使用 DROP RULE 语句删除。要删除规则首先要解除规则的绑定,解除规则的绑定可以使用 sp_unbindrule 存储过程。

语法格式如下:

sp_unbindrule[@objname＝]'object_name'

[,[@futureonly＝]'futureonly flag']

[,futureonly];

例如:

sp_unbindrule 'student. age'

drop rule age_rule;

7.3 事务并发控制

7.3.1 并发的概念

如果一个事务执行完全结束后,另一个事务才开始,则这种执行方式称为串行访问;如果 DBMS 可以同时接纳多个事务,事务可在时间上重叠执行,则称这种执行方式为并发访问,如图 7-7 所示。

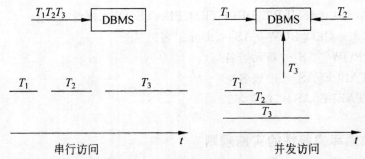

图 7-7 串行访问和并发访问

并发性控制(Concurrency Control)手段用来确保一个用户的工作不会不适当地影响其他用户的工作。有些场合,这些手段可保证一个用户与其他用户一起加工处理时所得到的结果与其单独加工处理时所得到的结果完全相同。而在其他场合,则是以某种可预见的方式,使一个用户的工作受到其他用户的影响。例如,在订单输入系统中,用户能够输入一份订单,而无论当时有没有任何其他用户,都应当能得到相同的结果。另一方面,一个正在打印当前最新库存报表的用户或许会希望得到其他用户正在处理的数据的变动情况,哪怕这些变动有可能随后会被抛弃。

遗憾的是,并不存在任何对于一切应用场合都理想的并发性控制技术或机制,它们总是要涉及某种类型的权衡。例如,某个用户可以通过对整个数据库加锁来实现非常严格的并发性控制,而在这样做的时候,其他所有用户就不能做任何事情。这是以昂贵的代价换来的严格保护。我们将会看到,还是存在一些虽然编程较困难或需要强化,但确实能提高处理效率的方法。还有一些方法可以使处理效率最大化,但只能提供较低程度的并发性。在设计多用户数据库应用系统时,需要对此进行权衡取舍。

7.3.2　原子化事务的必要性

在绝大多数数据库应用系统中,用户是以事务的形式提交作业的,事务也被称为逻辑作业单元(LUW)。一个事务(或 LUW)就是在数据库上的一系列操作,它们要么全部成功地完成,要么一个都不完成,数据库仍然保持原样。这样的事务有时被称为是原子化的,因为它是作为一个单位来完成的。

考虑在记录一份新订单时可能出现的以下一组数据库操作:

①修改客户记录,增加欠款(AmountDue)。

②修改销售员记录,增加佣金(CommissionDue)。

③在数据库中插入新的订单记录。

假设由于文件空间不够,最后一步出现了故障。请设想一下,如果前两步执行了而第三步没有执行所造成的混乱场面:客户会为一个不可能收到的订单付款,销售员会因为子虚乌有的客户订单而得到佣金。显然,这三个操作必须作为一个单元来执行——要么全部执行,要么任何一个也不执行。

图 7-8 比较了把这些操作作为一系列独立步骤[图 7-8(a)]和作为一个原子事务[图 7-8(b)]执行的结果。注意当以原子化方式执行时,如果其中任何一个步骤出现故障,数据库都将保持原封不动。同时注意,必须由应用系统发出 Start Transaction,Commit Transaction 或 Rollback Transaction 命令来标记事务逻辑的边界。

1. 并发性事务处理

当两个事务同时在处理同一个数据库时,它们被称为并发性事务(Concurrent Transaction)。尽管对用户来说,并发性事务似乎是同时处理的,但实际上并不是这样的,因为处理数据库的计算机 CPU 每次只能执行一条指令。通常事务是交替执行的,即操作系统在任务之间切换服务,在每个给定的时间段内执行其中的一部分。这种切换非常快,以至于两个人并肩坐在浏览器前处理同一个数据库时会觉得这两个事务是同时完成的。其实,两个事务是交替进行的。

图 7-9 显示了两个并发性事务。用户 A 的事务读第 100 项,修改它,然后将它写回数据库。用户 B 对第 200 项做同样的工作。CPU 处理用户 A 直到遇到 I/O 中断或者对于用户 A 的其他延迟,这时操作系统把控制切换到用户 B,CPU 现在处理用户 B 直到再遇到一个中断,这时操作系统就把控制交回给用户 A。对于用户来说,处理好像是同时进行的,其实它们是交替或并发地进行的。

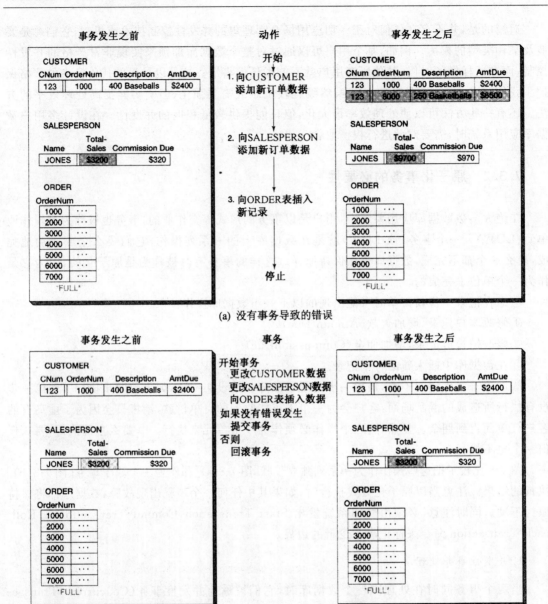

(a) 没有事务导致的错误

(b) 原子事务防止错误

图 7-8 事务处理之必要性

2. 丢失更新的问题

如图 7-9 所示的并发处理不会有任何问题,因为用户处理的是不同的数据。然而,假设两个用户都需要处理第 100 项,例如用户 A 要订购 5 件第 100 项产品,用户 B 要订购 3 件。

图 7-10 说明了这个问题。用户 A 读入第 100 项的记录到用户工作区,根据记录,库存中有 10 件。接着用户 B 读入第 100 项的记录到另一个用户工作区,同样,记录中的库存也是 10 件。现在用户 A 从库存中取走 5 件,其工作区中记录的库存件数减少到 5,这个记录被写回到数据库第 100 项中。然后用户 B 又从库存中取走 3 件,其工作区中记录的库存件数变为 7,并

被写回到数据库第 100 项中。这时数据库中第 100 项产品余额为 7 件,处于不正确的状态。也就是说,开始时库存 10 件,用户 A 取走 5 件,用户 B 再取走 3 件,而数据库中居然还有 7 件。显然,这里有问题。

用户 A	用户 B
1. 读取第 100 项	1. 读取第 200 项
2. 修改第 100 项	2. 修改第 200 项
3. 写第 100 项	3. 写第 200 项

订单在数据库服务器上的处理

1. 为 A 读取第 100 项
2. 为 B 读取第 200 项
3. 为 A 修改第 100 项
4. 为 A 写第 100 项
5. 为 B 修改第 200 项
6. 为 B 写第 200 项

图 7-9　并发处理两个用户任务的例子

用户 A	用户 B
1. 读取第 100 项 (假设此项计数为 10)	1. 读取第 100 项 (假设此项计数为 10)
2. 事项计数减去 5	2. 事项计数减去 3
3. 写第 100 项	3. 写第 100 项

订单在数据库服务器上的处理

1. 为 A 读取第 100 项
2. 为 B 读取第 100 项
3. 为 A 置第 100 项为 5
4. 为 A 写第 100 项
5. 为 B 置第 100 项为 7
6. 为 B 写第 100 项

注意:第 3 步和第 4 步中的修改和写入被丢失了

图 7-10　丢失更新的问题

　　两个用户取得的数据,在其获取的当时都是正确的。但在用户 B 读取数据时,用户 A 已经有了一份副本,并且打算要对其进行修改更新。这被称为丢失更新问题(Lost Update Problem)或者称为并发性更新问题(Concurrent Update Problem)。还有另一个类似的问题,称为不一致读取问题(Inconsistent Read Problem),即用户 A 读取的数据已被用户 B 的某个事务部分处理过。其结果是,用户 A 读取了不正确的数据。

　　并发性处理引起的不一致问题的一种弥补方法是:不允许多个应用系统在一个记录将要被修改时获取该记录的副本。这种弥补方法称为资源加锁。

7.3.3　可串行化调度

　　设数据库系统中在某一时刻并发执行的事务集为 $\{T_1, T_2, \cdots, T_n\}$,调度 S 是对 n 个事务的所有操作的顺序的一个安排。在调度中,不同事务的操作次序如果不交叉,则这种调度称为串行调度;如果不同事务的操作相互交叉,但仍保持各个事务的操作次序,则这种调度称为并发调度,如图 7-11 和图 7-12 所示。

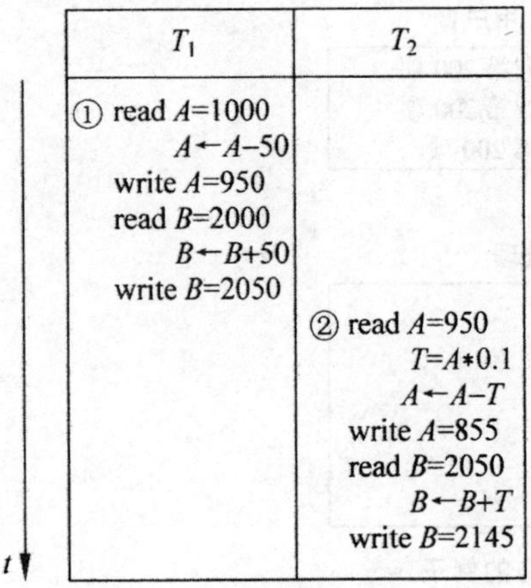

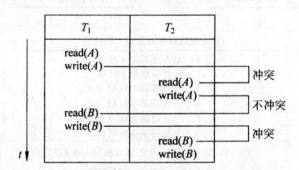

图 7-11 调度 1:串行调度 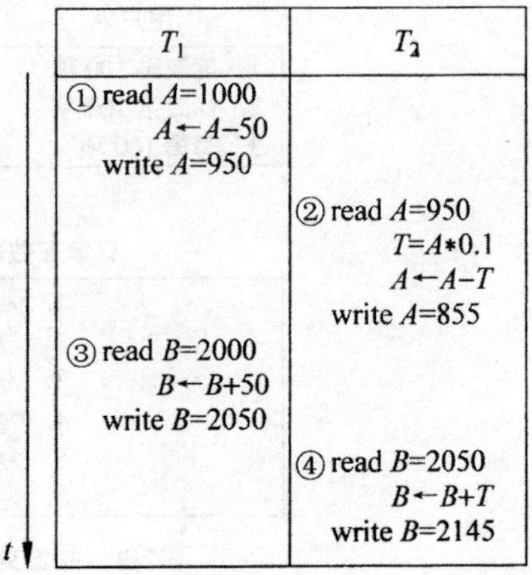   图 7-12 调度 2:等价于调度 1 的一个并发调度

不同事务的一对操作对同一个数据对象进行操作,有些是冲突的,有些是不冲突的。从调度角度来看,事务的重要操作是 read 和 write 操作,因为它们容易产生冲突,如读-写冲突和写-写冲突,因此调度中通常只显示 read 与 write 操作,如图 7-13 所示。

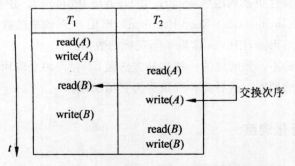

图 7-13 调度 3:只显示 read 与 write 操作

由于 T_2 的 write(A)操作与 T_1 的 read(B)操作不产生冲突,可以交换不冲突操作的次序得到一个等价的调度,如图 7-14 所示。

图 7-14 调度 4:交换调度 3 的一对操作得到的调度

图 7-15 所示的是与调度 3 等价的一个串行调度。

T_1	T_2
read(A)	
write(A)	
write(B)	
read(B)	
	read(A)
	write(A)
	read(B)
	write(B)

图 7-15　调度 5：与调度 3 等价的一个串行调度

例 7.24　如图 7-16 调度 6 所示，因为该调度既不等价于串行调度 $\langle T_1, T_2 \rangle$，也不等价于串行调度 $\langle T_2, T_1 \rangle$，所以这不是一个冲突可串行化调度。

T_1	T_2
read(A)	
	write(A)
write(A)	

图 7-16　调度 6：非冲突可串行化调度

如果在调度 6 中增加事务 T_3，由此得到调度 7，如图 7-17 所示。调度 7 是目标可串行化的。由于调度 6 和调度 7 中 read(A) 操作均是读取数据对象 A 的初始值，最后都是写入数据对象 A 的值，因此调度 7 目标等价于串行调度 $\langle T_1, T_2, T_3 \rangle$。但是，调度 7 中每对操作均冲突，无法通过交换操作得到冲突等价调度，所以调度 7 不是冲突可串行化的。

T_1	T_2	T_3
read(A)		
	write(A)	
write(A)		
		write(A)

图 7-17　调度 7：一个目标可串行化调度

例 7.25　设有对事务集 $\{T_1, T_2, T_3, T_4\}$ 的一个调度 S。
$$S = W_3(y)R_1(x)R_2(y)W_3(x)W_2(x)W_3(z)R_4(z)W_4(x)$$
试检验 S 是否可串行化，若为可串行化，试找出其等价的串行调度。

解：分别分析对 x, y, z 的所有操作。对每一对冲突操作，按其在 S 中执行的先后，在前驱图中画上相应的边。

该调度的冲突操作对有：$R_1(x)W_3(x)$、$R_1(x)W_2(x)$、$R_1(x)W_4(x)$、$W_2(x)W_4(x)$、$W_3(y)R_2(y)$、$W_3(x)W_4(x)$。如此可得前驱图如图 7-18 所示。

由于前驱图无回路，故 S 是可串行化的。按照拓扑排序算法可得结点的队列为 T_1、T_3、T_2、T_4，具体的排序过程见图 7-19。

故 S 的等价串行调度为 $S' = R_1(x)W_3(y)W_3(x)W_3(z)R_2(y)W_2(x)R_4(z)W_4(x)$。

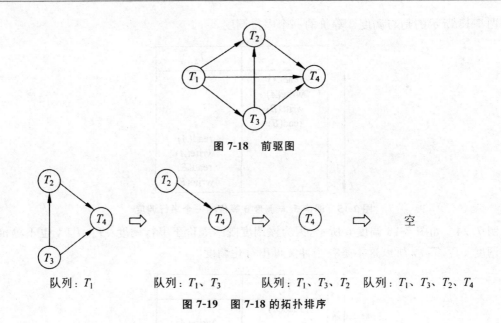

图 7-18　前驱图

图 7-19　图 7-18 的拓扑排序

7.3.4　资源加锁

防止弄发性处理问题最常用的一种方法,是通过对修改所要检索的数据进行加锁来阻止其被共享。图 7-20 显示了利用加锁命令时的处理顺序。

由于有了锁,用户 B 的事务必须要等到用户 A 结束对第 100 项数据的处理后才能执行。采用这样的策略,用户 B 只能在用户 A 完成修改更新后才能读取第 100 项的记录。这时,存放在数据库中的最终余额件数是 2,这是正确的结果(开始是 10,A 取走 5,B 取走 3,最后剩下 2)。

1. 加锁术语

设置加锁既可以由 DBMS 自动完成,也可以由应用系统或查询用户向 DBMS 发布命令而完成。由 DBMS 自动完成加锁设置的称为隐式加锁(Implicit Lock),而由发布命令设置的称为显式加锁(Explicit Lock)。当前,多数加锁是隐式的。程序声明需要加锁的行为,DBMS 恰当地放置锁。

并非所有的加锁都是应用在数据行上的。有些 DBMS 锁住表层级,有些则锁住数据库层级。加锁的大小规模与范围称为加锁粒度(Lock Granularity)。粒度大的加锁,对于 DBMS 来说比较容易管理,但经常会导致冲突发生。小粒度的加锁比较难以管理(需要 DBMS 跟踪和检查得更加细致),但冲突较少发生。

锁也分成多种类型。排他锁(Exclusive Lock)使事项拒绝任何类型的存取。任何事务都不能读取或修改数据。共享锁(Shared Lock)则锁住对事项的修改,但允许读取。也就是说,其他事务可以读取该项,只要不去试图修改它。

2. 死锁

虽然加锁解决了一个问题,但同时又带来了另一个问题。考虑两个用户各自分别向库存订购两项物品的情况。假设用户 A 要订购一些纸,如果成功,他还会要一些铅笔。用户 B 则要一些铅笔,如果成功,他还会要一些纸。处理的顺序如图 7-21 所示。

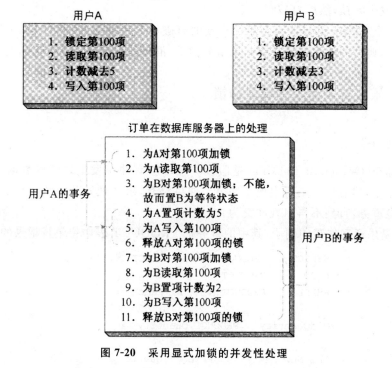

图 7-20　采用显式加锁的并发性处理

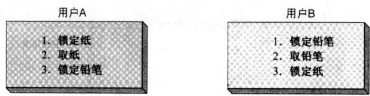

图 7-21　死锁

在图 7-21 中,用户 A 和用户 B 被锁定成称为死锁(Deadlock)的某个条件,有时也称为死亡拥抱(Deadly Embrace),它们都分别无望地在等待已被对方加锁的资源。

解决死锁有两种常用的方法。

(1)在死锁发生前预防

预防死锁的方法有多重:①每次只允许用户有一个加锁请求。这时用户必须一次性地对所有需要的资源进行加锁。如果 A 用户一开始就锁住了自己需要的资源,死亡拥抱就不会发生。②要求所有的应用程序都以相同的顺序锁住资源。

(2)允许发生死锁,然后打破它

差不多每个 DBMS 都具备有在死锁出现时打破死锁的算法过程。DBMS 首先必须检测到死锁的发生,典型的解决办法是将某个事务撤销,消除其在数据库里做出的变动。

7.3.5 乐观型加锁与悲观型加锁

1. 乐观型加锁

乐观型加锁(Optimistic Locking)是假设一般不会有冲突发生。读取数据,处理事务,发出修改更新命令,然后检查是否出现了冲突。如果没有,事务便宣告结束。倘若有冲突出现,便重复执行该事务,直到不再出现冲突为止。

图 7-22 是乐观型加锁的例子,其中的事务把 PRODUCT 表中铅笔行记录的数量减少 5。

```
SELECT      PRODUCT.Name, PRODUCT.Quantity
FROM        PRODUCT
WHERE       PRODUCT.Name = 'Pencil'

OldQuantity = PRODUCT.Quantity

SET NewQuantity = PRODUCT.Quantity - 5
```

{处理事务——倘若 NewQuantity <0 则采取异常操作等。
假设一切正常}

```
LOCK        PRODUCT
UPDATE      PRODUCT
SET         PRODUCT.Quantity = NewQuantity
WHERE       PRODUCT.Name = 'Pencil'
  AND       PRODUCT.Quantity = OldQuantity
UNLOCK      PRODUCT
```

{检测更新是否成功。若不,重复事务}

图 7-22 乐观型加锁

乐观型加锁是只在事务处理完之后加锁,锁定持续的时间比悲观型加锁要短。对于复杂事务或较慢的客户(由于传输延迟、客户正在做其他事、用户正在喝咖啡或没有退出浏览器就关机等原因),可以大大减少锁定持续的时间。在大粒度加锁场合,这种优点尤其重要。

乐观型加锁的缺点,是如果对某行记录有好多个操作,事务可能就要重复许多次。因此,对一个记录有许多操作的事务,不适合应用乐观型加锁。

2. 悲观型加锁

悲观型加锁(Pessimistic Locking)则假设冲突很可能会发生。首先发出加锁命令,接着处理事务,最后再解锁。

图 7-23 显示了采用悲观型加锁的相同事务逻辑。在所有工作开始以前,首先(以某种粒度)对 PRODUCT 加锁,随后读取数据值,处理事务,出现 UPDATE,然后 PRODUCT 解锁。

一般来说,Internet 是一个易生混乱的地方,用户可能会采取比如中途抛弃事务等某种不可预见的行为。因此,除非预先确定了 Internet 用户,否则乐观型加锁是一种较好的选择。可是,在内联网场合,决策可能比较困难一些。很可能乐观型加锁仍然较好,除非存在应用系统会对某些特定行记录做大量操作的特点,或者应用系统需求特别不希望重新处理事务。

```
LOCK       PRODUCT

SELECT     PRODUCT.Name, PRODUCT.Quantity
FROM       PRODUCT
WHERE      PRODUCT.Name = 'Pencil'

SET NewQuantity = PRODUCT.Quantity - 5

{处理事务——倘若 NewQuantity <0 则采取异常操作等。
假设一切正常}

UPDATE     PRODUCT
SET        PRODUCT.Quantity = NewQuantity
WHERE      PRODUCT.Name = 'Pencil'

UNLOCK     PRODUCT

{不必检测更新是否成功}
```

图 7-23　悲观型加锁

7.3.6　声明加锁的特性

并发性控制是一个复杂的课题,确定锁的层级、类型和位置是很困难的。有时候,最优加锁策略过分地依赖于事务的主动性程度及其正在做什么。由于诸如此类的原因,数据库应用程序一般并不使用显式加锁。取而代之的,是主要标记事务的边界,然后向 DBMS 声明它们需要加锁行为的类型。这样一来,DBMS 可以动态地安置或者撤销锁,甚至修改锁的层级和类型。

可以用 BEGIN TRANSACTION,COMMIT TRANSACTION 和 ROLLBACK TRANS-ACTION 语句标记了事务的边界。图 7-24 是用 BEGIN TRANSACTION,COMMIT TRANS-ACTION 和 ROLLBACK TRANSACTION 语句标记了事务边界的铅笔事务。这些边界是 DBMS 实行不同加锁策略所需要的重要信息。如果这时开发者声明(通过系统参数或类似手段),他想要乐观型加锁,DBMS 就会为这种加锁风格在适当的位置设置隐式加锁。另一方面,倘若他后来又请求悲观型加锁,则 DBMS 也会另外设置隐式加锁。

```
BEGIN TRANSACTION:

SELECT    PRODUCT.Name, PRODUCT.Quantity
FROM      PRODUCT
WHERE     PRODUCT.Name = 'Pencil'

Set NewQuantity = PRODUCT.Quantity - 5
```

{处理部分事务——倘若 NewQuantity<0 则采取异常操作等}

```
UPDATE    PRODUCT
SET       PRODUCT.Quantity = NewQuantity
WHERE     PRODUCT.Name = 'Pencil'
```

{继续处理事务}

```
IF  {事务正常地完成}  THEN
    COMMIT TRANSACTION
ELSE
    ROLLBACK TRANSACTION
ENDIF
```

{继续处理非本事务部分的其他事务}

图 7-24　标记事务边界

7.3.7　一致性事务

ACID 事务是指同时原子化(Atomic)、一致化(Consistent)、隔离化(Isolated)和持久化(Durable)的事务。其中,原子化事务就是要么出现所有的数据库操作,要么什么也不做;持久化事务是指所有已提交的修改都是永久性的。

在 SQL 语句是一致性的情况下,更新将可以应用到在 SQL 语句启动时就已经存在的行记录集合上,这种一致性为语句级一致性(Statement-Level Consistency)。语句级一致性意味着每个语句都是独立地处理一致化的行记录,但是在两个 SQL 语句之间这段时间内,是可以允许其他的用户对这些行记录进行修改的。事务级一致性(Transaction-Level Consistency)意味着在整个事务期间,SQL 语句涉及的所有行记录都不能修改。

7.3.8　事务隔离级

SQL 标准定义了 4 种隔离级(Isolation Level),并分别规定了允许它们出现的那些问题(表 7-2),目的是便于应用系统程序员在需要的时候声明隔离级的类型,然后交给 DBMS 管理加锁,以达到实现该隔离级。

表 7-2　事务隔离级总结

隔离级 问题类型	读取未提交	读取已提交	可重复读取	可串行化
脏读取	允许	不允许	不允许	不允许
不可重复读取	允许	允许	不允许	不允许
不存在读取	允许	允许	允许	不允许

读取未被提交隔离级允许出现脏读取、不可重复读取和不存在读取。读取已提交隔离级不允许出现脏读取。而可重复读取隔离级既不允许出现脏读取,也不允许出现不可重复读取。最后,可串行化隔离级对这三种读取都不允许出现。

一般来说,隔离级限制越多,生产率就越低,尽管这可能还要取决于应用系统的负载量以及编写形式。此外,并非所有的 DBMS 产品都支持全部的隔离级。各个产品在支持方式上和应用系统程序员分担的责任上也有所不同。

7.3.9　游标类型

游标(Cursor)是指向一个行记录集的指针,通常利用 SELECT 语句定义。一个事务能够打开若干个游标,既可以是串行依次的,也可以是同时的。此外,在同一个表上能够打开两个甚至更多的游标。

游标既可以直接指向表,也可以通过 SQL 视图指向表。游标要求占用一定的内存,比如说,为 1000 个并发性事务同时打开许多游标,就可能会占用相当多的内存和 CPU 时间。压缩游标开销的一个办法是定义压缩化容量游标(Reduced-Capability Cursor),并在不需要全容量游标的场合使用这种游标。

在 Windows 环境下使用的 4 种游标类型(其他系统的游标类型与此类似)。最简单的游标是前向(Forward Only)的。利用这种游标,应用程序只能顺着记录集合向前移动。对于本事务的其他游标和其他事务的游标所做出的修改,仅当它们出现在游标的行头处时才是可见的。其余三种游标称为可滚动游标(Scrollable Cursor),因为应用程序可以向前或向后顺着记录集合进行滚动。静态游标(Static Cursor)是每当打开游标时所摄取的关系的一个快照。采用这种游标所做出的修改是可见的,来自其他任何来源的修改则是不可见的。

关键字集游标(Keyset Cursor)结合了静态和动态游标的一些特点。游标打开时,记录集合的每一行记录的主关键字值都被保存起来。当应用程序在某个行记录上设置游标时,DBMS 就会使用其关键字值来读取该行记录的当前值。如果应用程序要对一个已被本事务中其他游标或其他事务删除的行记录发出修改更新,DBMS 就会利用原来的关键字值创建一个新的行记录,并在其上设置更新后的值(假设提供了所有必要的字段)。本事务中其他游标或其他事务所插入的新行记录,对于关键字集游标是不可见的。除非事务的隔离级是脏读取,否则只有已提交的更新和删除对该游标是可见的。

动态游标(Dvnamic Cursor)是全功能的游标。所有的插入、更新、删除以及对记录集顺序的修改,对于动态游标都是可见的。与关键字集游标一样,除非事务的隔离级是脏读取,否则只有已提交的修改更新是该游标可见的。

对于不同类型的游标所必需的处理以及管理开销量是不同的。为了改善 DBMS 的性能,应用系统开发者应当按照作业的需要,恰如其分地创建合适的游标。

7.4　数据库故障恢复技术

7.4.1　通过重新处理来恢复

恢复的最简单形式就是定期地制作数据库副本(称为数据库保存件),并保持一份自备份以来所有处理过的事务记录。这样,一旦发生故障时,操作员就可以从保存件复原出数据库,并重新处理所有的事务。尽管这一策略比较简单,但通常情况下是不可行的。首先,重新处理事务与第一次处理这些事务耗费的时间是一样多的,如果计算机的预定作业繁重,系统就可能无此机会;其次,当事务并发地处理时,事件是不同步的。由于这样的原因,在并发性系统中,重新处理通常不是故障恢复的一种可行形式。

7.4.2　单纯以后备副本为基础的恢复技术

这种恢复技术的特点是周期性地把磁盘上的数据库转储到磁带上。由于磁带脱机存放,可以不受系统故障的影响。转储到磁带上的数据库复本称为后备副本。转储的类型如图7-25 所示。

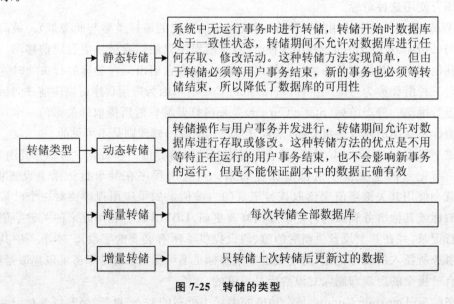

图 7-25　转储的类型

实际上,数据库中的数据一般只部分更新,很少全部更新。因此,可以利用增量转储,只转储其修改过的物理块,这样转储的数据量显著减少,从而可以减少发生故障时的数据更新丢失,如图 7-26 所示。

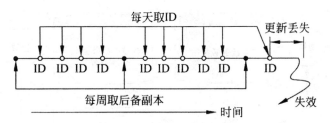

图 7-26　用增量转储减少数据更新丢失

例如,一个数据库系统每周取一次后备副本,在最坏情况下,可能丢失一周的数据更新。如果除了每周取一次后备副本,每天还取一次 ID,则至多丢失一天的数据更新。

可见,当数据失效时,可取出最近的后备副本,并用其后的一系列 ID 把数据库恢复至最近 ID 的数据库状态。很显然,这比恢复到最近后备副本所丢失的数据更新要少。

7.4.3　通过回滚/前滚来恢复

定期地对数据库制作副本(数据库保存件),并保持一份日志,记录自从数据库保存以来其上的事务所做出的变更。这样,一旦发生故障时,可以使用两个方式中的任何一个来进行恢复。

1. 前向回滚

先利用保存的数据复原数据库,然后重新应用自从保存以来的所有有效事务(这里并不是重新处理这些事务,因为在前向回滚时并未涉及应用程序。取而代之的是重复应用记录在日志中处理后的变更)。

2. 后向回滚

这就是通过撤销已经对数据库做出的变更,来退出有错误或仅仅处理了一部分的事务所做出的变更。接着,重新启动出现故障时正在处理的有效事务。

这两种方式都需要保持一份事务结果的日志,其中包含着按年月日时间先后顺序排列的数据变动的记录。如图 7-27 所示,在发生故障的事件中,日志既可以撤销也可以重做事务。为了撤销某个事务,日志必须包含有每个数据库记录(或页面)在变更实施前的一个副本。这类记录称为前映像(before image)。一个事务可以通过对数据库应用其所有变更的前映像而使之撤销。为了重做某个事务,日志必须包含每个数据库记录(或页面)在变更后的一个副本。这些记录称为后映像(after image)。一个事务可以通过对数据库应用其所有变更的后映像来重做。图 7-28 显示了一个事务日志可能有的数据项。

对这个日志来说,每个事务都有唯一的标识名,且给定事务的所有映像都用指针链接在一起。有一个指针是指向该事务工作以前的变更(逆向指针),其他指针则指向该事务的后来变化(正向指针)。指针字段的零值意味着链表的末端。DBMS 的恢复子系统就是使用这些指针来对特定事务的所有记录进行定位的。日志中的其他数据项是：行为的时间、操作的类型（START 标识事务的开始、COMMIT 终止事务、释放了所有锁）、激活的对象（如记录类型和标识符）以及前映像和后映像等。

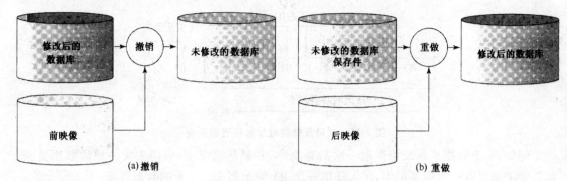

图 7-27   事务的撤销和重做

相对记录号	事务 ID	逆向指针	正向指针	时间	操作类型	对象	前映像	后映像
1	OT1	0	2	11:42	START			
2	OT1	1	4	11:43	MODIFY	CUST 100	（旧值）	（新值）
3	OT2	0	8	11:46	START			
4	OT1	2	5	11:47	MODIFY	SP AA	（旧值）	（新值）
5	OT1	4	7	11:47	INSERT	ORDER 11		（值）
6	CT1	0	9	11:48	START			
7	OT1	5	9	11:49	COMMIT			
8	OT2	3	0	11:50	COMMIT			
9	CT1	6	10	11:51	MODIFY	SP BB	（旧值）	（新值）
10	CT1	9	0	11:51	COMMIT			

图 7-28   事务日志示例

给定了一个带有前映像和后映像的日志，那么撤销和重做操作就比较直接了。要想撤销图 7-29 中的事务，恢复处理器只要简单地用变更记录的前映像来替换它们就可以了。

一旦所有的前映像都被复原，事务就被撤销了。为了重做某个事务，恢复处理程序便启动事务开始时的数据库版本，并应用所有的后映像。

要把数据库复原为其最新保存件，再重新应用所有的事务，可以利用检测点的机制。检测点就是数据库和事务日志之间的同步点。检测点是一种廉价操作，通常每小时可以实施 3～4 次（甚至更多）检测点操作。这样一来，必须恢复的处理不会超过 15～20min。绝大多数 DBMS 产品本身就是自动实施检测点操作的，无需人工干预。

为了完成检测点命令，DBMS 拒绝接受新的请求，结束正在处理尚未完成的请求，并把缓冲区写入磁盘。然后，DBMS 一直等到操作系统确认所有对数据库和日志的写请求都已完成。此时，日志和数据库是同步的。接着，向日志写入一条检测点记录。然后，数据库便可以从该检测点开始恢复,而且只需要应用那些在该检测点之后出现的事务的后映像。

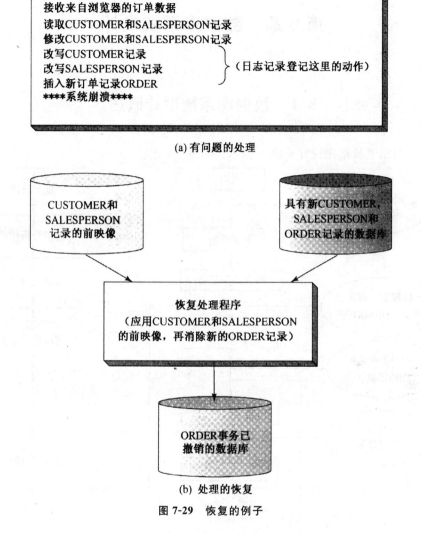

图 7-29　恢复的例子

第 8 章　数据库系统设计

8.1　数据库系统设计概述

如图 8-1 给出了数据库设计步骤。

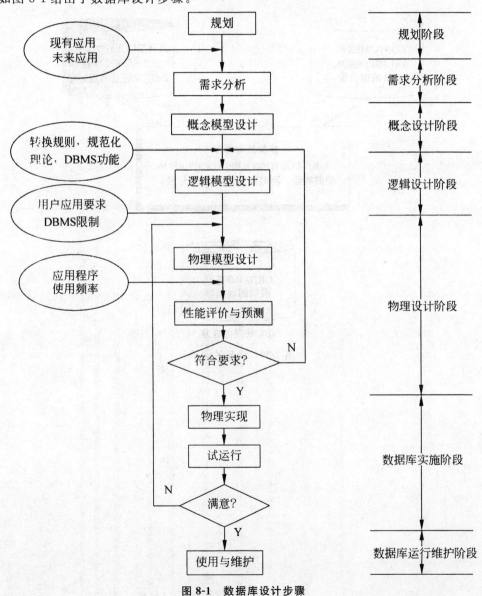

图 8-1　数据库设计步骤

8.1.1　数据库设计的概念

简单来说,根据选择的数据库管理系统和用户需求对一个单位或部门的数据进行重新组织和构造的过程就是所谓的数据库设计。

以下几个方面的技术和知识是一个从事数据库设计的专业人员应该具备的:

①数据库的基本知识和数据库设计技术。

②计算机科学的基础知识和程序设计的方法和技巧。

③软件工程的原理和方法。

④应用领域的知识。

8.1.2　数据库设计的内容

数据库设计的内容主要包括数据库的结构特性设计、数据库的行为特性设计、数据库的物理模式设计。其中,数据库的结构特性设计最为关键,行为特性设计次之。

在数据库设计中,通常将结构特性设计和行为特性设计结合起来进行综合考虑,相互参照,同步进行,才能较好地达到设计目标。数据库设计者在进行设计时,计算机的硬件环境和软件环境也需要考虑到,考虑到当前以及未来时间段内对系统的需求,所设计的系统既能满足用户的近期需求,同时对远期的数据需求也具有相应的处理方案。也就是说,数据库设计者应充分考虑到系统可能的扩充和改动,尽可能地保障系统具有较长的生命周期。

8.1.3　数据库设计的步骤

各个时期之间的关系以及各个阶段结束时的输出可通过图 8-2 来了解。

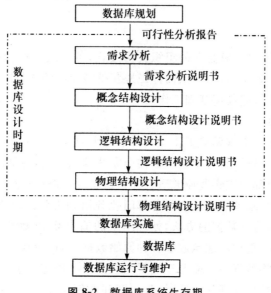

图 8-2　数据库系统生存期

8.2 系统需求分析

8.2.1 需求分析的任务

需求分析阶段的主要任务如下：

①确认系统的设计范围，调查信息需求、收集数据。分析需求调查得到的资料，将计算机应当处理和能够处理的范围进行明确，确定新系统应具备的功能。

②综合各种信息包含的数据、各种数据之间的关系、数据的类型、取值范围和流向。

③建立需求说明文档、数据字典、数据流程图。

数据流分析是对事务处理所需的原始数据的收集及经处理后所得数据及其流向。在需求分析阶段，应当用文档形式整理出整个系统所涉及的数据、数据间的依赖关系、事务处理的说明和所需产生的报告，并且尽可能地借助于数据字典加以说明。除了使用数据流程图、数据字典以外，判定表、判定树等工具在需求分析阶段也会有所涉及。

8.2.2 需求分析的步骤

需求调查、分析整理和评审三个步骤共同组成了需求分析的任务。

1.需求调查

需求调查又称为系统调查或需求信息的收集。为了充分地了解用户可能提出的需求，在进行实际调查研究之前，充分的准备工作需要做足，明确调查的目的、确定调查的内容和调查的方式等。

(1)需求调查的目的

需求调查的目的主要是了解企业的组织机构设置，各个组织机构的职能、工作目标、职责范围、主要业务活动及大致工作流程，全面详细地获得各个组织机构的业务数据及其相互联系的信息，为分析整理工作做好前期基础工作。

(2)需求调查的内容

为了实现调查的目的，需求调查工作要从以下几个方面入手：

①组织机构情况。调查了解各个组织机构由哪些部门组成，各部门的职责是什么，各部门管理工作存在的问题，各部门中哪些业务适合计算机管理，哪些业务不适合计算机管理。

②业务活动现状。需求调查的重点是各部门业务活动现状的调查，要弄清楚各部门输入和使用的数据，加工处理这些数据的方法，处理结果的输出数据，输出到哪个部门，输入/输出数据的格式等。在调查过程中应注意收集各种原始数据资料，如台账、单据、文档、档案、发票、收据，统计报表等，从而将数据库中需要存储哪些数据——确定下来。

③外部要求。调查数据处理的响应时间、频度和如何发生的规则，以及经济效益的要求，

安全性及完整性要求。

④未来规划中对数据的应用需求等。这一阶段的工作是大量的和烦琐的。由于管理人员与数据库设计者之间存在一定的距离，所以需要管理部门和数据库设计者更加紧密地配合，充分提供有关信息和资料，为数据库设计打下良好的基础。

(3)需求调查方式

需求调查主要有以下几种方式：

①个别交谈。通过个别交谈对该用户业务范围的用户需求尽可能地了解，调查时也不受其他人员的影响。

②开座谈会。通过座谈会方式调查用户需求，可使与会人员互相启发，尽可能地获得不同业务之间的联系信息。

③发调查表。将要调查的用户需求问题设计成表格请用户填写，能获得设计人员关心的用户需求问题。调查的效果依赖于调查表设计的质量。

④查阅记录。就是查看现行系统的业务记录、票据、统计报表等数据记录，可了解具体的业务细节。

⑤跟班作业。通过亲自参加业务工作来了解业务活动情况，比较准确的用户需求能够有效获得，但比较费时。

由于需求调查的对象可分为高层负责人、中层管理人员和基层业务人员三个层次，因此，对于不同的调查对象和调查内容，其相应的需求调查方式也会有所差异，也可同时采用几种不同的调查方式。即需求调查也可以按照以下三种策略来进行：

①对高层负责人的调查，一般采用个别交谈方式。在交谈之前，应给他们一份详细的调查提纲，以便他们做到心中有数。从交谈中可以获得有关企业高层管理活动和决策过程的信息需求以及企业的运行政策、未来发展变化趋势等与战略规划有关的信息。

②对中层管理人员的调查，可采用开座谈会、个别交谈或发调查表、查阅记录的调查方式，这样对于企业的具体业务控制方式和约束条件做到有效了解，不同业务之间的接口，日常控制管理的信息需求并预测未来发展的潜在信息需求。

③对基层业务人员的调查，主要采用发调查表、个别交谈或跟班作业的调查方式，有时也可以召开小型座谈会，主要了解每项具体业务的输入输出数据和工作过程、数据处理要求和约束条件等。

2.分析整理

分析整理的工作主要有：

(1)业务流程分析与表示

业务流程及业务与数据联系的形式描述的获得是业务流程分析的目的所在。一般采用数据流分析法，分析结果以数据流图(Data Flow Diagram，DFD)表示。

(2)需求信息的补充描述

由于用DFD图描述的仅仅是数据与处理关系及其数据流动的方向，而数据流中的数据项等细节信息则无法描述，因此除了用DFD图描述用户需求以外，还要用一些规范化表格对其进行补充描述。这些补充信息主要有以下内容：

①数据字典。主要用于数据库概念模式设计,即概念模式设计。

②业务活动清单。列出每一部门中最基本的工作任务,任务的定义、操作类型、执行频度、所属部门及涉及的数据项以及数据处理响应时间要求等相关信息都包括在内。

③其他需求清单。如完整性、一致性要求,安全性要求以及预期变化的影响需求等。

(3)撰写需求分析说明书

在需求调查的分析整理基础上,依据一定的规范,如国家标准(G856T-88)将需求说明书编写完成。数据的需求分析说明书一般用自然语言并辅以一定图形和表格书写。近年来许多计算机辅助设计工具的出现,如 Power Designer,IBM Retional Rose 等,已使设计人员可利用计算机的数据字典和需求分析语言来进行这一步工作,但由于这些工具对使用人员有一定知识和技术要求,在普通开发人员中的应用尚局限于一定的范围。

需求分析说明书的格式不仅有国家标准可供参考,一些大型软件企业也有自己的企业标准,这里不再详述。

3.评审

确认某一阶段的任务是否完成,以保证设计质量,避免重大的疏漏或错误,是评审工作的重点。

8.2.3 需求分析应用实例

现要开发高校图书管理系统。经过可行性分析和初步的需求调查,确定了系统的功能边界,该系统应能完成下面的功能:

(1)读者注册

工作人员通过计算机对读者进行信息注册,发放借书证。

(2)读者借书

首先输入读者的借书证号,检查借书证是否有效;如借书证有效,则查阅借还书登记文件,检查该读者所借图书是否超过可借图书数量(不同类别的读者具有不同的可借图书数量)。若超过,拒借;未超过,再检查库存数量,在有库存的情况下办理借书(修改库存数量,并记录读者借书情况)。

(3)读者还书

根据所还书籍编号及借书证编号,从借还书登记文件中,读出与读者有关的记录,查阅所借日期。如果超期,作罚款处理;否则,修改库存信息与借还书记录。

(4)图书查询

提供查询读者信息及读者借阅情况、图书信息及图书借阅情况、图书的库存情况统计等功能。

1.数据流图

通过对系统的信息及业务流程进行初步分析后,首先抽象出该系统最高层的数据流图,即把整个数据处理过程看成是一个加工的顶层数据流图,如图 8-3 所示。

从图 8-3 中可以看出,已办理借书证的读者可以通过图书管理系统向图书馆申请借书,申请的结果是读者可能借到自己想要的书,也可能由于不符合借书的条件而被拒绝。当读者向图书管理系统还书时,可能还书成功,也可能因超期而被罚款。同时管理员或读者还可以通过图书管理系统查询读者的借阅情况以及图书的库存情况等。

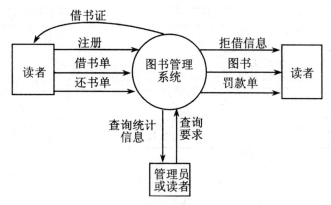

图 8-3　图书管理系统顶层数据流图

顶层数据流图反映了图书管理系统与外界的接口,但未表明数据的加工要求,需要进一步细化。根据前面图书管理系统功能边界的确定,再对图书管理系统顶层数据流图中的处理功能做进一步分解,可分解为读者注册、借书、还书和查询四个子功能,这样就得到了图书管理系统的第 0 层数据流图,如图 8-4 所示。

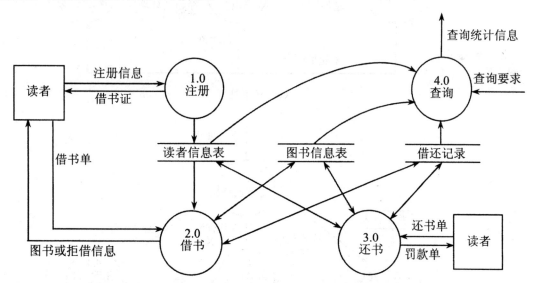

图 8-4　图书管理系统第 0 层数据流图

第 0 层数据流图通过反映整个系统中不同数据的流向,揭示了系统的组成部分及各部分之间的关系,这种关系体现在对数据的操作和处理上。第 0 层数据流图往往能够使我们比较清楚地了解系统的基本组成和主要功能。但在第 0 层数据流图上,只能看出某个功能对数据的使用情况,无法看出某一个具体功能的实现过程。因此为了表达具体功能的实现过程及该过程不同阶段对不同数据的使用情况,则要借助于第 1 层数据流图或者更低层次的数据流图。低层次的数据流图是对高层次数据流图在实现细节上的反映。

下面的图 8-5 分别给出了借书、还书、查询子功能的第 1 层数据流图。

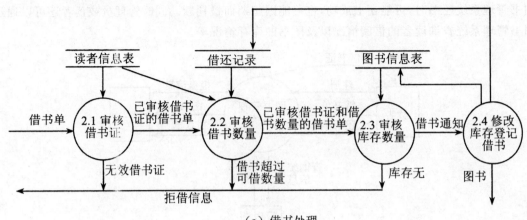

（a）借书处理

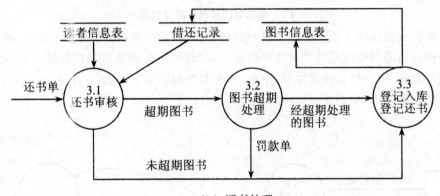

（b）还书处理

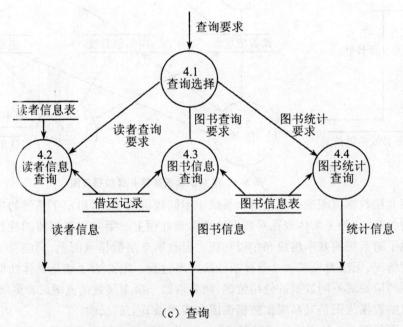

（c）查询

图 8-5　图书管理系统第 1 层数据流图

2.数据字典

因图书管理系统涉及数据字典的内容较多,下面只给出该系统部分数据字典条目,以说明数据字典的定义方法。

(1)数据项描述

数据项名称:借书证号。

别名:卡号。

含义说明:唯一标识一个借书证。

类型:字符型。

长度:20。

(2)数据结构描述

名称:读者类别。

含义说明:定义了一个读者类别的有关信息。

组成结构:类别代码+类别名称+可借阅数量+借阅天数+超期罚款额。

8.3　数据库概念结构设计

8.3.1　概念结构设计的必要性

在需求分析阶段,用户的需求由设计人员做了充分的调查和描述,但这些需求只是现实世界的具体要求,应把这些需求抽象为信息世界的结构,用户的需求才能够更好地实现。

概念结构设计就是将需求分析得到的用户需求抽象为信息结构,即概念模型。

在早期的数据库设计中,概念结构设计和需求分析并列为一个设计阶段。这样设计人员在进行逻辑设计时,考虑的因素太多,既要考虑用户的信息,具体 DBMS 的限制也不得不考虑在内,使得设计过程复杂化,难以控制。为了改善这种状况,RES. Chen 设计了基于 E-R 模型的数据库设计方法,即在需求分析和逻辑设计之间增加了一个概念设计阶段。在这个阶段,设计人员仅从用户角度看待数据及处理要求和约束,一个反映用户观点的概念模型得以有效产生,然后再把概念模型转换成逻辑模型。这样做的好处体现在以下三个方面。

①概念模型不受特定的 DBMS 的限制,也独立于存储安排和效率方面的考虑,因此,相比较于逻辑模型来说更加的稳定。

②具体的 DBMS 所附加的技术细节在概念模型中并不存在,进而使得用户理解起来更加方便,因而更有可能准确反映用户的信息需求。

③从逻辑设计中分离出概念设计以后,各阶段的任务相对单一化,设计复杂程度在很大程度上得以降低,组织管理起来比较方便。

设计概念模型的过程称为概念设计。概念模型在数据库的各级模型中的地位如图 8-6 所示。

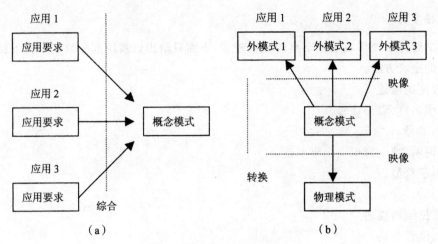

图 8-6 数据库各级模型的形成

8.3.2 概念结构设计的方法

设计概念结构通常有 4 类方法：

1. 自顶向下

即首先定义全局概念结构的框架，然后逐步细化，如图 8-7(a)所示。

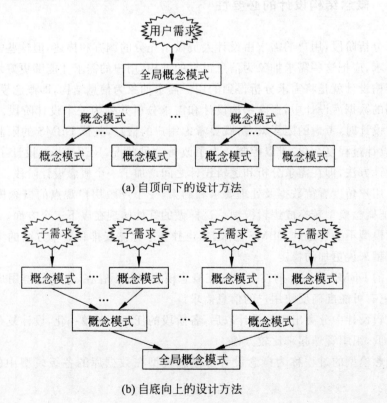

(a) 自顶向下的设计方法

(b) 自底向上的设计方法

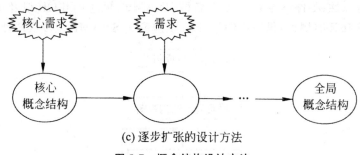

(c)逐步扩张的设计方法

图 8-7　概念结构设计方法

2.自底向上

即首先定义各局部应用的概念结构,然后将它们集成起来,得到全局概念结构,如图 8-7(b)所示。

3.逐步扩张

首先定义最重要的核心概念结构,然后向外扩充,以滚雪球的方式逐步生成其他概念结构,直至总体概念结构,如图 8-7(c)所示。

4.混合策略

即将自顶向下和自底向上相结合,用自顶向下策略设计一个全局概念结构的框架,以它为骨架集成由自底向上策略中设计的各局部概念结构。

8.3.3　采用 E-R 方法的数据库概念结构设计

1.设计局部 E-R 模型

通常情况下,一个数据库系统都是为多个不同用户服务的。信息处理需求也会因为用户观点的不同而存在一定的区别。在设计数据库概念结构时,先分别考虑各个用户的信息需求,形成局部概念结构,然后再综合成全局结构,即为一个比较有效且合理的策略。

局部 E-R 模型设计步骤如图 8-8 所示。

例 8.1　以仓库管理为例,描述设计 E-R 图的步骤。

步骤如下:

(1)确定实体类型

本例中设计项目 PROJECT、零件 PART 和零件供应商 SUPPLIER 三个实体类型。

(2)确定联系类型

PROJECT 和 PART 之间是 m∶n 联系,即一个项目需要使用多种零件,一个零件在多个项目中可以使用。PART 和 SUPPLIER 之间也是 m∶n 联系,即一种零件可由多个供应商提供,一个供应商也可提供多种零件。分别定义联系类型为 P-P 和 P-S。

(3)确定实体类型的属性

实体类型 PROJECT 有属性:项目符号 J♯、项目名称 JNAME、项目开工日期 DATE;实

体类型 PART 有属性:零件编号 P♯、零件名称 PNAME、颜色 COLOR 以及重量 WEIGHT;
实体类型 SUPPLIER 有属性:供应商编号 S♯、供应商名 SNAME 以及供应商地址 SADR。

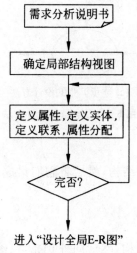

进入"设计全局E-R图"

图 8-8　局部 E-R 模型设计步骤

(4)确定联系类型的属性

联系类型应该是联系的所有实体类型的键至少都要包括在内,例如联系类型 P-P 有属性:
需要的零件数量 TOTAL;联系类型 P-S 有属性:供应数量 QUANTITY。

(5)根据实体类型和联系类型画出 E-R 图

具体如图 8-9 所示。

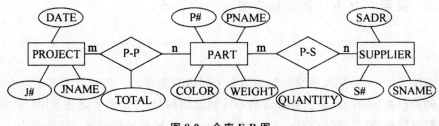

图 8-9　仓库 E-R 图

2.设计全局 E-R 模型

将所有局部的 E-R 图集成为全局的 E-R 图,即全局的概念模型。设计全局概念模型的过
程如图 8-10 所示。

首先,各局部结构中的公共实体类型需要确定。在这一步中,公共实体类型的认定仅仅是
根据实体类型名和关键字来实现的。一般把同名实体类型作为公共实体类型的一类候选,把
具有相同键的实体类型作为公共实体类型的另一类候选。接下来就要把局部 E-R 图集成为
全局 E-R 图。

把局部 E-R 图集成为全局 E-R 图时,两两集成是比较常用的方法。

由于各类应用不同,不同的应用通常又由不同的人员设计成局部 E-R 模型,因此当将局
部的 E-R 图集成为全局的 E-R 图时,不一致的地方也就无法避免,称之为冲突。通常可能存

在三类冲突,分别为属性冲突、命名冲突和结构冲突。

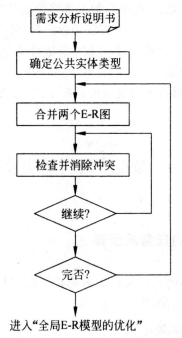

图 8-10　进入"全局 E-R 模型的优化"

3.全局 E-R 图模型的优化

按照上节方法将各个局部 E-R 模式合并后就得到一个初步的全局 E-R 模式,之所以这样称呼是因为其中可能存在冗余的数据和冗余的联系等。所谓冗余的数据是指可由基本数据导出的数据,冗余的联系是指可由其他联系导出的联系。冗余的数据和冗余的联系容易破坏数据库的完整性,给数据库维护带来困难,因此在得到初步的全局 E-R 模式后,还应当进一步检查 E-R 图中是否存在冗余,如果存在冗余则一般应设法将其消除。一个好的全局 E-R 模式,不仅能全面、准确地反映用户需求,而且还应该满足如下的一些条件:实体型的个数尽可能少;实体型所含属性个数尽可能少;实体型之间联系无冗余。

下面给出优化全局 E-R 模式时需要重点考虑的几个问题。

(1)实体型是否合并的问题

前面的"公共实体型"的局部 E-R 模式合并并非是此处的合并,此处的合并是指两个有联系的实体型的合并。比如,两个具有 1∶1 联系的实体型通常可以合并成一个实体型,通过合并处理效率得到了明显提高,因为涉及多个实体集的信息需要连接操作才能获得,而连接运算的开销比选择和投影运算的开销大得多。

此外,对于具有相同主键的两个实体型,如果经常需要同时处理这两个实体型,那么也可以将其合并成一个实体型。当然,这样做,大量的空值即无法避免地产生,因此是否合并要在存储代价和查询效率之间进行权衡。

(2)冗余属性是否消除的问题

通常在各个局部 E-R 模式中冗余属性存在是不允许的。但在合并为全局 E-R 模式后,全局范围内冗余属性的产生可能性比较大。例如,在某个大学的数据库设计中,一个局部 E-R 模式可能有已毕业学生数、招生数、在校学生数和即将毕业学生数,而另一局部 E-R 模式中可能有毕业生数、招生数、各年级在校学生数和即将毕业生数,则这两个局部 E-R 模式自身都是不存在冗余的,但合并为一个全局 E-R 模式时,在校学生数就成为冗余属性,因此可考虑将其消除。

(3)冗余联系是否消除的问题

在初步全局 E-R 模式中可能存在有冗余的联系,对其的消除通常利用规范化理论中函数依赖的概念来实现。

8.4 数据库逻辑结构设计

8.4.1 逻辑结构设计的任务及步骤

将概念模型转换成特定 DBMS 所支持的数据模型的过程即为数据库逻辑设计的任务。一般的逻辑结构设计分为以下三步,如图 8-11 所示。

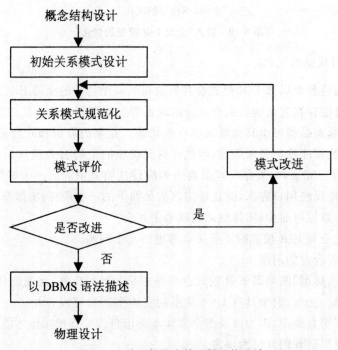

图 8-11 关系数据库的逻辑结构设计

8.4.2 概念模型转换为一般的关系模型

E-R 方法所得到的全局概念模型是对信息世界的描述,计算机无法对其进行直接处理,为适合关系数据库系统的处理,必须将 E-R 图转换成关系模式。E-R 图是由实体、属性和联系三要素构成的,而关系模型中只有唯一的结构——关系模式,通常采用以下方法加以转换。

1. 实体向关系模式的转换

将 E-R 图中的实体逐一转换成为一个关系模式,实体名和关系模式的名称保持对应关系,实体的属性转换成关系模式的属性,实体标识符就是关系的键。

2. 联系向关系模式的转换

E-R 图中的联系有一对一联系、一对多联系和多对多联系 3 种,针对这 3 种不同的联系,其转换方法也各不相同。

①一对一联系的转换。

②一对多联系的转换。

③多对多联系的转换。

8.4.3　关系规范化

关系规范化是指将 E-R 图转换为数据模型后,通常以规范化理论为指导,对关系进行分解或合并,这是关系模式的初步优化。可通过以下两步来实现:

①考察关系模式的函数依赖关系。按照需求分析得到的语义关系,将各个关系模式中的函数依赖关系提炼出来,对其进行极小化处理,消除冗余。

②按照数据依赖理论,将关系模式分解,至少达到 3NF,即部分函数依赖和传递依赖得以消除。并不是规范化程度越高关系就越优,因为规范化程度越高,系统就会越经常做连接运算,这时效率就无法得到保障。一般来说,达到 3NF 就足够了。

8.4.4　设计外模式

前面几个阶段设计出的关系模式是系统的模式,基于数据和应用程序的独立性的实现,在逻辑结构设计阶段还要根据数据库系统的模式设计出外模式(也称子模式或用户模式)。保护数据库安全性的一个有力措施即为外模式。每个用户只能看见和访问所对应的外模式中的数据,数据库中的其余数据对他们来说是不可见的。同时,对于每一个外模式,数据库系统都有一个外模式/模式映像,它定义了该外模式与模式之间的对应关系。这些映像定义通常包含在各自外模式的描述中。当模式改变时(如增加新的数据类型、新的数据项、新的关系等),由数据库管理员对数据库外模式/模式映像做相应的改变,从而使得外模式不会发生任何变化。从而应用程序不必修改,使得数据的逻辑独立性得到了保证。

在设计外模式时,要注意以下几点:

·按照用户习惯进行命名,包括关系名、属性名。外模式与模式的属性本质即使相同也可以取不同的名字。

·构造必要的外模式,以简化用户操作。

·针对用户的不同级别定义不同的外模式,使得系统的安全性得到保证。

8.5　数据库物理结构设计[①]

物理设计还包括物理数据库结构对运用需求的满足,如存储空间、存取策略方面的要求、响应时间及系统性能方面的要求等。

8.5.1　数据库物理设计的内容和方法

由于不同的数据库产品所提供的物理环境、存取方法和存储结构存在一定的差异,供设计人员使用的设计变量、参数范围也各不相同,在对数据库的物理设计时可遵循的通用的设计方法是不存在的,仅有一般的设计内容和设计原则供数据库设计人员参考。

数据库设计人员都希望自己设计的物理数据库结构对于事务在数据库上运行时响应时间短、存储空间利用率高和事务吞吐率大的要求能够有效满足。为此,设计人员应该对要运行的事务进行详细的分析,获得选择物理数据库设计所需要的参数,并且对于给定的 DBMS 的功能、DBMS 提供的物理环境和工具做到详细全面地了解,尤其是存储结构和存取方法。

数据库设计者在确定数据存取方法时,以下三种相关的信息需要清楚明白:

①数据库查询事务的信息,它包括查询所需要的关系、查询条件所涉及的属性、连接条件所涉及的属性、查询的投影属性等信息。

②数据库更新事务的信息,它包括更新操作所需要的关系、每个关系上的更新操作所涉及的属性、修改操作要改变的属性值等信息。

③每个事务在各关系上运行的频率和性能要求。

例如,某个事务必须在 5s 内结束,这能够直接影响到存取方法的选择。这些事务信息会不断地发生变化,所以数据库的物理结构要能够做适当的调整,对事务变化的需要做到尽可能地满足。

关系数据库物理设计的内容主要指选择存取方法和存储结构,包括确定关系、索引、聚簇、日志、备份等的存储安排和存储结构,确定系统配置等。

8.5.2　数据库存储结构的确定

要综合考虑存取时间、存储空间利用率和维护代价三方面的因素来确定数据的存储位置和存储结构。这三个方面常常相互矛盾,需要进行权衡,选择一个折中的方案。

1.确定数据的存放位置

为了提高系统性能,应该根据应用情况将数据的易变部分与稳定部分、经常存取部分和存取频率较低部分分开存放,尽可能地保证系统性能的提高。

---

① 数据库的物理结构是指数据库在物理设备上的存储结构与存取方法,它跟给定的计算机系统有很大关系。

2.确定系统配置

DBMS 产品一般都提供了一些系统配置变量和存储分配参数供设计人员和 DBA 对数据库进行物理优化。在初始情况下,系统都为这些变量赋予了合理的默认值。但是这些默认值对于所有的应用环境不一定都适用。在进行数据库的物理设计时,还需要重新对这些变量赋值,以改善系统的性能。

3.评价物理结构

多性能测量方面设计者能灵活地对初始设计过程和未来的修整做出决策。假设数据库性能用"开销"(Cost),即时间、空间及可能的费用来衡量,则在数据库应用系统生存期中,规划开销、设计开销、实施和测试开销、操作开销和运行维护开销都包括在总的开销之内。

对物理设计者来说,操作开销是主要考虑的方面,即为使用户获得及时、准确的数据所需的开销和计算机资源的开销。

8.6　数据库设计实例——电网设备抢修物资管理数据库设计

8.6.1　需求分析

电网是一个设备资产密集型的电能传输网络,在整个国民经济中具有关键的地位,它在运行时不能瘫痪,这就意味着电网中众多的设备一旦开始工作,就必须连续不间断的运行。但是所有设备一旦长时间运行,由于外界环境的影响、设备设计制造的误差、设备长时间的工作等原因,都会使设备产生缺陷,这些缺陷如果不及时消除,就会影响整个设备的正常工作,甚至危及整个电网的安全运行。所以,在电力系统中设备抢修是一项很重要的工作。电力设备抢修总会涉及设备零部件的更换,所以在仓库中必须要对重要设备的常用零部件进行备货以满足抢修所需。

每年初,各部门根据以往设备抢修的实际情况预计本年度所需的抢修物资种类和数量,上报电力物资部门,电力物资部门制定一个物资采购计划,然后依照物资采购计划采购物资,当物资到货后办理入库手续。

当电网设备发生故障后,需要安排抢修,抢修前先制定抢修计划,抢修计划中包括项目名称、主要施工内容和计划领取的备品备件种类和数量。实际抢修时,大部分情况抢修所需的物资品种与数量和抢修计划相同,但也有例外,有时设备外壳打开,会发现里面的问题比预计的要严重,所需更换的零部件种类和数量就会超出计划预计的种类和数量。

实际抢修物资领用时需先办理领用手续,填写的领料单包括领用物资的种类、数量、该物资用途等,然后才能实际领用物资。

需要建立一个数据库系统,满足以上的需求。

1.数据流图

根据以上用户提出的对数据库系统的需求,需求分析的主要任务是和用户反复沟通,了解用户在建设电力设备抢修管理系统时,需要数据库做什么。用户的需求是多方面的,有些需求需要通过程序来实现,有些需求需要通过数据库来实现。关键是我们必须清楚,数据库主要用于存储数据,所以进行需求分析时,面对繁杂的用户需求叙述,必须紧紧抓住"数据存储"的关键,从中抽取出数据库的真正需求。分析方法采用数据流图的方法。图 8-12 和图 8-13 分别是该系统的第一层和第二层数据流图。

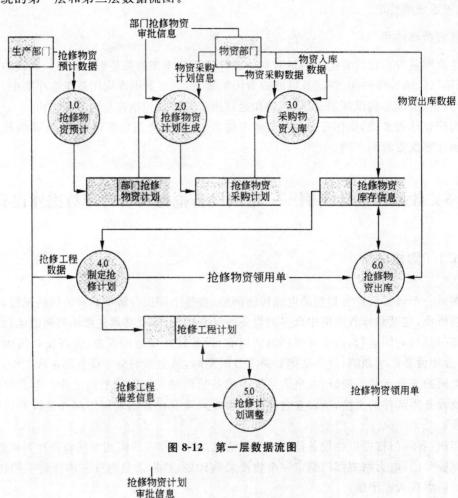

图 8-12　第一层数据流图

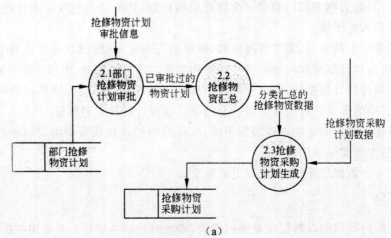

(a)

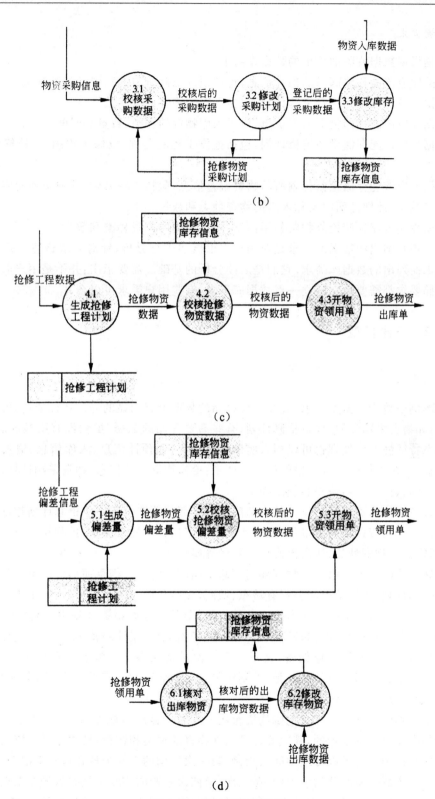

图 8-13　第二层数据流图

2.数据需求

下面是根据数据流图抽象出的数据库需求：
· 数据库应该能存储部门的预计信息,包括预计抢修所需的物资种类和数量。
· 数据库应该能存储物资采购计划,包括采购的物资种类和数量。
· 数据库应该能存储物资入库信息,包括入库物资的种类、数量和时间。
· 数据库应该能存储设备抢修计划,包括抢修工程的名称、抢修工程内容、抢修所需物资和数量。
· 数据库应该能存储抢修计划所需物资偏差信息,包括工程名称、计划未列而实际所需的物资种类和数量、计划已列但实际未需的物资种类和数量。
· 数据库应该能存储抢修物资领用信息,包括领用的物资种类和数量。

以上 6 点归纳出的数据库需求是对用户需求概述进行分析,针对需求概述中每一个实际的存储要求而列出的数据库需求,它们是后续分析的基础。需要指出:并不是用户需求中每一个数据存储要求都需要给它建立一点数据库需求,有些用户需求可以合并。

8.6.2 概念模型

1.识别实体

纵览本例中整个数据库需求,有些需要存储的数据带有明显的静态特征描述,可以考虑为实体对象,如物资采购计划、设备抢修计划;有些需要存储的数据,虽然没有明显的静态特征,但经过动态特征静态化处理也可以列入实体考察对象,如预计信息、入库信息、偏差信息和领用信息。这样,在本例中可以考虑的候选实体是:抢修物资预计信息、物资采购计划、采购到货物资、抢修计划、抢修计划偏差和领用物资。

电力设备抢修物资预计信息是每个部门根据本部门管辖设备历年抢修计划数据而做出的本年度所需抢修物资种类和数量的预测,所以预计信息具有的属性是:预测年份、预测部门、设备类型、所需抢修物资种类、所需抢修物资数量等属性。

抢修物资采购计划是由电力物资部门汇总不同部门的预计信息而形成的整个公司本年度抢修物资采购计划,例如某电网公司有城东、城西、城南和城北四个供电所,每个供电所都预计本年度需要 500 个冷缩中间头作为抢修备用物资,全公司抢修物资计划中就有"冷缩中间头"这一类物资;所需数量为每次储备 500 个,分四次采购,全年累计储备 2000 个。这样既保证了下面各个供电所有足够的抢修储备,又不至于一次进货太多而导致资金和仓库面积的紧张。所以抢修物资采购计划具有的属性是:计划年份、计划名称、设备类型、所需物资种类、所需物资总数、采购次数、单次采购数量等属性。

采购到货物资信息是仓库在抢修物资每次入库时所做的台账纪录,首先要记录根据哪一年采购计划去完成物资采购的,其次要记录入库物资的种类和数量,还要记录物资放在哪些仓库中的哪些仓位中。还是以冷缩中间头为例,第一次采购的 500 个放在城东南的仓库中,第二次采购的 500 个放在城西北的仓库中,第三次、第四次采购的 500 个就要看城东南仓库和城西北的仓库各缺货多少,然后分别补满。所以,抢修物资入库信息包含的属性是:入库日期、采购计划、入库物资种类、仓库、仓位、入库物资数量(入库量)等。

　　设备抢修计划是每次设备发生故障缺陷时,需要技术部门尽快制定抢修计划。计划中主要包含抢修工程的名称、抢修工程的具体抢修内容、计划所需抢修物资种类和计划所需每一种抢修物资的数量,当计划审批通过后,工程队根据计划所列的内容进行物资和人员的配备,然后实施抢修工程。历年形成的设备抢修计划是设备管辖部门制定新一年度抢修物资计划的判断基础。所以设备抢修计划包含抢修工程名称、抢修工程内容、抢修所需物资种类、抢修所需物资数量等属性。

　　领用物资信息是抢修时具体发生的物资领用信息,包括哪一个抢修工程发生的物资领用信息、领用日期、领用物资的种类、领用物资的数量、从哪个仓库哪个仓位出的货。例如,城南供电所需要领用冷缩中间头 30 个,东南仓库里库存 20 个,西北仓库里库存 20 个,那就先从东南仓库中领用 20 个,再从西北仓库中领用 10 个。所以物资领用信息包含工程项目名称、领用物资种类、仓库、仓位领用物资数量(出库量)等属性。

　　当具体抢修打开设备时,有时会发生故障判断预测不准的情况,实际故障性质可能比预测的要严重,这时需要额外增加抢修物资,有时是抢修物资种类不增加,仅需要增加抢修物资的数量,有时会发现新问题,需要额外增加抢修物资的种类和数量;当然也可能发生实际故障比预测要轻的情况,此时计划所列的物资和数量就不一定全部用上。所以抢修计划偏差信息包含:工程项目名称、抢修偏差物资种类、抢修偏差物资数量、偏差类型(正偏差还是负偏差)等属性。

　　到此为止,前面所列的候选实体都具有与电力抢修物资相关的属性,所以它们都可以作为电力抢修数据库概念模型中的实体。但是在整个分析中还有一些十分重要的属性,例如每一种抢修物资的库存余额,入库时新的库存余额是原始库存余额加上入库量,而出库时,新的库存余额是原始库存余额减去出库量,而"库存余额"在已有的实体中没有反映。又如,到目前为止的所有分析都围绕着物资,仓库的信息很少,当入库时往往需要判断目前仓库是否有空,仓库仓位最大库容是多少;而出库时又要设定一条最低库存线,当实际库存低于最低库存时,需要报警启动补货流程。而仓库是否有空、仓位最大库存、最低库存量等这些属性并没有反映到概念模型中。所以还需要再识别一些实体,库存余额和最低库存量反映的是库存物资的重要特性,所以增加库存物资实体,它包含物资名称、存储数量和最低库存量等属性;而仓库是否有空、仓位最大库容反映的是仓库的重要特征,所以增加仓库实体,它包含仓库号、仓库名称、仓位编号、最大库容等属性。

　　2.系统局部 E-R 图

　　总结以上概念设计,共得到抢修物资预计信息、物资采购计划、采购到货物资、抢修计划、抢修计划偏差、领用物资、库存物资、仓库这 8 个实体,它们描述了现实世界的电网抢修物资,但是单纯用实体来描述现实世界中的物资是不够的,实际上物资从采购计划到入库物资,从入库物资到库存物资,从库存物资到出库物资,它们之间必然是有联系的。所以当实体抽象出来后,接下来应该分析这些实体之间有什么联系。多个部门当年度的抢修物资预测信息生成一个年度的物资采购计划,物资预测信息实体和年度物资采购计划实体之间是一对多的联系,如图 8-14 所示。

　　一个年度采购计划可以确定多种采购到货物资,每种采购到货物资属于某一个年度采购

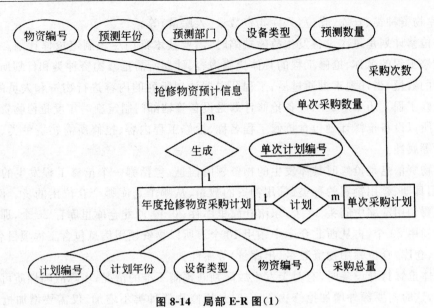

图 8-14 局部 E-R 图(1)

计划,年度采购计划实体和采购到货物资实体之间是一对多的联系,如图 8-15 所示。

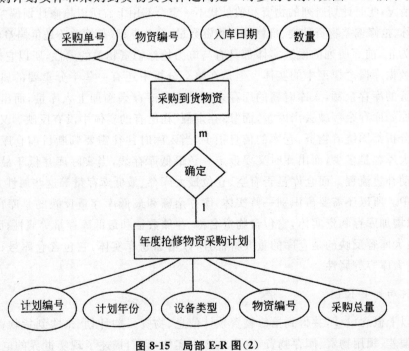

图 8-15 局部 E-R 图(2)

当采购到货物资入库后需要增加对应的总库存物资信息,采购到货物资和库存物资实体之间是一对一的联系;当物资出库后应减少对应的总库存信息,领用物资和库存物资实体之间是一对一的联系;一种采购到货物资可以存放在多个仓库里,一个仓库可以存放多种采购到货物资,采购到货物资和仓库实体之间是多对多的联系;一种抢修领用物资可以从多个仓库中出库,一个仓库可以出库多种抢修物资,领用物资和仓库实体之间是多对多的联系,如图 8-16 所示。

一个抢修计划对应一个抢修工程,一个抢修计划需要多次领用抢修物资,每次领用的物资

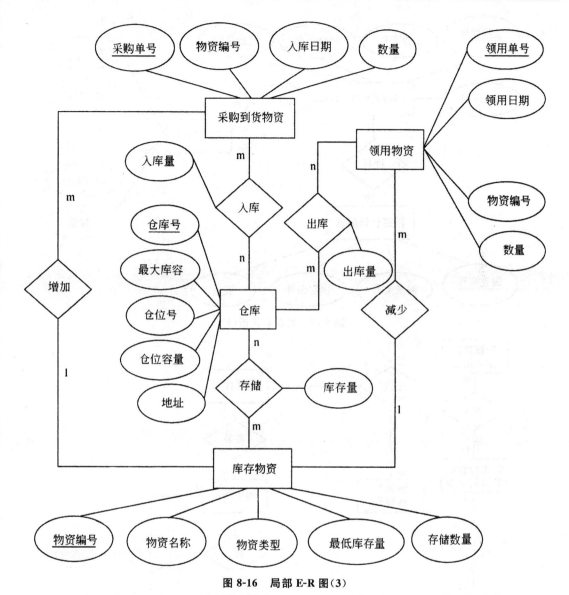

图 8-16　局部 E-R 图（3）

对应某个抢修计划，抢修计划和领用物资实体之间是一对多的联系；一个抢修计划可以有多个计划偏差，但一个计划偏差对应一个抢修计划，抢修计划和抢修计划偏差实体之间是一对多的联系，如图 8-17 所示。

　　将以上的分析用 E-R 图表示，它表示了电网设备抢修过程中物资从计划到采购、从入库到出库的"数据化描述"。在后面的设计中会将这些"数据化描述"映射到数据库中去，从而完成"现实世界的物资"到"数据库世界的物资"的转换。

　　3. 系统全局 E-R 图

　　对前面得到的局部 E-R 图进行合并，得到如图 8-18 所示的全局 E-R 图。

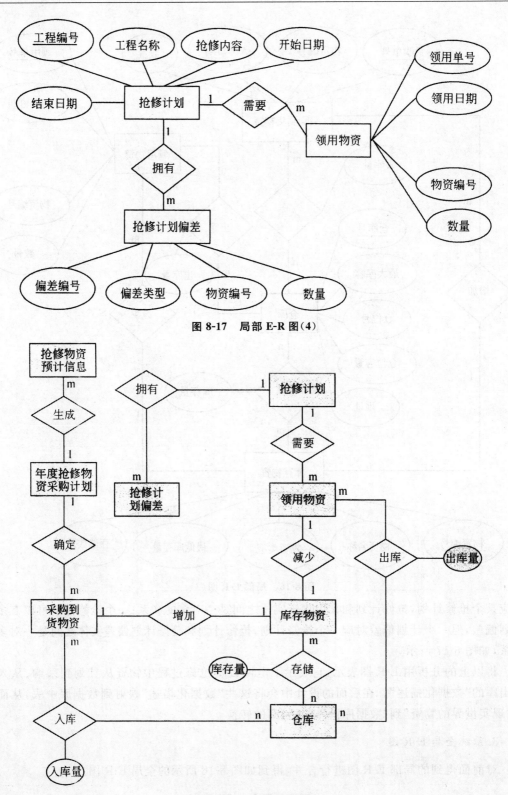

图 8-17　局部 E-R 图（4）

图 8-18　全局 E-R 图

8.6.3　逻辑模型

1.概念模型转换成逻辑模型

将图 8-18 所示的 E-R 模型转换成相应的逻辑模型,实体及实体间的一对多联系转化为如表 8-1 所示关系模式。

表 8-1　实体转化为关系模式

关系模式	主码	外键
抢修物资预测信息(预测年份、预测部门、设备类型、物资编号、预测数量、计划编号)	预测年份＋预测部门	计划编号
年度抢修物资采购计划(计划编号、计划年份、设备类型、物资编号、采购总量)	计划编号	
单次采购计划(单次计划编号、采购次数、单次采购数量、计划编号)	单词计划编号	计划编号
采购到货物资(采购单号、入库日期、物资编号、计划编号、数量、入库日期)	采购单号	计划编号
抢修计划(工程编号、工程名称、抢修内容、开始日期、结束日期)	工程编号	
抢修计划偏差(偏差编号、工程编号、物资编号、数量、偏差类型)	偏差编号	工程编号
领用物资(领用单号、工程编号、物资编号、数量、领用日期)	领用单号	工程编号
库存物资(物资编号、物资名称、物资类型、存储数量、最低库存量)	物资编号	
仓库(仓库号、最大库容、仓位号、仓位容量、地址)	仓库号＋仓位号	

当 E-R 图中的实体转换成关系模式后,接下来将 E-R 图中的多对多联系转换成关系模式,如表 8-2 所示。

表 8-2　多对多联系转换成关系模式

关系模式	主码	外键
入库(采购单号、仓库号、仓位号、入库量)	采购单号＋仓库号＋仓位号	采购单号、仓库号、仓位号
存储(物资编码、仓库号、仓位号、存储量)	物资编号＋仓库号＋仓位号	物资编号、仓库号、仓位号
出库(领用单号、仓库号、仓位号、出库量)	领用单号＋仓库号＋仓位号	领用单号、仓库号、仓位号

2.规范化

当得到全部关系模式后，再检查一下它们是否都符合 3NF。关系模式"仓库"中，码是（仓库号、仓位号），非主属性最大库容及地址部分依赖于码，不属于 3NF。所以将该关系模式进行分解，得到两个关系模式：

仓库（仓库量，最大库存量，地址）

仓位（仓位量，仓库号，最大仓位容量）

3.关系模式优化

在本设计的所有关系模式中，多个关系涉及"物资编号"这个属性，而物资的具体信息（物资名称、类型）均在关系模式"库存物资"中，因此查询时必然会多次涉及这些关系和库存物资关系的连接查询操作。为了提高查询效率，将"库存物资"垂直分解为两个关系模式：

物资（物资编号，物资名称，物资类型）

库存物资（物资编号，最低库存量，存储数量）

4.设计关系模式的属性

对关系模式规范化以后，就可以设计每个关系模式的具体属性，设计内容主要包括属性名称、属性类型、属性长度和约束，如表 8-3 所示。

表 8-3　关系模式属性

关系模式	属性	属性类型	长度	约束
抢修物资 预测信息	预测年份	日期型		主键
	预测部门	字符型	20	主键
	设备类型	字符型	20	
	物资编号	字符型	20	外键
	预测数量	整数		大于等于 0
	计划编号	字符型		外键
年度抢修 物资采购 计划	计划编号	整数		主键
	计划年份	日期型		
	设备类型	字符型	20	
	物资编号	字符型	20	外键
	采购总量	整数		大于等于 0 且小于等于部门预测数量
单次采购 计划	单次计划编号	字符型	20	主键
	计划编号	字符型	20	外键
	采购次数	整数		大于 0
	单次采购数量	整数		大于等于 0，单次采购数量之和小于等于对应的计划采购总量

关系模式	属性	属性类型	长度	约束
采购到货物资	采购单号	字符型	20	主键
	入库日期	日期型		
	物资编码	字符型	20	外键
	计划编号	字符型	20	外键
	入库量	整数		大于等于 0 且小于等于对应的单次采购数量
抢修计划	工程编号	整数		主键
	工程名称	字符型	60	
	抢修内容	备注型		
	物资编码	字符型	20	外键
	开始日期	日期型		
	结束日期	日期型		结束日期大于等于开始日期
抢修计划偏差	偏差编号	字符型	20	主键
	工程编号	字符型	20	外键
	物资编号	字符型	20	外键
	数量	整数		大于等于 0
	偏差类型	字符型	8	
领用物资	领用单号	字符型	20	主键
	工程编号	整数		外键
	物资编号	字符型	20	外键
	领用日期	日期型		
	数量	整数		大于等于 0 且小于等于对应物资的存储量
库存物资	物资编号	字符型	20	主键
	存储数量	整数		大于等于 0 且等于对应物资入库量和出库量之差
	最低库存量	整数		大于等于 0
仓库	仓库号	整数		主键
	地址	字符型	40	
	最大库容	整数		大于等于 0

关系模式	属性	属性类型	长度	约束
仓位	仓位号	整数		主键
	仓库号	整数		主键、外键
	最大仓位容量	整数		大于等于 0
物资	物资编码	整数		主键
	物资名称	字符型	80	
	物资类型	字符型	20	
入库	采购单号	字符型	20	主键、外键
	仓库号	整数		主键、外键
	仓位号	整数		主键、外键
	入库量	整数		大于等于 0 且小于等于对应物资到货的入库量且小于等于对应仓位的最大容量
存储	物资编号	字符型	20	主键、外键
	仓库号	整数		主键、外键
	仓位号	整数		主键、外键
	存储量	整数		大于等于 0 且等于对应入库量和出库量之差且小于等于对应仓位的最大容量
出库	领用单号	字符型	20	主键、外键
	仓库号	整数		主键、外键
	仓位号	整数		主键、外键
	出库量	整数		大于等于 0 且小于等于对应物资的出库量且小于等于出库仓位的最大容量

第 9 章　数据库的应用与实现

9.1　对数据库进行应用处理

9.1.1　View Ridge 画廊的数据库

图 9-1 是为 View Ridge 最终设计的数据库。

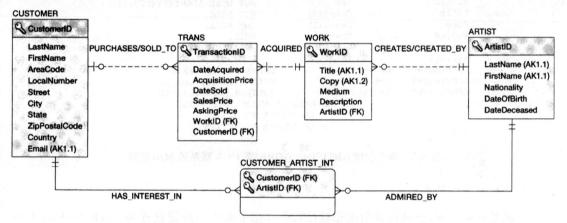

图 9-1　View Ridge 画廊的最终数据库设计图

9.1.2　用 SQL DDL 管理表结构

1．创建 View Ridge 数据库

当然，在建表之前首先要创建数据库。在所使用的 DBMS 中创建一个新的名为 VRG 的数据库。

2．创建 WORK 表和 ARTIST-to-WORK 的 1：N 联系

图 9-2 中显示的 SQL 语句的作用是创建 ARTIST 表和 WORK 表以及它们之间的联系。注意到列名 Description 被写为［Description］，这是因为 Description 是 SQL Server 2008 的保留字，因此要使用方括号来产生一个确定的标识。

这个表中唯一的新语法就是 WORK 表最后的 FOREIGN KEY 约束，它用来定义引用完整性约束。图 9-2 中的 FOREIGN KEY 等同于以下的引用完整性约束：

WORK 中的 ArtistID 必须存在于 ARTIST 的 ArtistID 中。

UPDATE NO ACTION 表达式是指更新一个包含子表的表的主键是被禁止的（对于代理键来说，永远不能更改它的标准设定）。UPDATE CASCADE 指更新应级联进行。UPDATE NO ACTION 是默认的。

同样，DELETE NO ACTION 表达式指删除含有子记录的操作是被禁止的。DELETE CASCADE 是指删除操作会级联进行。DELETE NO ACTION 是默认的。

```
CREATE TABLE ARTIST(
     ArtistID              Int                  NOT NULL IDENTITY(1,1),
     LastName              Char(25)             NOT NULL,
     FirstName             Char(25)             NOT NULL,
     Nationality           Char(30)             NULL,
     DateOfBirth           Numeric(4)           NULL,
     DateDeceased          Numeric(4)           NULL,
     CONSTRAINT   ArtistPK                      PRIMARY KEY(ArtistID),
     CONSTRAINT   ArtistAK1                     UNIQUE(LastName, FirstName)
     );

CREATE TABLE WORK(
     WorkID                Int                  NOT NULL IDENTITY(500,1),
     Title                 Char(35)             NOT NULL,
     Copy                  Char(12)             NOT NULL,
     Medium                Char(35)             NULL,
     [Description]         Varchar(1000)        NULL DEFAULT 'Unknown provenance',
     ArtistID              Int                  NOT NULL,
     CONSTRAINT   WorkPK                        PRIMARY KEY(WorkID),
     CONSTRAINT   WorkAK1                       UNIQUE(Title, Copy),
     CONSTRAINT   ArtistFK                      FOREIGN KEY(ArtistID)
                              REFERENCES ARTIST(ArtistID)
                                 ON UPDATE NO ACTION
                                 ON DELETE NO ACTION
     );
```

图 9-2　用于创建 ARTIST-to-WORK 表 1∶N 联系的 SQL 代码

3. 实现必需的双亲记录

为满足双亲约束，必须定义引用完整性约束并把子表中的外键设置为 NOT NULL，图 9-2 中 WORK 表的 SQL CREATE TABLE 语句做到了以上两点。在这种情况下，ARTIST 表是必需的父表，WORK 表是子表。这样，WORK 表中的 ArtistID 被指定为 NOT NULL，ArtistFK FOREIGN KEY 约束定义为引用完整性约束，这些规范促使 DBMS 的执行必需满足双亲约束。

如果双亲不是必需的，就要把 WORK 表中的 ArtistID 设置为 NULL。这个例子中，WORK 表不必为 ArtistID 设一个值，所以它不需要双亲。FOREIGN KEY 约束确保 WORK 表中的 ArtistID 中的所有值都在 ARTIST. ArtistID 中出现。

4. 实现 1∶1 联系

SQL 中实现 1∶1 联系和实现刚才给出的 1∶N 联系几乎是相同的，唯一的不同之处是外键必须被声明成唯一的。例如，如果 ARTIST 表和 WORK 表之间的联系是 1∶1 的，就要在图 9-2 中添加下面的约束：

CONSTRAINT UniqueWork UNIQUE(ArtistID)，

注意到图 9-2 中 ARTIST-to-WORK 联系显然不是 1∶1 的，所以不需要指定这个约束。

如前所述,如果双亲是必需的,外键应该被设置为 NOT NULL,否则应该为 NULL。

5. 临时联系

有时,临时联系适合建立没有指定 FOREIGN KEY 约束的外键。这样的话,外键值可能和双亲中的主键值相匹配,也可能不匹配。例如,如果在 EMPLOYEE 表中定义了列 DepartmentName 但没有指定外键约束,那么 EMPLOYEE 表中的某一行的 DepartmentName 值可能和 DEPARTMENT 表中的 DeoartmentName 值不相匹配。

表 9-1 概述了用 FOREIGN KEY,NULL,NOT NULL 和 UNIQUE 约束在 1∶N,1∶1 和临时联系中建立联系的方法。

表 9-1　概述用 SQL CREATE TABLE 定义联系的方法

联系类型	CREATE TABLE 约束
1∶N 联系,双亲是可选的	指定 FOREIGN KEY 约束,设置外键为 NULL
1∶N 联系,双亲是必需的	指定 FOREIGN KEY 约束,设置外键为 NOT NULL
1∶1 联系,双亲是可选的	指定 FOREIGN KEY 约束,指定外键是 UNIQUE 约束。设置外键为 NULL
1∶1 联系,双亲是必需的	指定 FOREIGN KEY 约束,指定外键是 UNIQUE 约束。设置外键为 NOT NULL
临时联系	创建一个外键列,但是不指定 FOREIGN KEY 约束。如果联系是 1∶1,指定外键为 UNIQUE

6. 用 SQL 建立默认值和数据约束

表 9-2 是为 View Ridge 数据库建立默认值和数据约束的范例。"Unknown provenance" 的默认值将会赋给 WORK 表中的 Description 列。ARTIST 表和 TRANS 表(图 9-4)被指定了多种数据约束。

表 9-2　View Ridge 数据库的默认值和数据约束

表	列	默认值	约束
WORK	Description	"Unknown provenance"	
ARTIST	Nationality		IN('Canadian', 'English', 'french', 'German', 'Mexican', 'Russian', 'Spanish', 'United States')
ARTIST	DateOfBirth		小于 DateDeceased 之值
ARTIST	DateOfBirth		4 字节:1 或 2 是第一个数字,剩下的 3 个数字为 0 至 9
ARTIST	DateDeceased		4 字节:1 或 2 是第一个数字,剩下的 3 个数字为 0 至 9

表	列	默认值	约束
TRANS	DateAcquired		小于或等于 DateSold

默认值是由列定义中指定的关键字 DEFAULT 生成的,就在指定 NULL/NOT NULL 的后面。图 9-3 中,WORK. Description 被定义了"Unknown provenance"(未知来源)默认值。

```
CREATE TABLE ARTIST(
    ArtistID            Int                 NOT NULL IDENTITY(1,1),
    LastName            Char(25)            NOT NULL,
    FirstName           Char(25)            NOT NULL,
    Nationality         Char(30)            NULL,
    DateOfBirth         Numeric(4)          NULL,
    DateDeceased        Numeric(4)          NULL,
    CONSTRAINT    ArtistPK              PRIMARY KEY(ArtistID),
    CONSTRAINT    ArtistAK1             UNIQUE(LastName, FirstName),
    CONSTRAINT    NationalityValues     CHECK
                        (Nationality IN ('Canadian', 'English', 'French',
                        'German', 'Mexican', 'Russian', 'Spanish',
                        'United States')),
    CONSTRAINT    BirthValuesCheck      CHECK (DateOfBirth < DateDeceased),
    CONSTRAINT    ValidBirthYear        CHECK
                        (DateOfBirth LIKE '[1-2][0-9][0-9][0-9]'),
    CONSTRAINT    ValidDeathYear        CHECK
                        (DateDeceased LIKE '[1-2][0-9][0-9][0-9]')
    );

CREATE TABLE WORK(
    WorkID              Int                 NOT NULL IDENTITY(500,1),
    Title               Char(35)            NOT NULL,
    Copy                Char(12)            NOT NULL,
    Medium              Char(35)            NULL,
    [Description]       Varchar(1000)       NULL DEFAULT 'Unknown provenance',
    ArtistID            Int                 NOT NULL,
    CONSTRAINT    WorkPK                PRIMARY KEY(WorkID),
    CONSTRAINT    WorkAK1               UNIQUE(Title, Copy),
    CONSTRAINT    ArtistFK              FOREIGN KEY(ArtistID)
                        REFERENCES ARTIST(ArtistID)
                        ON UPDATE NO ACTION
                        ON DELETE NO ACTION
    );
```

图 9-3　用合适的默认值和数据约束创建 ARTIST 表和 WORK 表的 SQL 语句

数据约束是通过 SQL CHECK CONSTRAINT 建立的,其格式是 CONSTRAINT 后跟开发者提供的约束名,其后是 CHECK,然后就是圆括号里的说明。CHECK 表达式类似于 SQL 语句中的 WHERE 子句。SQL IN 关键字用来提供一系列的有效值,SQL NOT IN 关键字也可以提供不在域约束范围内的值(本例中没有给出)。SQL LIKE 关键字用来规定小数位。范围约束使用大于和小于符号($<$,$>$)。因为不支持关系间约束,比较关系可以作为同一个表的列之间的关系内约束。

7.建立 View Ridge 数据库表

图 9-4 给出的是 View Ridge 数据库的所有表的 SQL。请认真阅读每一行语句,确保弄清楚它们的功能和用途。注意,对 CUSTOMER 表和 CUSTOMER_ARTIST_INT 表之间以及 ARTIST 表和 CUSTOMER_ARTIST_INT 表之间的联系的删除是级联删除的。

　　任何一个用来作为表名和列名的 DBMS 保留字都必须放在方括号里,这样就转换成了确定的标识。我们已经使用表名 TRANS 来代替 TRANSACTION 保留字。表名 WORK 同样是个问题,单词 WORK 在大多数的 DBMS 产品中是保留字。类似地,还有 WORK 表中的 Description 列和 TRANS 表中的 State 列。把它们放在括号里意味着对 SQL 分析器来说这些术语已经由开发者提供且不可通过标准的方式使用。有点讽刺的是,SQL Server 可以毫无问题地处理单词 WORK,但是 Oracle 无法处理。SQL Server 处理单词 TRANSACTION 时会卡壳,但是 Oracle 处理时一点问题也没有。因此,在图 9-4 所示的 SQL Server 2008 T-SQL 语句中,使用了 WORK(没有括号)、[Description]和[State]。

　　在你所使用的 DBMS 产品的文档中,可以找到保留字列表。如果使用 SQL 句法中的任何关键字作为表或列的名字,比如 SELECT,FROM,WHERE,LIKE,ORDER,ASC,DESC 等,肯定会遇到麻烦。这些关键字应放在方括号里。如果能避免使用这些关键字作为表名或列名,会使建表过程轻松得多。

```
CREATE TABLE ARTIST(
        ArtistID            Int                 NOT NULL IDENTITY(1,1),
        LastName            Char(25)            NOT NULL,
        FirstName           Char(25)            NOT NULL,
        Nationality         Char(30)            NULL,
        DateOfBirth         Numeric(4)          NULL,
        DateDeceased        Numeric(4)          NULL,
        CONSTRAINT      ArtistPK            PRIMARY KEY(ArtistID),
        CONSTRAINT      ArtistAK1           UNIQUE(LastName, FirstName),
        CONSTRAINT      NationalityValues   CHECK
                            (Nationality IN ('Canadian', 'English', 'French',
                             'German', 'Mexican', 'Russian', 'Spanish',
                             'United States')),
        CONSTRAINT      BirthValuesCheck    CHECK (DateOfBirth < DateDeceased),
        CONSTRAINT      ValidBirthYear      CHECK
                            (DateOfBirth LIKE '[1-2][0-9][0-9][0-9]'),
        CONSTRAINT      ValidDeathYear      CHECK
                            (DateDeceased LIKE '[1-2][0-9][0-9][0-9]')
        );

CREATE TABLE WORK(
        WorkID              Int                 NOT NULL IDENTITY(500,1),
        Title               Char(35)            NOT NULL,
        Copy                Char(12)            NOT NULL,
        Medium              Char(35)            NULL,
        [Description]       Varchar(1000)       NULL DEFAULT 'Unknown provenance',
        ArtistID            Int                 NOT NULL,
        CONSTRAINT      WorkPK              PRIMARY KEY(WorkID),
        CONSTRAINT      WorkAK1             UNIQUE(Title, Copy),
        CONSTRAINT      ArtistFK            FOREIGN KEY(ArtistID)
                            REFERENCES ARTIST(ArtistID)
                            ON UPDATE NO ACTION
                            ON DELETE NO ACTION
        );

CREATE TABLE CUSTOMER(
        CustomerID          Int                 NOT NULL IDENTITY(1000,1),
        LastName            Char(25)            NOT NULL,
        FirstName           Char(25)            NOT NULL,
        Street              Char(30)            NULL,
        City                Char(35)            NULL,
        [State]             Char(2)             NULL,
        ZipPostalCode       Char(9)             NULL,
        Country             Char(50)            NULL,
        AreaCode            Char(3)             NULL,
        PhoneNumber         Char(8)             NULL,
        Email               Varchar(100)        Null,
        CONSTRAINT      CustomerPK          PRIMARY KEY(CustomerID),
        CONSTRAINT      EmailAK1            UNIQUE(Email)
        );
```

```
CREATE TABLE TRANS(
     TransactionID      Int                 NOT NULL IDENTITY(100,1),
     DateAcquired       Datetime            NOT NULL,
     AcquisitionPrice   Numeric(8,2)        NOT NULL,
     DateSold           Datetime            NULL,
     AskingPrice        Numeric(8,2)        NULL,
     SalesPrice         Numeric(8,2)        NULL,
     CustomerID         Int                 NULL,
     WorkID             Int                 NOT NULL,
     CONSTRAINT  TransPK             PRIMARY KEY(TransactionID),
     CONSTRAINT  TransWorkFK         FOREIGN KEY(WorkID)
                         REFERENCES WORK(WorkID)
                             ON UPDATE NO ACTION
                             ON DELETE NO ACTION,
     CONSTRAINT  TransCustomerFK     FOREIGN KEY(CustomerID)
                         REFERENCES CUSTOMER(CustomerID)
                             ON UPDATE NO ACTION
                             ON DELETE NO ACTION,
     CONSTRAINT  SalesPriceRange CHECK
                         ((SalesPrice > 0) AND (SalesPrice <=500000)),
     CONSTRAINT  ValidTransDate      CHECK (DateAcquired <= DateSold),
     );

CREATE TABLE CUSTOMER_ARTIST_INT(
     ArtistID           Int                 NOT NULL,
     CustomerID         Int                 NOT NULL,
     CONSTRAINT  CAIntPK             PRIMARY KEY(ArtistID, CustomerID),
     CONSTRAINT  CAInt_ArtistFK      FOREIGN KEY(ArtistID)
                         REFERENCES ARTIST(ArtistID)
                             ON UPDATE NO ACTION
                             ON DELETE CASCADE,
     CONSTRAINT  CAInt_CustomerFK    FOREIGN KEY(CustomerID)
                         REFERENCES CUSTOMER(CustomerID)
                             on UPDATE NO ACTION
                             ON DELETE CASCADE
     );
```

图 9-4 创建 View Ridge 数据库表结构的 SQL 语句

9.1.3 SQL DML 语句

1. SQL INSERT 语句

SQL INSERT 语句用来向一个表中添加行数据。

（1）用列名称进行 SQL 插入操作

标准 INSERT 语句用来命名表中数据列并将这些数据按下面的格式列出来。注意,列名和列值同时是被包含在括号中的,DBMS 代理关键字没有包含在语句中。如果提供了所有列数据,而这些数据和表中的列具有相同的顺序,并且没有代理键,则可以忽略列的清单。如果有部分的值,只要编写和所拥有的数据相关的那些列的名称。当然,必须提供全部 NOT NULL 的列的值。

（2）批量插入

INSERT 语句最常用的形式之一是用 SQL SELECT 语句提供值。假设在 IMPORTED_ARTIST 表中有许多艺术家的名字、国籍和生日。在这种情况,可以用下面的语句添加这些数据到 ARTIST 表中:

INSERT INTO ARTIST

　　(LastName,FirstName,Nationality,DateOfBirth,DateDeceased)

　　SELECT (LastName,FirstName,Nationality,DateOfBirth,DateDeceased)

　　FROM IMPORTED_ARTIST;

注意,关键字 VALUES 没有在这种形式的插入语句中使用。

2. 向数据库表输入数据

　　现在可以向数据库添加数据。需要注意的是,应该怎样把这些数据输入到 SMS 数据库中。SQLCREATE TABLE 语句中,CustomerID,ArtistID,WorkID 和 TransactionID 都是代理键,它们自动赋值并插入到数据库中,这会产生顺序的编号。若希望这些代理键的编号不是连续的数字,则需要克服 DBMS 中代理键自动编号机制的不足。不同 DBMS 产品对这个问题的解决方法是不同的(像代理键的值产生方法是不一样的)。

3. SQL UPDATE 语句

　　SQL UPDATE 语句用来改变已存在记录的值。当处理 UPDATE 命令时,DBMS 会满足所有的引用完整性约束。例如,在 SMS 数据库中,所有的键都是代理键,但是对于只有数据键的表,DBMS 会根据外键约束的规则级联或不接受(无任何动作)更新。同时,如果存在外键约束的话,DBMS 在更新外键时会满足引用完整性约束。

（1）批量更新

对于 SQL UPDATE 命令,很容易进行批量更新,但却存在一定的风险。例如,

UPDATE　CUSTOMER

SET　City='New York CitY';

对 CUSTOMER 表中每一行改变其 City 的值。如果只是打算改变客户 1000 的 City 值,则会得一个并不理想的结果,即每个客户都会有'New York City'这样的 City 值。

也可以使用 WHERE 子句找出多个记录进行批量更新。例如,如果想要改变每位生活在 Denver 的客户的 AreaCode,可以这样编写:

UPDATE　CUSTOMER

SET　AreaCode='303'

WHERE　City='Denver';

（2）用其他表的值进行更新

SQL UPDATE 命令可以设置列值和一个不同的表中的列值相等。SMS 数据库没有这个操作的合适例子,因此可以假设有一个名为 TAX_TABLE 的表,列为(Tax,City),其中 TAX 是该城市的相应税率。

现在假设有一个表 PURCHASE_ORDER 包括了 TaxRate 和 City 列。我们对该城市里 Bodega Bay 的购物订单,用下面的 SQL 语句更新所有的记录:

UPDATE PURCHASE ORDER

SET　TaxRate=

　　(SELECT Tax

　　FROM TAX_TABLE

WHERE TAX_TABLE. City='Bodega Bay')

WHERE PURCHASE_ORDER. City='Bodega Bay';

更为可能的是,我们需要在没有指定城市的情况下更新一份购物订单的税率值。就是说购物订单编号 1000 更新 TaxRate。这种情况可以用稍微复杂的 SQL 语句:

UPDATE PURCHASE ORDER

    SET TaxRate=

    (SELECT Tax

    FROM TAX_TABLE

    WHERE TAX_TABLE. City=PURCHASE_ORDER. City)

WHERE PURCHASE_ORDER. Number=1000;

SQL SELECT 语句可以通过许多不同的方式与 UPDATE 语句合并。

4. SQL DELETE 语句

SQL DELETE 语句也很容易使用。下面的 SQL 语句将删除 CustomerID 为 1000 的客户的记录:

DELETE FROM CUSTOMER

WHERE CustomerID=1000;

当处理 DELETE 命令时,DBMS 会满足所有的引用完整性约束,但是若忽略了 WHERE 子句,就会删除所有的客户记录。

9.1.4　连接的新形式

如果想要尝试执行 SQL 连接命令,需要在 DBMS 上基于 SQL CREATE TABLE 语句和 INSERT 语句完整地创建 SMT 数据库并输入数据。

1. SQL JOIN ON 语法

使用下列语法编写连接代码:

SELECT ＊

FROM ARTIST,WORK

WHERE ARTIST. ArtistID=WORK. ArtistID;

另一种编写相同连接代码的方式是:

SELECT ＊

FROM ARTIST JOIN WORK

ON ARTIST. ArtistID=WORK. ArtistID;

这两个连接是等价的。有人会觉得 SQL JOIN ON 的第二种格式比第一种更易于理解。也可以使用这些格式来连接三张表或更多的表。例如,如果要获得客户的名字以及他们感兴趣的艺术家名字的列表,可以这样编写:

SELECT CUSTOMER. LastName,CUSTOMER. FirstName,

        ARTIST. LastName AS ArtistName

FROM   CUSTOMER JOIN CUSTOMER_ARTIST_INT

ON   CUSTOMER. CustomerID＝CUSTOMER_ARTIST_INT. CustomerID

            JOIN ARTIST

            ON CUSTOMER_ARTIST_INT. ArtistID＝ARTIST. ArtistID;

可以使用 SQL AS 关键字重命名表和输出列,使得这些语句更加简单:

SELECT   C. LagtName,C. FirstName,

            A. LaStName AS ArtistName

FROM   CUSTOMER AS C JOIN CUSTOMER_ARTIST_INT AS CI

    ON   C. CustomerID＝CI. CustomerID

    JOIN ARTIST AS A

    ON CI. ArtistID＝A. ArtistID;

当查询的结果表有许多行时,可能希望限制显示的行数。可以使用 SQL TOP Number-OfRows 语法,同 ORDER BY 子句一起对数据进行排序,形成最终的 SQL 查询语句:

SELECT   TOP 10 C. LastNante,C. FirstName,A. LastName AS ArtistName

FROM   CUSTOMER AS C JOIN CUSTOMER_ARTIST_INT AS CI

    ON C. CustomerID＝CI. CustomerID

        JOIN ARTIST AS A

        ON CI. ArtistID＝A. ArtistID

ORDER BY C. LastName,C. FirstName;

2. 外连接

SQL 查询:

SELECT   C. LastName,C. FirstNamle,T. TrangactionID,T. SalesPrice

FROM   CUSTOMER AS C JOIN TRANS AS T

    ON   C. CustomerID＝T. CustomerID

ORDER BY T. TransactionID;

上述 SQL 语句仅仅能够显示 CUSTOMER 表中 8/10 的行,其他 2/10 的客户由于从来没有从书店购买过图书。因此,这些 2/10 的客户的主键值没有和任何的 TRANS 中的外键值匹配。因为没有匹配,它们不会出现在这个连接的结果中。可以通过使用一个外连接促使所有 CUSTOMER 中的行出现。SOL 外连接语法如下:

SELECT   C. LastName,C. FirstName,T. TransactionID,T. SalesPrice

FROM CUSTOMER AS C LEFT JOIN TRANS AS T

    ON C. CustomerID＝T. CustomerID

ORDER BY T. TransactionID;

注意所有没有进行过购买的客户,SalesPrice 和 TransactionID 的值是 NULL。

外连接可以是从左或右进行的。如果外连接是从左进行的(SQL 左外连接使用 SQL LEFT JOIN 语法),那么左边的表中所有行(或连接的第一个表)将会被包含进结果中。如果外连接是从右进行的(SQL 右外连接使用 SQL RIGHT JOIN 语法),那么右边的表中的所有行(或连接的第二个表)将会被包含进结果中。

为了对右外连接进行描述,可以对前面用来连接客户和交易的查询进行修改。对于左外连接,空值显示的是还没有购买作品的客户。对于右外连接,空值将显示的是还没有被用户购买的作品。如果不是外连接,则该连接就称为内连接。外连接可以在任何层次上合并,就像内连接一样。

9.1.5 在程序代码中嵌入 SQL

为了在程序代码中嵌入 SQL,有两个问题必须解决。第一个问题是需要能够把 SQL 语句的结果赋予程序变量。有许多不同的技术,有些涉及到面向对象程序,其他的较为简单,例如在 Oracle 的 PL/SQL 中,以下语句把 CUSTOMER 中记录的数量赋予变量 rowCount:

SELECT Count(*)INTO rowCount

FROM CUSTOMER;

以下是 SQL Server 的类似语句:

SELECT @rowCount=Count(*)

FROM CUSTOMER;

在这两种情况下,上述语句的执行都会把 CUSTOMER 中记录的数量赋予了程序变量 rowCount 或@rowCount。

第二个需要解决的问题涉及 SQL 和应用编程语言之间的不匹配。SQL 是面向表的,SQL SELECT 从一张表或多张表开始,然后产生一张表作为结果。另一方面,程序是从一个或多个变量开始处理这些变量的,并且存储结果到某个变量中。由于这种区别,以下的语句没有意义:

SELECT LastName INTO custLastName

FROM CUSTOMER;

如果在 CUSTOMER 表中有 100 个记录,LastName 就有 100 个值,而程序变量 custLastName 只能接受一个值。

为了避免这个问题,SQL 语句的结果被当做一个虚拟文件处理。当 SQL 语句返回一组记录时,指向特定记录的游标就被确定了。应用程序可以将指针指向 SQL 语句的输出结果中的第一行、最后一行或其他行上。根据游标的位置,该行中的所有列的值就会赋给程序的变量。当应用程序结束一个特定的行时,会将游标移向下一行、前一行或其他行,继续进行处理。

使用游标的典型模式如下所示:

打开 SQL(SELECT * FROM CUSTOMER);

把游标指向第一条记录;

    While 游标没有到达表的结尾{

        设置 custLastName=LastName;

        ……使用 custName 的其他语句……

        把游标移向下一行;

    };

……继续处理……

这样就可以逐条处理 SQL SELECT 返回的结果记录。

9.1.6　使用 SQL 视图

SQL 视图(SQL View)是从其他表或视图构造出的一个虚拟表,数据都是从其他表或视图中取得其本身没有数据。视图是用 SQL SELECT 语句构造的,它使用 SQL CREATE VIEW 语法。视图名可以像表名那样用在其他 SQL SELECT 语句中的 FROM 子句中。用来构造视图的 SQL 语句的唯一限制是它不允许有 ORDER BY 子句。需要由处理视图的 SELECT 语句提供排序。

一旦创建了视图,就可以像表一样用于 SELECT 语句的 FROM 子句中。注意,返回的字段的数目取决于视图中的字段的数目,而不是底层表的字段的数目。

视图能够隐藏字段或记录;显示计算结果;隐藏复杂的 SQL 语言;层次化内置函数;在表数据和用户视图数据之间提供隔离层;为同一张表的不同视图指派不同的处理许可;为同一张表的不同视图指派不同的触发器许可。

1. 使用 SQL View 隐藏字段和记录

视图可以隐藏字段,从而简化查询结果或防止敏感数据的显示。通过在视图定义中的 WHERE 子句可以隐藏数据记录。以下 SQL 语句是定义一个包含所有地址在华盛顿(WA)的客户的姓名、电话号码的视图:

```
CREATE VIEW BasicCustomerDataWAView AS
    SELECT    LastName AS CustomerLastName,
              FirstName AS CustomerFirStName,
              AreaCode,PhoneNumber
    FROM      CUSTOMER
    WHERE     State='WA';
```

可以通过执行 SQL 语句来使用这个视图:

```
SELECT  *
FROM BasicCustomerDataWAView
ORDER BY CustomerLastName,CustomerFirstName;
```

正如预期的那样,只有生活在华盛顿的读者出现在这个视图中。由于 State 并不是这个视图结果的一部分,这个特点是隐含的。这个特点的好坏依赖于视图的使用。如果应用于专门针对华盛顿的读者,这就是一个好的特点。而如果被误解为 SMT 仅有的客户,这就不好了。

2. 用 SQL 视图显示字段计算结果

视图的另一个用途是显示计算结果而不需要输入计算表达式。在视图中放置计算结果有两个主要的优点。首先用户可以不必写表达式就可以得到希望的结果,而且能够确保结果的一致。因为如果需要开发人员自己来写这个 SQL 表达式,不同的开发员写的可能不一样,导致不一致的结果。

3.使用 SQL 视图隐藏复杂的 SQL 语法

视图也可以用于隐藏复杂的 SQL 语法。使用视图,开发人员就可以避免在需要特定的视图时输入复杂的语句。即使同样不了解 SQL 的开发人员,也能够充分利用 SQL 的优点。用于这种目的的视图同样可以确保结果的一致性。

与构造连接语法相比,使用视图简单了许多。甚至掌握 SQL 不错的开发者也会更趋向于使用一个简单的视图来进行操作。

4.层次化内置函数

不能将一个计算或一个内置(Built-In)函数作为 SQL WHERE 子句的一部分。但是可以建立一个计算变量的视图,然后根据视图写出 SQL,使得计算得出的变量应用到 WHERE 子句中。

这样的层次化可以延续到更多的级别。可以定义另一个视图,对第一个视图进行另一个计算。

5.在隔离、多重许可和多重触发器中使用 SQL 视图

视图还有 3 种其他重要的用途。

①可以从应用代码中隔离出元数据表,从而为数据管理员提供了灵活性。

②对相同的表设置不同的处理许可。

③可以在相同数据源上定义多个触发器集合。这个技术一般是用来满足 O-M 和 M-M 联系。在这种情况下,一个视图拥有一个触发器集合,可以禁止删除必需的孩子,另一个视图拥有一个触发器集合,用于删除必需的孩子以及双亲。这些视图用在不同的应用程序中,取决于这些应用程序的权限。

6.更新 SQL 视图

有些视图可以更新,有些视图是不可以的。确定视图是否可更新的规则较为复杂且依赖于具体的 DBMS。下面是判断视图是否可更新的普遍指导原则,而具体细节是应用中的 DBMS 决定的。

(1)对于可更新视图

①视图基于一个单独的表并且不存在计算字段,所有的非空字段都包含在视图中。

②视图基于若干个表,有或没有计算字段,并且有 INSTEEAD OF 触发器定义在这个视图上。

(2)对于可能有可更新的视图

①基于一个单独的表,主键包含在视图中,有些必需的字段不包含在视图中,可能允许更新或者删除,但不允许插入。

②基于多个表,可能允许对其中的大多数表做更新,只要这些表中的记录可以被唯一确定。

通常 DBMS 需要把待更新的字段与特定基本表的特定记录关联起来。如果要求 DBMS

来更新这个视图,首先需要确定这个请求有意义,是否有足够的数据来完成这个更新。显然,如果提供的是一张完整的表并且不存在计算字段,视图是可更新的。同时,DBMS 会标记这个视图是可更新的,如果已在该视图上定义了一个 INSTEAD OF 触发器。

如果视图不包含某个被要求的字段,显然就不能用于插入。但只要包含主键(或者有些 DBMS 只要求一个候选键),这样的视图就可以用于更新和删除。多表视图中的大部分子表是可更新的,只要这个子表的主键或候选键包含在视图中。同时,只有当该表中的主键或候选键处于视图中时才能完成这些操作。

9.1.7　使用 SQL 触发器

1. 使用触发器提供默认值

例如,假设 View Ridge 画廊要求 AskingPrice 的值等于 AcquisitionPrice 的两倍或 AcquisitionPrice 加上这个艺术品以往的平均销售净收益这两个值中的较大者。图 9-5 的 AFFER 触发器实现了这个想法。

在声明了程序变量之后,触发器读取 TRANS 表并找出有多少 TRANS 中的行是和该作品有关。因为这是一个 AFFER 触发器,新的关于该作品的 TRANS 中的行已经插入好了。因此,如果该作品是第一次被收进画廊,则该计数结果是 1。如果是这样,SalesPrice 的新的值被设为 AcquisitionPrice 的两倍。

2. 使用触发器满足数据约束

触发器的第二个用途是满足数据约束。虽然 SQL CHECK 约束能够用来满足域、范围和关系内的约束,但是没有 DBMS 商家实现了 SQL-92 关于关系间 CHECK 约束的特性。因此,这样的约束可由触发器实现。

假设这样一个例子,画廊对墨西哥画家有特别的兴趣,而且从未对他们的作品价格打折扣。所以,作品的 SalesPrice 必须总是至少为 AskingPrice。为了满足这个要求,画廊数据库含有一个插入和更新的触发器,用于在 TRANS 上检查作品是否由墨西哥画家创作。如果是,SalesPrice 将再次检查并和 AskingPrice 比较。如果它小于 AskingPrice,那么 SalesPrice 会被重设为 AskingPrice。

图 9-6 给出的一般性的触发器代码实现了这个要求。这个触发器将会在对 TRANS 的行进行了任何的插入或更新操作后被触发。触发器首先检查并确定该作品是否由墨西哥的艺术家创作。如果不是,触发器就会退出执行。否则,SalesPrice 将再次检查并和 AskingPrice 比较;如果它小于触发器将会被递归调用。

触发器中的更新语句会导致 TRANS 上的一个更新,而这又会导致触发器被再次调用。但是在第二次调用时,SalesPrice 和 AskingPrice 相等,不会再进行更新,于是递归就会终止。

```
CREATE TRIGGER TRANS_AskingPriceInitialValue
      AFTER INSERT ON TRANS

DECLARE
      rowcount as int;
      sumNetProfit as Numeric(10,2);
      avgNetProfit as Numeric(10,2);

BEGIN
      /* First find if work has been here before

      SELECT      Count(*) INTO rowcount
      FROM        TRANS AS T
      WHERE       T.WorkID = new:WorkID;

      IF (rowcount = 1)
      THEN
         /* This is first time work has been in gallery

         new:AskingPrice = 2 * new:AcquisitionPrice;

      ELSE
         IF rowcount > 1
         THEN
            /* Work has been here before

            SELECT      SUM(NetProfit) into sumNetProfit
            FROM        ArtistWorkNetView AWNV
            WHERE       AWNV.WorkID = new.WorkID
            GROUP BY    AWNV.WorkID;

            avgNetProfit = sumNetProfit / (rowcount - 1);

               /* Now choose larger value for the new AskingPrice

               IF ((new:AcquisitionPrice + avgNetProfit)
                     > (2 * new:AcquisitionPrice))
               THEN
                  new:AskingPrice = (new:AcquisitionPrice + avgNetProfit);
               ELSE
                  new:AskingPrice = (2 * new:AcquisitionPrice);
               END IF;
         ELSE
            /* Error, rowcount cannot be less than 1
            /* Do something!
         END IF;
      END IF;
END;
```

图 9-5　插入默认值的触发器代码

3. 使用触发器更新视图

有些视图是可以由 DBMS 更新的,有些则不能,这取决于构造视图的方式。对于不能由 DBMS 更新的视图,有时候可以由应用程序特有的针对给定商业设置的逻辑进行更新。应用程序更新视图的特有的逻辑被放在 INSTEAD OF 触发器中。

当在视图中声明了一个 INSTEAD OF 触发器,DBMS 除了调用触发器以外不执行任何操作。其他所有的事情都交给了触发器。如果在 MyView 视图中声明了一个 INSTEAD OF

INSERT 触发器,并且如果触发器仅仅是发送电子邮件而不是做其他事情,那么电子邮件就会作为在这个视图上执行 INSERT 操作的结果。在 MyView 上进行 INSERT 意味着"发送一份电子邮件",再无其他。

```
CREATE TRIGGER TRANS_CheckSalesPrice
        AFTER INSERT, UPDATE ON TRANS

DECLARE

        artistNationality        char (30);

BEGIN
        /* First determine if work is by a Mexican artist */

        SELECT      Nationality into artistNationality
        FROM        ARTIST AS A JOIN WORK AS W
                ON A.ArtistID = W.ArtistID
        WHERE       W.WorkID = new:WorkID;

        IF (artistNationality <> 'Mexican')
        THEN
            Exit Trigger;
        ELSE

          /* Work is by a Mexican artist - enforce constraint          */

          IF (new: SalesPrice < new:AskingPrice)
          THEN

            /* Sales Price is too low, reset it                         */

            UPDATE      TRANS
            SET         SalesPrice = new:AskingPrice;

            /* Note:  The above update will cause a recursive call on this */
            /* trigger. The recursion will stop the second time through    */
            /* because SalesPrice will be = AskingPrice.                   */

            /* At this point send a message to the user saying what's been */
            /* done so that the customer has to pay the full amount        */

          ELSE
            /* Error, artistNationality is either Mexican or it isn't    */
            /* Do something!                                             */
          END IF;
        END IF;
  END;
```

图 9-6　满足关系间数据约束的触发器代码

在任何情况下,如果客户名字的值在数据库中碰巧是唯一的话,则该视图有足够的信息更新用户的名字。图 9-7 给出了针对这样的更新的一般性触发器代码。这些代码仅仅计算具有旧的名字值的那些客户的数量。如果仅有一个客户的名字是这个值,那么就进行更新;否则,会产生一个错误的信息。注意到更新行为是作用在视图背后的多张表中的某张表上的。视图当然并没有包含真正的视图数据。只有实际的表会被更新。

4.使用触发器实现引用完整性

触发器的第四种用途是实现引用完整性行为。考察这样一个例子,DEPARTMENT 和 EMPLOYEE 之间存在 1∶N 联系。假设这个联系是 M-M 的,而且 EMPLOYEE.DepartmentName 是 DEPARTMENT 的一个外键。

```
CREATE TRIGGER CustomerInterestView_UpdateCustomerLastName
    INSTEAD OF UPDATE ON CustomerInterestView

DECLARE

    rowcount  Int;

BEGIN

    SELECT    COUNT(*) into rowcount
    FROM      CUSTOMER
    WHERE     CUSTOMER.LastName = old:LastName

    IF (rowcount = 1)
    THEN

        /* If get here, then only one customer has this last name.   */
        /* Make the name change.                                     */

        UPDATE    CUSTOMER
        SET       CUSTOMER.LastName = new:LastName
        WHERE     CUSTOMER.LastName = old:LastName;

    ELSE

        IF (rowcount > 1 )
        THEN

            /* Send a message to the user saying cannot update because  */
            /* there are too many customers with this last name.        */
                .
        ELSE
            /* Error, if rowcount <= 0 there is an error!               */
            /* Do something!                                            */
        END IF;
    END IF;
END;
```

图 9-7　更新 SQL 视图的触发器代码

　　为了满足这个约束,我们将创建两个同时基于 EMPLOYEE 的视图。第一个视图 Delete-Employee-View,仅当某一行不是 DEPARTMENT 中的最后一个孩子的时候删除 EMPLOYEE 中的这一行。第二个视图 DeleteEmployeeDepartmentView,将删除 EMPLOYEE 中的一行,并且如果该行对应了 DEPARTMENT 中的最后一个员工,还会删除 DEPARTMENT 的行。

　　DeleteEmployeeView 视图对组织应用来说是可用的,但是没有允许从 DEPARTMENT 删除行。DeleteEmployeeDepartmentView 视图则提供给应用程序,并允许其对不包含员工的 EMPLOYEE 表和 DEPARTMENT 表进行删除操作。

　　视图 DeleteEmployeeView 和 DeleteEmployeeDepartmentView 有相同的结构。

CREATE VIEW DeleteRmployeeView

　　SELECT *

　　FROM　EMPLOYEE;

CREATE VIEW DeleteEmployeeDepartmentView

　　SELECT *

　　FROM　EMPLOYEE;

　　图 9-8 给出的 DeleteEmployeeView 上的触发器,确定该员工是否是该部门的最后一位员工。如果不是,EMPLOYEE 的行被删除,否则该员工是该部门的最后一位员工,不做任何事

情。同理,当 INSTEAD OF 触发器在删除操作上做了声明,DBMS 就不做任何事情。所有的行为都交给了触发器。如果该员工是部门中最后的员工,那么这个触发器什么也不做,这意味着数据库不会做修改,因为 DBMS 将所有的处理任务都留给了 INSTEAD OF 触发器。

```
CREATE TRIGGER EMPLOYEE_DeleteCheck
        INSTEAD OF DELETE ON DeleteEmployeeView

DECLARE

        rowcount  int;

BEGIN

        /*  First determine if this is the last employee in the department */

        SELECT    Count(*) into rowcount
        FROM      EMPLOYEE
        WHERE     EMPLOYEE.EmployeeNumber = old:EmployeeNumber;

        IF (rowcount > 1)
        THEN

            /* Not last employee, allow deletion                         */

            DELETE    EMPLOYEE
            WHERE     EMPLOYEE.EmployeeNumber = old:EmployeeNumber;

        ELSE

            /* Send a message to user saying that the last employee      */
            /* in a department cannot be deleted.                        */

        END IF;

    END;
```

图 9-8　删除非最后一个的员工记录的触发器代码

图 9-9 给出的 DeleteEmployeeDepartment 上的触发器,它与对员工删除操作有点不同。首先,检查该员工是否是该部门里的最后一位员工。如果是,DEPARTMENT 可以被删除。然后,员工被删除。注意到 EMPLOYEE 中的行是一定会被删除。

```
CREATE TRIGGER EMPLOYEE_DEPARTMENT_DeleteCheck
        INSTEAD OF DELETE ON DeleteEmployeeDepartmentView

DECLARE

        rowcount  int;

BEGIN

        /* Delete Employee row regardless of whether Department will be deleted  */

        DELETE    EMPLOYEE
        WHERE     EMPLOYEE.EmployeeNumber = old:EmployeeNumber;

        /*  First determine if this is the last employee in the department    */

        SELECT    Count(*) into rowcount
        FROM      EMPLOYEE
        WHERE     EMPLOYEE.EmployeeNumber = old:EmployeeNumber;

        IF (rowcount = 0)
        THEN
```

```
        /* Last employee in Department, delete Department              */

        DELETE      DEPARTMENT
        WHERE       DEPARTMENT.DepartmentName = old:DepartmentName;

    END IF;

END;
```

图 9-9   在必要的时候删除孩子及双亲的触发器代码

9.1.8   WORK_AddWorkTransaction 存储过程

图 9-10 是一个记录 View Ridge 画廊取得一件作品的存储过程。这里的代码同样是通用的,但更接近于 SQL Server 而不是 Oracle 形式的触发器例子。如果比较这两个例子,可以了解到 PL/SQL 与 T-SQL 的一些区别。

WORK_AddWorkTransaction 存储过程接受 5 个输入参数,但没有返回数据。在实际应用中,可以通过返回给调用者的值来说明操作的成功或失败。由于这与数据库无关,所以不在这里讨论。这里的代码并不假设接收的 ArtistID 值是一个合法的 ID。相反,存储过程的第一步是检查 ArtistID 值是否是一个合法的 ID。为了进行验证,第一块语句计算具有给定 ArtistID 值的记录的数量。如果数量为 0,则 ArtistID 的值是非法的,过程产生一个错误消息并返回。

如果数量不为 0,这个过程接下来检查这个作品是否曾经被画廊收藏。如果是,WORK 表中将包含一个具有相应 Artist,Title 和 Copy 的记录。如果没有这样的记录存在,这个过程建立一个新的 WORK 记录。一旦完成,可以通过一个选择语句取得 WorkID 的值。如果要创建作品的记录,这个语句要得到 WorkID 代理键的新值。如果不需要创建一个新的作品记录,对 WorkID 的选择操作就可以得到现有记录的 WorkID。一旦得到了 WorkID 的值,新的记录就被加入 TRANS 中。注意系统函数 GetDate() 被用于向新记录的 DateAcquired 提供值。

```
CREATE PROCEDURE WORK_AddWorkTransaction
    (
    @ArtistID int,      /* Artist must already exist in database */
    @Title char(25),
    @Copy char(8),
    @Description varchar(1000),
    @AcquisitionPrice Numeric (6,2)
    )

/* Stored procedure to record the acquisition of a work.  If the work has   */
/* never been in the gallery before, add a new WORK row.  Otherwise, use     */
/* the existing WORK row.  Add a new TRANS row for the work and set          */
/* DateAcquired to the system date.                                          */

AS

    DECLARE @rowcount AS int
    DECLARE @WorkID AS int

    /* Check that the ArtistID is valid                                      */
```

```
SELECT      @rowcount = COUNT(*)
FROM        ARTIST AS A
WHERE       A.ArtistID = @ArtistID

IF (@rowcount = 0)
    /* The Artist does not exist in the database              */
    BEGIN
        Print 'No artist with id of ' + Str(@artistID)
        Print 'Processing terminated.'
        RETURN
    END

/* Check to see if the work is in the database                */

SELECT      @rowcount = COUNT(*)
FROM        WORK AS W
WHERE       W.ArtistID = @ArtistID and
            W.Title = @Title and
            W.Copy = @Copy

IF (@rowcount = 0)
    /* The Work is not in database, so put it in.             */
    BEGIN
        INSERT INTO WORK (Title, Copy, Description, ArtistID)
            VALUES (@Title, @Copy, @Description, @ArtistID)
    END

/* Get the work surrogate key WorkID value                    */

SELECT      @WorkID = W.WorkID
FROM        WORK AS W
WHERE       W.ArtistID = @ArtistID
    AND     W.Title = @Title
    AND     W.Copy = @Copy

/* Now put the new TRANS row into database.                   */

INSERT INTO TRANS (DateAcquired, AcquisitionPrice, WorkID)
    VALUES (GetDate(), @AcquisitionPrice, @WorkID)

RETURN
```

图 9-10　记录 View Ridge 画廊取得一件作品的存储过程

这个过程展示了在一般情况下 SQL 是怎样嵌入存储过程的。这个过程还不完全,因为还需要一些工作以确保要么对数据库做了全部的更新,要么一个更新也不做。

9.2　数据库再设计的实现

9.2.1　数据库再设计的必要性

你可能想知道,"为什么不得不再设计一个数据库？如果第一次就正确地建立了数据库,为什么还需要对它再设计呢?"这个问题的答案有两个。首先,第一次就正确地建立数据库不那么容易,尤其是当数据库来自新系统的开发时。即便能够获得所有的用户需求,并建立了正确的数据模型,要把这个数据模型转变成正确的数据库设计,也是非常困难的。对于大型数据库来说,该项任务令人望而生畏,并可能要求分若干个阶段来开发。在这些阶段里,数据库的某些方面可能需要重新设计。同时,不可避免地,必须纠正所犯的错误。

回答这个问题的第二个理由更为重要些。暂时反映在信息系统和使用它们的组织机构之间的联系上。用比较时髦的说法是两者彼此相互影响,即信息系统在影响着组织机构,而组织机构也在影响着信息系统。

然而,实际上,两者的联系要比这种相互影响更强有力得多。信息系统和组织机构不仅相互影响,它们还相互创建。一旦安装了一个新的信息系统,用户就能按照新的行为方式来表现。每当用户按照这些新的行为方式运转时,将会希望改变信息系统,以便提供更新的行为方式。等到这些变更制订出来后,用户又会有对信息系统提出更多的变更请求,如此等等,永无止境地反复循环。

这种循环过程意味着对于信息系统的变更并非是出于实现不良的悲惨后果,不如说这是信息系统使用的必然结果。因此,信息系统无法离开对于变更的需要,变更不能也不应当通过需求定义好一些、初始设计好一些、实现好一些或者别的什么"好一些"来消除。与此相反,变更乃是信息系统使用的一部分和外包装。这样,我们需要对它制订计划。在数据库处理的语义环境中,这意味着需要知道如何实施数据库再设计。

9.2.2 检查函数依赖性的 SQL 语句

如果数据库中没有任何数据,那么数据库再设计就不是特别困难的。可是当不得不修改包含有数据的数据库,或者当我们想要使得变更对现有数据存在的影响最小时,就会遇到严重困难。告诉系统现在工作的用户他们需要怎么做,而在修改后他们所有的数据都将会丢失,这对于任何人都是不可接受的。

在能够继续进行某种变更之前,经常需要知道:一定的条件或者假定是否在数据中是有效的。例如,可能从用户需求了解到,Department 的职能确定了 DeptPhone,但是可能不知道这种函数依赖性是否在所有的数据中都得到了正确的表达。

如果 Department 确定了 DeptPhone,那么 Department 中每一个值必须与 DeptPhone 中的同一个值相匹配。例如,如果会计(部门)中拥有一行,其 DeptPhone 值为 834-1100,那么在会计(部门)中出现的所有的行都应当有此 DeptPhone 值。同样地,如果在财务(部门)中有一行 834-2100 的 DeptPhone 值,那么在财务(部门)中出现的所有其他行就应该都有此 DeptPhone 值。表 9-3 展示了违反这一假定的数据。在第三行中,会计的 DeptPhone 值与其他行的不同,多了一个 0。进一步考查这一差错,很有可能是有人在键入 DeptPhone 值时产生了一个键入错误。这样的差错是非常典型的。

表 9-3   违反假想约束条件的表

EmployeeNumber	LastName	Email	Department	DeptPhone
100	Johnson	JJ@somewhere. com	Accounting	834-1100
200	Abermathy	MA@somewhere. com	Finance	834-2100

续表

EmployeeNumber	LastName	Email	Department	DeptPhone
300	Smathers	LS@somewhere.com	Finance	834-21000
400	Caruthers	TC@somewhere.com	Accounting	834-1100
500	Jackson	TJ@somewhere.com	Production	834-4100
600	Caldera	EC@somewhere.com	Legal	834-3100
700	Bandalone	RB@somewhere.com	Legal	834-3100

现在,在做数据库修改之前,我们可能需要查找所有这样的非正常情况,并且在纠正它们之后再向前推进。对于表 9-3,我们正好能看到所有的数据,但是,倘若表 EMPLOYEE 有 4000 行怎么办? 在这一点上,有两个 SQL 语句是特别有益的:即子查询和它们的"表亲"EXISTS 与 NOT EXISTS。我们将依次探讨它们。

1. 相关子查询

```
SELECT    A. FirstName, A. lastName
FROM      ARTIST AS A
WHERE     A. ArtistID IN
          (SELECT W. ArtistID
          FROM WORK W
          WHERE W. Title='Blue Interior');
```

DBMS 能自底向上地处理这类子查询。即它能首先查找 WORK 中标题为 Blue Interior 的所有 ArtistID 的值,然后能使用这组值来处理上面的查询,而不需要在两个 SELECT 语句之间来回移动。本次查询的结果是艺术家 Mark Tobey,这正是我们所期望的。

(1)搜索某个已知标题的多个副本

但倘若 WORK 表超过 10000 行,这就比较难以确定了。在这种情况下,我们想要查询表 WORK,并显示出标题和共享该相同标题的作品。

如果要求编写一段程序来执行这一查询,其逻辑将是:从 WORK 中的第一行取得 Title 的值,并且在该表上检查所有的其他行。如果查找到与第一行有同样的标题的某一行,就知道其中存在着副本,于是打印第一件作品的标题和副本。继续再往下搜索与第一行有完全相同标题值的行,直到整个 WORK 表结束。

然后,再取得第二行中的标题值,并且把它与表 WORK 中的所有其他行做比较,并打印出具有完全相同标题的作品的标题和可能的副本。不断按照这种方式推进,直到所有行都检查完。

(2)寻找具有相同标题的行的相关子查询

如下的相关子查询就是执行刚才所描述的操作:

```
SELECT    W1. Title, W1. Copy
FROM      WORK AS W1
WHERE     W1. Title IN
```

(SELECT W2. Title

FROM WORK AS W2

WHERE W1. Title＝W2. Title

AND W1. WorkID＜＞W2. WorkID）；

查询的结果如图 9-11 所示。

	Title	Copy
1	Color Floating in Time	493/750
2	Color Floating in Time	494/750
3	Color Floating in Time	495/750
4	Color Floating in Time	501/750
5	Color Floating in Time	502/750
6	Color Floating in Time	503/750
7	Farmer's Market #2	267/500
8	Farmer's Market #2	268/500
9	Spanish Dancer	583/750
10	Spanish Dancer	588/750
11	Spanish Dancer	635/750
12	Surf and Bird	142/500
13	Surf and Bird	362/500
14	Surf and Bird	365/500
15	Surf and Bird	366/500
16	Surf and Bird	Unique
17	The Fiddler	251/1000
18	The Fiddler	252/1000

图 9-11　检查存在副本的标题的结果

这个子查询与正规的子查询看上去非常类似。许多学生对此都感到惊讶,其实这个子查询和正规的子查询是极其不同的,它们的相似仅仅是表面上的。

在解释原因之前,首先请注意相关子查询中的记号法。最上层和最底层的 SELECT 语句都使用了 WORK 表。在最上层的语句中,它被赋予别名 W1;在最底层的 SELECT 语句中,它被赋予别名 W2。

本质上,当使用这种记号法时,仿佛对表 WORK 做了两个副本,一份称为 W1,另一份称为 W2。因此,在该相关子查询的最后两行中,是将 WORK 的 W1 副本的值与在 W2 副本中的值相比较。

（3）常规子查询与相关子查询的差异

现在,考虑一下究竟是什么使得这个子查询如此不同? 与常规子查询不同,DBMS 不能自己单独运行最底层的 SELECT 获得一组 Title,并使用这组 Title 来执行最上层的查询。其中的原因在查询的最后两行中表现出来:

WHERE　W1. Title＝W2. Title

　　　AND　W1. WorkID＜＞W2. WorkID；

在这一表达式中,需要把 W1. Title(来自顶端 SELECT 语句)与 W2. Title(来自底部 SE-LECT 语句)相比较。对于 W1. WorkID 和 W2. WorkID 也是同样的。由于这些事实,DBMS 无法处理不依赖于最上层的那部分 SELECT 子查询。

与此相反,DBMS 必须把这个语句作为嵌套在主查询内的一个子查询来处理。其逻辑为:从 W1 取得第一行,使用这一行来求值第二个查询。为此,对于 W2 中的每一行,把 W1. Title 与 W2. Title 比较,把 W1. WorkID 与 W2. WorkID 比较。如果标题相等但 WorkID 值不相等,则把 W2. Title 的值归还到最上层的查询。对于 W2 中的所有的行都如此执行。

一旦对于 W1 中的第一行,所有 W2 的行都已被检查完,就移动到 W1 中的第二行并且检查 W2 中的所有行。直到所有 W1 的行都已经与所有 W2 的行按照这个方式比较过。

(4)一种常见陷阱

顺便提一下,不要落入如下的常见陷阱:

```
SELECT    W1. Title,W1. Copy
FROM      WORK AS W1
WHERE     W1. WorkID IN
          (SELECT W2. WorkID
          FROM WORK AS W2
          WHERE W1. Title=W2. Title
            AND W1. WorkID<>W2. WorkID);
```

这里的逻辑似乎是正确的,其实它不正确。不论位于下面的数据是什么,这个查询都不会显示任何行。在继续讨论之前,我们来看一下为什么会这样?

最底层的查询确实将查找有相同的 Title 和不同的 WorkID 的所有行。如果一旦找到,它将产生这行的 W2. WorkID。可是,随后此值将用来与 W1. WorkID 相比较。由于条件 W1. WorkID<> W2. WorkID,这两种值将始终是不同的。它不会返回任何行,因为用在 IN 里的是两个不相等的 WorkID 值,而不是两个相等的标题值。

(5)使用相关子查询检查函数的依赖性

相关子查询能在数据库再设计期间有效地利用。正如所述,其中有一项应用是证实函数依赖性。例如,假设有与表 9-3 中同样的 EMPLOYEE 数据,而我们想要知道这些数据是否符合函数依赖性 Department→DeptPhone。倘若符合,则每当在表中出现部门的某个给定值时,其值必将与具有相同 DeptPhone 值者相匹配。

如下的相关子查询将查找出违反这一假定的所有行:

```
SELECT    E1. Department,  E1. DeptPhone
FROM      ERIPLOYEE AS E1
WEZRE     E1. Department IN
          (SELECT E2. Department
          FROM EMPLOYEE AS E2
          WHERE E1. Department=E2. Department
          AND E1. DeptPhone<>E2. DeptPhone);
```

2. EXISTS 和 NOT EXISTS

EXISTS 和 NOT EXISTS 是相关子查询的另一种形式。我们能使用 SQL EXISTS 关键字形式改写最后的相关子查询,如下所示:

```
SELECT    E1. Department,E1. DeptPhone
FROM      EMPLOYEE AS E1
WHXRE     EXISTS
          (SELECT E2. Department
          FROM EMPLOYEE AS E2
          WHERE E1. Department＝E2. Department
               AND E1. DeptPhone＜＞E2. DeptPhone）;
```

因为 EXISTS 是相关子查询的一种形式,SELECT 语句的处理是嵌套的。E1 的第一行输入到子查询。倘若该子查询在 E2 中查找到部门名称相同但部门电话号码不同的任何行,那么 EXISTS 为真,Department 和 DeptPhone 就是选择到的第一行。接着,E1 的第二行输入到子查询,SELECT 将处理,并求值 EXISTS。如果为真,Department 和 DeptPhone 就是选择到的第二行。对于 E1 中的所有行,重复这一过程。

(1)在双重否定中使用 NOT EXISTS

如果在子查询中找到任何满足条件的行,那么 EXISTS 关键字将为真。仅当子查询查找满足条件的所有行都失败时,SQL NOT EXISTS 关键字才为真。因而,NOT EXISTS 的双重使用能用来查找到对于某一表的每一行具有某种指定条件的行。例如,假设在 View Ridge 的用户需要知道对任何艺术家感兴趣的所有的客户的名字。可以这样进行:首先,产生对于某一位特定的艺术家感兴趣的所有客户的集合。然后,对于这个集合进行取补,这将是这位艺术家不感兴趣的客户。如果该补集是空的,那么所有的客户都对给定的艺术家感兴趣。

(2)双重的 NOT EXISTS 查询

如下的 SQL 语句完成了刚才所描述的策略:

```
SELECT    A. FirstName,A. LastName
FROM      ARTIST AS  A
WHERE     NOT EXISTS
          (SELECT C. CustomerID
          FROM CUSTOMER AS C
          WHERE NOT EXISTS
               (SELECT CAI. CustomerID
               FROM CUSTOMER_ARTIST INT AS CAI
               WHERE C. CustomerID＝CAI. CustomerID
               AND A. ArtistID＝CAI. ArtistID));
```

查询结果是一个空集,说明没有一个艺术家是每一个顾客都感兴趣的。

最底层的 SELECT 查找对某位特定的艺术家感兴趣的所有客户。当你看到这一 SE-LECT(即查询中的最后一个 SELECT)时,请记住这是相关子查询。这个 SELECT 嵌套在有关 CUSTOMER 的查询内部,后者则又嵌套在有关 ARTIST 的查询内部。C. CustomerID 来自中间的有关 CUSTOMER 的 SELECT,而 A. ArtistID 则来自顶层的有关 ARTIST 的 SE-LECT。

现在,查询中第 6 行的 NOT EXISTS 将查找对指定的艺术家不感兴趣的客户。如果所有客户对指定的艺术家都感兴趣,中间的 SELECT 结果将为空。如果中间的 SELECT 结果为空,第 3 行查询的 NOT EXISTS 将为真,并将产生该艺术家的名字,这正是我们想要的。

现在不妨考虑一下,对于这个查询中不匹配的艺术家会发生些什么? 假设除 Tiffany Twilight 之外的所有客户都对艺术家 Joan Milro 感兴趣。现在,对于前面的查询,当考虑 Miro 行时,底层 SELECT 将找出除 Tiffany Twilight 之外的所有客户。在这种情况中,由于第 6 行查询的 NOT EXISTS,中间的 SELECT 将产生 Tiffany Twilight 的 CustomerID(因为该行是唯一不在底层 SELECT 中出现的)。现在,因为中间的 SELECT 存在有一个结果,所以顶层 SELECT 的 NOT EXISTS 为假,而在查询的输出里将不会包括 Joan Miro 的名字。这是正确的,因为存在有对 Joan Miro 不感兴趣的一位客户。

再一次,请花点时间学习这一模式。这是很著名的,如果你将在数据库领域里工作的话,肯定会再次以这种或别的形式看到它。

9.2.3　分析现有的数据库

在继续讨论数据库再设计之前,思考一下对于其运作依赖于数据库的某个实际的公司来说,这项任务意味着什么? 例如,假设你在为 Amazon. tom 之类的公司工作,并进一步假设已分配给你一个重要的数据库再设计任务,比如说修改供应商表的主键。

开始时,你可能感到奇怪,为什么他们想要做这个? 这是有可能的,在早期,当他们仅仅销售书籍时,Amazon 对于供应商使用其公司的名称。但是,当 Amazon 开始出售更多类型的产品时,公司名称就不够了。或许因为存在太多的重复,所以他们决定转换成一个专门为 Amazon 所创建的 VendorID。

现在,想要用什么来转换主键? 除了把新的数据追加到正确的行之外,还需要用其他什么办法? 显然,如果旧主键曾经被用做外键,那么所有的外键也需要修改。这样就需要知道在其中使用过旧主键的所有联系。但是,视图怎么样? 是否每个视图仍使用旧主键? 如果是这样,它们就都需要修改。还有,触发器以及存储过程怎么样? 它们全都使用旧主键吗? 同时,也不能忘记任何现有的应用程序代码,一旦移去旧主键,它们有可能崩溃。

现在,为了创建一个"恶梦"例行程序,如果通过改变过程获得了部分成果,但有某样东西不能正确地工作,那将会发生什么? 不妨假设你遇到了意外的数据,于是在试图追加新主键时,从 DBMS 收到了错误信息。Amazon 总不能把其 Web 网站修改成显示:"抱歉,数据库已崩溃,(希望你)明天再来!"

这个"恶梦"例行程序衍生出许多的话题,其中大多数与系统分析和设计有关。但是,关于数据库处理,有三条原则是很清楚的。首先,正如俗话所说,"三思而后行"。在试图对一个数据库修改任何结构之前,必须清楚地理解该数据库的当前结构和内容,必须知道哪些依赖于哪些。其次,在对一个运作数据库做出任何实际的结构性修改之前,必须在拥有所有重要的测试数据案例的(相当规模的)测试数据库上测试那些修改。最后,只要有可能,就需要在做出任何结构性修改之前先创建一份该运作数据库的完整副本。倘若一切都阴错阳差地出现问题,那么这份副本就能在纠正问题时用来恢复数据库。以下将逐个考虑这些重要的主题。

1.逆向工程

所谓逆向工程,就是读取一个数据库模式并从该模式产生出数据模型的过程。所产生的数据模型并非真是一个逻辑模型,因为它对于每个表,即便是没有任何非键数据并且完全不应该在逻辑模型里出现的交表也都会产生出实体。由逆向工程所产生的模式,倒不如说它是事物到其本身的、穿着实体联系外衣的表联系图。在本书中把它称为 RE(逆向工程)化的数据模型。

图 9-12 显示的是 View Ridge 数据库的 SQL Server 2008 Express 版本,通过 Microsoft Visio 2007 所产生的 RE 数据库设计。

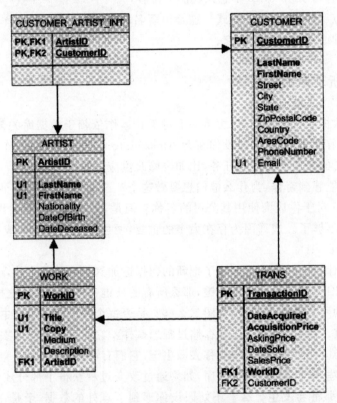

图 9-12 逆向工程化的数据库设计

在这使用 Microsoft Visio 是因为它的通用性,这意味着必须使用 Visio 的非标准数据库模型符号。注意,Visio 使用一个定向箭头来指示联系(联系线条从子实体开始,箭头指向父实体)。虽然 Visio 在数据库中区分标识联系和非标识联系,但它不显式地区分。Visio 同样存储粒度,但它不像 IE 鸦脚符号那样显示它们。因为 Visio 仅仅使用一个表结构,所以我们标记了颜色来指示强实体和弱实体。还可以注意到符号 PK 指主键,FK 指外键,U 指一个 U-NIQUE 约束,设为 NOT NULL 的列为粗字体,设为 NULL 的列为非粗字体。总的说来,这是 ViewRidge 模式的合理表示。

虽然 Visio 只能进行数据库设计,不能做数据建模,但是其他的一些设计软件,如 CA 公司的 ERwin,可以从逻辑上(数据建模)和物理上(数据库设计)构建数据库结构。除若干表和视图之外,有些数据模型还将从该数据库里捕捉到约束条件、触发器和存储过程。

这些结构并没有加以解释,而是把它们的正文导入到此数据模型中。同时,在某些产品里,还能获得正文与引用它们的项目的联系。约束条件、触发器和存储过程的再设计,已经超出这里所讨论的范围。然而,应当意识到,它们也是数据库的一部分,因而也是再设计的论题。

2. 依赖性图

在修改数据库结构之前,理解结构之间的依赖性是极其重要的。修改会怎样影响依赖?例如,考虑修改某一表的名称。该表名称正在何处使用?用在哪一个触发器里?用在哪一个存储过程里?用在哪一个联系里?由于必须知道依赖性,所以许多数据库的再设计项目都是从制作依赖性图开始的。

术语"图"是来自于图论的数学论题。依赖性图并不是像条形图那样显示,而是包含着节点和连接节点的弧(或线)的一种图形。

图 9-13 显示了利用逆向工程模型的结果所引出的一张部分依赖性图,但其中的视图和触发器是人工解释的。为了简单起见,这个图并没有显示出 CUSTOMER 上的视图和触发器,也没有显示出 CUSTOMER_ARTIST_INT 以及相关的结构。同时,既没有包括存储过程 WORK_AddWorkTransaction,也没有包括其约束条件。

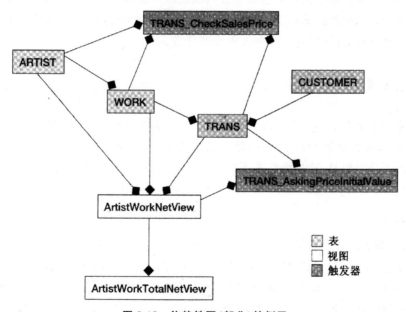

图 9-13 依赖性图(部分)的例子

即便是这样的部分图形,也已经揭示出(数据库结构中间)依赖性的复杂程度。例如,可以看到,当在 TRANS 表上修改任何事物时,进行最少的修改将是明智的。这类修改的后果,需要针对两种联系、三个触发器和三张视图做评估。再次提醒,三思而后行!

3. 数据库备份和测试数据库

由于再设计期间可能对数据库造成潜在的破坏,在做出任何结构性修改之前,应当先创建一份该运作数据库的完整备份。同样重要的是,所提议的任何修改应当经过彻底的测试十分必要。不仅结构修改必须成功地进行,而且所有的触发器、存储过程和应用系统都必须在修改后的数据库上正确运行。

典型地,在再设计过程中使用的数据库模式至少应有三份副本。第一份是能用于初始测试的小型测试数据库。第二份是较大的测试数据库,甚至可能是包含整个运作数据库的满副本,它用于第二阶段的测试。第三份是运作数据库本身,有时是若干个大型测试数据库。

必须创建一种工具,能在测试过程期间将所有测试数据库恢复到原来的状态。利用这种手段,万一需要时,测试就能够从同样的起点再次运行。根据具体的 DBMS,在测试运行之后,可以采用备份和恢复或者其他手段来复原该数据库。

显然,对于有庞大的数据库的组织机构来说,直接将运作数据库的副本作为测试数据库是不可能的。相反地,需要创建较小的测试数据库,但是那些测试数据库必须具有其运作数据库的所有重要的数据特征,否则将不能提供真实的测试环境。构造这样的测试数据库是一种高难度并富有挑战性的工作。事实上,造就了许多开发测试数据库及其数据库测试套件的有趣的就业机会。

最后,对于有庞大数据库的企业,不可能在进行结构修改之前预先制作运作数据库的完整副本。在这种情况下,数据库需要分块备份,而修改也是在每一块内做出的。这项任务十分困难并且要求丰富的知识和经验。它也需要数周或数月的规划。你可以作为初学者参与到这样的修改队伍里,但是,倘若试图对这样的大型数据库做出结构修改,那么就应当具有多年的数据库经验。即便如此,这仍然是一项令人沮丧的任务。

9.2.4　修改表名与表列

本节将考虑变更若干表名字和表的多个列。我们将仅仅使用 SQL 语句来完成这些修改。许多 DBMS 产品提供有除 SQL 之外的修改结构的工具。例如,一些产品拥有简化这种过程的图示化设计工具。但是,这些特性并不是标准通用的,不应该依赖于它们。本章所给出的语句,可以工作在每一个企业类 DBMS 产品中,绝大多数同时还可以在 Access 上工作。

1. 修改表名

初看上去,修改表名似乎是一种不错和轻松的操作。然而,浏览图 9-13 显示,这种修改的后果大大出乎意料。例如,如果想要修改表 WORK 的名字为 WORK_VERSION2,那么就必须完成若干项任务。定义在从 WORK 到 TRANS 的联系上的约束条件必须加以修改,Artist-WorkNetView 视图必须重新定义,而 TRANS_CheckSalesPrice 触发器也必须依据新的名字改写。

此外,在 SQL 中没有修改表名字的命令。相反地,需要采用新的名字来重新创建表,并清除旧表。然而,这一要求蕴涵着需要为修改表名字制订一种好的策略。首先,需要创建包含所有相关结构的新表,等到新表工作正常再清除旧表。倘若改名的表太大无法复制,就不得不使用其他的策略。

然而,这种策略有一个严重的问题,即 WorkID 是一个代理键。当创建该新表时,DBMS 将会在该新表里创建 WorkID 的新值。此新值与表示外键 TRANS 值的旧表里的值未必相匹配,TRANS.WorkID 将是错误的。解决这个问题的最简单的办法,是首先创建 WORK 表的新版本,不把 WorkID 定义为代理键。然后,用 WORK 表的当前值来填满该表,包括 WorkID 的当前值在内。最后再把 WorkID 修改为一个代理键。

首先,通过向 DBMS 提交 SQL CREATE TABLE WCIRK_VERSION2 语句来创建该表。我们让 WorkID 是整数而不是代理键。对于该 WORK 约束,也需要给出新的名字。原来的约束仍然存在,倘若不采用新的名字,其 DBMS 将会在处理 CREATE TABLE 语句时报告重复约束的问题。新约束名字的一个例子如下所示:

CONSTRAINT WorkV2PK PRIMARY KEY(WorkID),
CONSTRAINT WorkV2AK1 UNIQUE(Title,Copy),
CONSTRAINT ArtistV2FK FOREIGN KEY(ArtistID)
　　　　　　REFERENCES ARTIST(ArtistID)
　　　　　　　ON DELETE NO ACTION
　　　　　　　ON UPDATE NO ACTION

其次,利用如下的 SQL 语句,把数据复制到新表里:

INSERT INTO WORK_VERSION2(WorkID,Copy,Title,Mediumt
　　Description,ArtistID)
　　SELECT WorkID,Copy,Title,Medium,Description,ArtistID
　　FROM WORK;

这时,修改 WORK_VERSION2 表,使其 WorkID 成为一个代理键。对于 SQL Server 来说,最容易的办法是打开图示化表设计器,重新定义 WorkID 为 IDENTITY 列(实现这样的修改不存在任何标准的 SQL 语句)。设定 Identity Seed 属性初值为 500。SQL Server 将会设定 WorkID 的下一个新值为 WorkID 最大值加 1,即成为最大值。采用 Oracle 和 MySQL 修改为代理键的其他策略。

现在剩下的全部工作就是定义两个触发器。这可以通过复制旧触发器的文本,并将名字 WORK 修改为 WORK_VERSION2 而实现。

此时,应该针对数据库运行测试套件,以证实所有的修改都已正确实施。在这之后,使用 WORK 的存储过程和应用系统就可以修改成运行新的表名字。如果一切正确,那么外键约束条件 TransactionWorkFK 和表 WORK 就能通过如下的语句加以清除:

ALTER TABLE TRANS DROP CONSTRAINT TransWorkFK;
DROP TABLE WORK;

然后,通过对表的新名称,将 TransWorkFK 约束重新加到 TRANS 上:

ALTER TABLE TRANS ADD CONSTRAINT TransWorkFK FOREIGN KEY(WorkID)
　　REFERENCES WORK_VERSION2(WorkID)
　　　　ON UPDATE NO ACTION
　　　　ON DELETE NO ACTION;

显然,修改表名字需要做的事情比想象中的要多得多。现在,应该明白为什么有些组织机构采取绝不允许任何应用系统或用户使用表的真名的做法。相反地,他们往往定义视图作为表的别名。倘若这样做的话,每当需要修改其数据来源表的名字时,仅仅只需要修改定义着别名的视图就可以了。

2.追加与清除列

(1)追加 NULL 列

把 NULL 列追加到表里是直截了当的。例如,向 WORK 表追加 NULL 列 DateCreated,可以简单地使用 ALTER 语句如下:

ALTER TABLE WORK

  ADD DateCreated DateTime NULL;

如果有其他诸如 DEFAULT 或 UNIQUE 之类的列约束条件,可以将它们包括在列定义里,正像将列定义作为 CREATE TABLE 语句的一部分那样。然而,倘若包括 DEFAULT 约束条件,那么需要小心:其默认值将运用到所有新行上,但是目前现有的行仍然还是可空值的。

例如,假设想把 DateCreated 的默认值设置成 1900 年 1 月 1 日,以表示其值尚未被输入。在这种情况下,不妨使用如下的 ALTER 语句:

ALTER TABLE WORK

  ADD DateCreated DateTime NULL DEFAULT '01/01/1900';

这个语句使得 WORK 中新行的 DateCreated 可以在默认场合赋予 1/1/1900。但为了设置现有的数据行,则还需要执行如下的查询:

UPDATE WORK

  SET DatcCreated='01/01/1900';

   WHERE DateCreated IS NULL;

(2)追加 NOT NULL 列

为了追加新的 NOT NULL 列,首先将其作为 NULL 列追加。然后,使用如上所示的更新语句来显示在所有行中给列赋予某个值。在这之后,执行如下的 SQL 语句就把 DateCreated 的 NULL 约束条件修改成为 NOT NULL。

ALTER TABLE WORK

  ALTER COLUMN DateCreated DateTime NOT NULL;

然而,再一次提醒,如果 DateCreated 尚未在所有行中给过值,这个语句必然会失败。

(3)清除列

清除非关键字的列是很容易的。例如,从 WORK 清除 DateCreated 列,可以使用下列方法完成:

ALTER TABLE WORK

  DROP COLUMN DateCreated;

要想清除某个外键列,必须首先清除定义该外键的约束条件。这样的一种修改相当于清除一种联系。

要想清除主键,首先需要清除该主键的约束条件。然而,为此必须首先清除使用该主键的所有外键。这样,要清除 WORK 的主键并且代之以复合主键(Title,Copy,ArtistID),必须完成如下的步骤:

①从 TRANS 清除约束条件 WorkFK。

②从 WORK 清除约束条件 WorkPK。

③使用(Title,Copy,ArtistlD)来创建新的约束条件 WorkPK。

④在 TRANS 中创建一个引用(Title,Copy,ArtistID)的新的约束条件 WorkFK。

⑤清除列 WorkID。

在清除 WorkID 之前,证实所有的修改都已正确地完成是极其重要的。一旦清除后,除非通过备份副本来恢复 WORK 表,否则就再也没有办法恢复它了。

3.修改列的数据类型或约束条件

如要修改列的数据类型或约束条件,只要利用 ALTER TABLE ALTER COLUMN 命令简单地重新定义就可以了。然而,倘若要将列从 NULL 修改成 NOT NULL,那么为了保证修改取得成功,在所有行的被修改的列上必须拥有某个值。

同时,某些类型的数据修改可能会造成数据丢失。例如,修改 char(50)为日期将造成任何文本域的丢失,因为 DBMS 不能把它成功地铸造成一个日期。或者 DBMS 可能干脆拒绝执行列修改。其结果取决于所使用的具体 DBMS 产品。

一般来说,将数字修改为 char 或 varchar 将会取得成功。同时,修改日期或 Money 或其他较具体的数据类型为 char 或 varchar 通常也会取得成功。但反过来修改 char 或 varchar 成为日期、Money 或数字,则要冒一定的风险,它有时是可以的,有时则不然。

在 View Ridge 模式中,如果 DateOfBirth 曾经被定义为 Char(4),那么虽然冒风险但是明智的数据类型修改是:把 ARTIST 的 DateOfBirth 修改成为 Numeric(4,0)。

这将是一种明智的修改,因为这一列的所有值都是数字,如下的语句将完成这一修改:

ALTER TABLE ARTIST

    ALTER COLUMN DateOfBirth Numeric(4,0) NULL;

ALTER TABLE ARTIST

    ADD CONSTRAINT NumericBirthYearCheck

        CHECK(DateofBirth>1900 AND DateOfBirth<2100);

对 DateOfBirth 的预先的检查约束条件,现在应该删除。

4.追加和清除约束条件

正如已经示例的那样,约束条件能够通过 ALTER TABLE ADD CONSTRAINT 和 ALTER TABLE DROP CONSTRAINT 语句进行追加和清除。

9.2.5 修改联系基数和属性

修改基数是数据库再设计的一项常见任务。有时,需要修改最小的基数从 0 到 1 或者是从 1 到 0。另一项常见任务是把最大基数从 1∶1 修改为 1∶N,或者从 1∶N 修改为 N∶M。不太多见的另一种可能是减少最大基数,从 N∶M 修改为 1∶N,或者从 1∶N 修改为 1∶1。正如我们将看到的,后者的修改只能通过数据的丢失来实现。

1.修改最小基数

修改最小基数的操作,依赖于是在联系的双亲侧还是子女侧上修改。

(1)修改双亲侧的最小基数

如果修改落在双亲一侧,意味着子女将要求或者不要求拥有一个双亲,于是,修改的问题归结为是否允许代表联系的外键为 NULL 值。例如,假设从 DEPARTMENT 到 EMPLOY-EE 有一个 1∶N 的联系,外键 DepartmentNumber 出现在 EMPLOYEE 表中。修改是否要求每个雇员都有一个部门的问题,就成了单纯修改 DepartmentNumber 的 NULL 状态的问题。

如果将某个最小基数从 0 修改为 1,那么应当处于 NULL 状态的外键,必须修改成 NOT NULL。修改某个列为 NOT NULL,仅当该表的所有行都具有某种值的情况下才可能实施。在某个外键的情况下,这意味着每条记录必须都已经联系。要不然的话,就必须修改所有的记录,使得在外键成为 NOTNULL 之前,每条记录都有一个联系。在前例中,就是在修改 DepartmentNumber 为 NOTNULL 之前,所有的雇员都必须与某个部门有关。

根据所使用的 DBMS,有些定义联系的外键约束条件,在修改外键之前或许已不得不清除了。那么,这时就需要重新再追加外键约束条件。如下的 SQL 将实现前述的例子:

```
ALTER TABLE EMPLOYEE
        DROP CONSTRAINT DepartmentFK;
ALTER TABLE EMPLOYEE
        ALTER COLUMN DepartmentNumber Int NOT NULL;
ALTER TABLE EMPLOYEE
        ADD CONSTRAINT DepartmentFK FOREIGN KEY(DepartmentNumber)
            REFERENCES DEPARTMENT(DepartmentNumber)
                ON UPDATE CASCADE;
```

在修改最小基数从 0 到 1 时,同时还需要规定对于更新和删除上的级联行为。本例中,更新是需要级联的,但删除则不必(记住,默认行为即是 NO ACTION)。

修改最小基数从 1 到 0 很简单,只要将 DepartmentNumber 从 NOT NULL 改为 NULL。有必要的话,可能还需要修改在更新和删除上的级联行为。

(2)修改子女侧的最小基数

在某个联系的子女侧强制修改非零最小基数的唯一方式,是编写一个触发器来强制此约束条件。因此,修改最小基数从 0 到 1,必须编写相应的触发器。但对于修改最小基数从 1 到 0,只需要清除强制执行该约束的此触发器就可以了。

在 DEPARTMENT-to-EMPLOYEE 联系的例子中,为了要求每个 DEPARTMENT 都有一个 EMPLOYEE 触发器,就需要在 DEPARTMENT 的 INSERT 上以及在 EMPLOYEE 的 UPDATE 和 DELETE 上编写触发器。在 DEPARTMENT 上的触发器代码确保每个 EM-PLOYEE 都是赋给这一新 DEPARTMENT 的,而 EMPLOYEE 上的触发器代码确保被移到某个新部门的雇员或者正要删的雇员,并非是与其双亲的联系中的最后一名雇员。

这一讨论假定了需要有子女的约束条件是通过触发器强制的。倘若需要有子女的约束条件是通过应用程序来强制的,那么对于这些应用程序的强制也必须加以修改。这也是赞成在触发器中而并非在应用代码中强制这样的约束条件的另一个原因。

2.修改最大基数

当将基数从 1∶1 增加到 1∶N 或者从 1∶N 增加到 N∶M 时,唯一的困难是保存现有的联系。这是能够做到的,但它需要一点专门处理。当减少基数时,联系数据将会丢失。在这种场合下,必须确立一项方针策略以决定丢失哪些联系。

（1）将 1∶1 联系修改成 1∶N 联系

图 9-14 显示了 EMPLOYEE 和 PARKING_PERMIT 之间的 1∶1 联系。

对于 1∶1 联系,外键能放置在随便哪个表中。然而,无论它被放置于何处,必须定义为唯一用来强制 1∶1 基数的。对于图 9-14 中表来说,所采取的操作取决于其 1∶N 联系的双亲是 EMPLOYEE 还是 PARKING_PERMIT。

倘若 EMPLOYEE 是双亲（即雇员有多个可停车许可）,那么唯一需要修改的是:清除约束条件 PARKING_PERMIT. EmployeeNumber 为唯一,然后联系就变成为 1∶N。

倘若 PARKING_PERMIT 是双亲（比如对于每一停车位来说,停车许可分配给了许多位雇员）,那么外键及相应的值必须从 PARKING_PERMIT 移到 EMPLOYEE。如下的 SQL 语句完成这项任务:

ALTER TABLE EMPLOYEE
　　　　ADD PermitNumber Int NULL；
UPDATE EMPLOYEE
　　　　SET EMPLOYEE. PermitNumber＝
　　　　(SELECT PP. PermitNumber
　　　　FROM PARKING_PERMIT AS PP
　　　　WHERE PP. EmployeeNumber＝EMPLOYEE. RmployeeNumber)；

一旦外键已移到表 EMPLOYEE 上,就应该清除 PARKING_PERMIT 的 EmployeeNumber 列。接着,必须创建某个新的外键约束条件,用以定义引用完整性,以便同一个停车许可有可能与多位雇员相联系。因此,该新的外键未必具有某种唯一的约束条件。

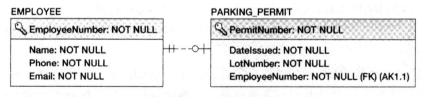

图 9-14　1∶1 联系的例子

（2）将 1∶N 联系修改成 N∶M 联系

假设 View Ridge 画廊决定要对于某种特定的交易处理重复性地记录其采购行为。例如,其一些艺术品可能是某个客户与银行或值得信任的某个客户彼此之间的共同拥有;或许当一对夫妇购买艺术品时,它可能想要同时记录两个人的名字。无论是什么原因,这种修改将会要求将 CUSTOMER 和 TRANS 之间的 1∶N 联系修改成为一个 N∶M 联系。

将 1∶N 联系修改成 N∶M 联系是很容易的。只要创建新的交表并用数据填满它,再清除旧的外键列。图 9-15 显示出设计 View Ridge 数据库支持一个新的交表 N∶M 联系。

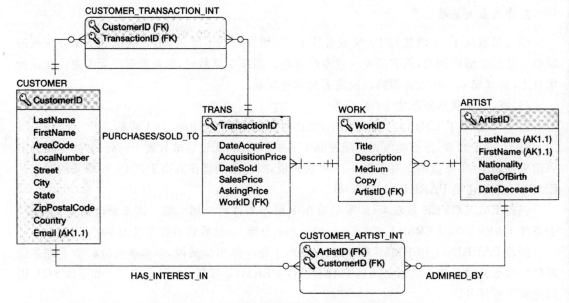

图 9-15　View Ridge 数据库设计为带有新的 N：M 联系

必须先创建该表，然后对于其中 CustomerID 为 NOT NULL 的 TRANS 行，复制 Trans-actionID 和 CustomerID 的值。首先，使用下列 SQL 语句创建新的交表：

CRRATE TABLE. CUSTOMER_TRANSACTION_INT(

　　CustomerID Int NOT NULL，

　　TransactionID Int NOT NULL，

　　CONSTRAINT CustomerTransaction_PK

　　　　PRIMARY KEY(CustomerID，TransactionID)，

　　CONSTRAINT Customer _Transaction_Int_Trans_FK

　　　　FOREIGN KEY(TransactionID)REFERENCES TRANS(TransactionID)，

　　CONSTRAINT Customer_Transaction_Int_Customer_FK

　　　　FOREIGN KEY(CustomerID)REFERENCES CUSTOMER(CustomerID)

　　);

注意，这里的更新没有任何的级联行为，因为 CustomerID 是一个代理键。对于删除操作也没有任何的级联行为，因为传统商务策略是从不删除与事务有关系的数据的。接下来的任务是通过下述 SQL 语句，用 TRANS 表的数据填满此交表：

INSERT INTO CUSTOMER_TRANSACTION_INT(CustomerID，TransactionID)

　　SELECT CustomerID，TransactionID

　　FROM TRANS

　　WHERE CustomerID IS NOT NULL；

一旦所有这些修改完成，就可以清除 TRANS 的 CustomerID 列。

（3）减小基数（伴随着数据丢失）

减小基数的结构修改是很容易实现的。为了把 N：M 联系减成为 1：N，只要在子女的

联系上创建一个新的外键,并且用交表数据填满它;为了把 1∶N 联系减成为 1∶1,只要让 1∶N 联系的外键的值为唯一的,然后在外键上定义某个唯一的约束条件。无论哪一种情况,最困难的问题是确定会丢失哪类数据。

首先考虑减少 N∶M 到 1∶N 的情况。例如,假设 View Ridge 画廊决定对于每位客户仅仅保留对一位艺术家的兴趣。从 ARTIST 到 CUSTOMER 的联系则将成为 1∶N。相应地,把新的外键列 ArtistID 追加到 CUSTOMER 上,并对那个客户在 ARTIST 上建立一个新的外键约束条件。如下的 SQL 语句将完成这些任务:

```
ALTER TABLE CUSTOMER
    ADD ArtistID Int NULL；
ALTER TABLE CUSTOMER
    ADD CONSTRAINT ArtistInterestFK FOREIGN KEY(ArtistID)
        REFERENCES ARTIST(ArtistID)；
```

由于是代理键,更新不需要级联,而删除是不应该级联的,因为客户可能有某个确实的事务,它不应该由于艺术家兴趣的转移而被删除。

现在,如果某个客户潜在地对许多艺术家有兴趣,在新的联系中究竟应该保留哪一位呢?画廊的回答依赖于商业策略。在这里,假设我们决定简单地取第一个:

```
UPDATE CUSTOMER
SET ArtistID＝
    (SELECT Top1 ArtistID
    FROM CUSTOMER_ARTIST_INT AS CAI
    WHERE CUSTOMER.CustomerID＝CAI.CustomerID)；
```

短语"Top1"用来返回第一个合格行。

需要修改所有的视图、触发器、存储过程和应用代码,以便适应新的 1∶N 联系。接着,清除在 CUSTOMER_ARTIST_INT 上定义的约束条件,最后,清除表 CUSTOMER_ARTIST_INT。

要把 1∶N 修改成为 1∶1 联系,只需要去除所有联系的外键上完全相同的值,然后对外键追加某个唯一的约束条件。

9.2.6　追加、删除表及其联系

追加新的表及其联系是直截了当的。正如以前显示的,只需要使用带有 FOREIGN KEY 约束条件的 CREATE TABLE 语句来追加表及其联系。倘若某个现有的表与新表有子女联系,那么就使用现有的表来追加 FOREIGN KEY 约束条件。

例如,如果将主键名为 Name 的新表 COUNTRY 追加到 View Ridge 数据库里,并且将 CUSTOMER.Country 作为进入该新表的外键,那么可以在 CUSTOMER 中定义新外键的约束条件:

```
ALTER TABLE CUSTOMER
    ADD CONSTRAINT CountryFK FOREIGN KEY(Country)
```

REFERENCES COUNTRY(Name)

ON UPDATE CASCADE；

删除联系和表只不过是清除外键的约束条件，然后清除表的问题。当然，在实施这些之前，必须首先建立依赖性图，并用它来确定哪些视图、存储过程、触发器和应用程序将会受到该删除的影响。

9.2.7 正向工程

可以使用许多种的数据建模产品，根据你的利益对数据库做出修改。为此，首先对该数据库实施逆向工程，并修改得到的 RE 数据模型，然后调用数据建模工具的正向工程功能。

这里将不再谈论正向工程，因为它隐藏了需要学习的 SQL。同时，正向工程过程的细节又是非常依赖于具体产品的。

由于正确地修改数据模型极其重要，许多专业人员对于利用一个自动的过程来实现数据库再设计是抱有疑虑的。当然，在对运作数据使用正向工程之前，有必要彻底地测试一下所得到的结果。有些产品在对数据库修改之前还会显示为了评估而需要执行的 SQL。

数据库再设计，是自动化实现或许不是最好想法的一个领域。有许多东西依赖于所做修改的性质以及该正向工程的数据建模产品的特性的质量。

第 10 章　数据库应用程序开发

10.1　数据库应用程序设计流程与方法

数据库应用程序设计的目标是指对于一个给定的应用环境,在 DBMS 的支持下,按照应用的要求,构造最优的数据库模式,建立数据库,并在数据库逻辑模式、子模式的制约下,根据功能要求开发出使用方便、效率较高的应用系统。

从系统开发的角度来看,一个完整的数据库应用程序的设计应包括两个方面:结构特性的设计和行为特性的设计。

1. 结构特性设计

结构特性的设计是指数据库结构的设计。其结果是得到一个合理的数据模型,以反映现实世界中事物间的联系,它包括各级数据库模式(模式、外模式和内模式)的设计。

2. 行为特性设计

行为特性的设计是应用程序设计,包括功能组织、流程控制等方面的设计。其结果是根据行为特性设计出数据库的外模式,然后用应用程序将数据库的行为和动作(如数据查询和统计、事务处理及报表处理)表达出来。

数据库应用程序两部分的设计是相辅相成的,它们共同组成了统一的数据库工程。图10-1 是由结构特性设计和行为特性设计组成的数据库应用程序设计示意图。从图中可以看出:数据库应用程序的动态行为设计从需求分析阶段就开始了,与结构设计中的数据库设计各阶段并列进行,图中的双向箭头说明两阶段需共享设计结果。在需求分析阶段,数据分析和功能分析可同步进行,功能分析可根据数据分析的数据流图,分析围绕数据的各种业务处理功能,并以带说明的系统功能结构图给出系统的功能模型及功能说明书。在数据库的逻辑设计阶段(设计数据库的模式和外模式)进行事务处理设计,并产生编程说明书,这是行为设计的主要任务。利用数据库结构设计产生的模式、外模式以及行为特性设计产生的程序设计说明书,选用一种数据库应用程序开发工具(如 VB、Delphi 和 Java 等)就可以进行应用程序的编制了。按数据库的各级模式建立了数据库后,就可以对编制的应用程序进行运行和调试。这就是数据库应用程序开发的全过程。

10.2　数据库应用程序的体系结构

数据库应用系统的结构(也称为体系结构)类型不仅与它所运行计算机系统的结构有很大

关系,而且与它的功能在客户端和服务器端的分工也十分密切。比如,运行在单台微型计算机上的数据库应用系统称为单用户数据库系统;运行在一台带有多个用户终端的计算机上的数据库应用系统。如果把数据库系统的功能在客户端和服务器端进行不同的划分,就可以得到二层 C/S 结构或三层 C/S 结构的数据库应用系统。本节将对这些概念作进一步的详细介绍。

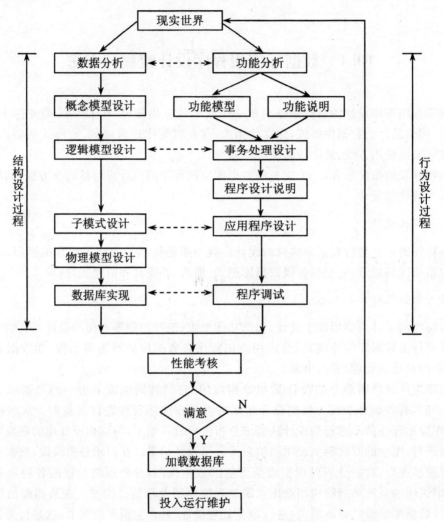

图 10-1　数据库应用程序的设计过程

10.2.1　主机集中型结构

主机集中型结构数据应用系统是在 20 世纪 60—70 年代发展起来的,用台大型或小型的计算机作为主机带多台终端的环境下运行的系统。后端的主机来执行该结构数据库应用程序中所有数据处理过程,包括数据的存储、计算、读取和应用。主机来处理用户前端终端输入信息,并将处理完的结果反馈给用户,在前端终端显示给用户,图 10-2 给出了它的结构。

这种结构的优点是简单,程序和数据易于管理与维护,计算机人员只要专心管理好主机,不太需要去对前端的终端机进行维护；同时，所有的用户可以共享一些外围设备，如打印机等。在计算机还不普及的早期和打印机等计算机外设相当昂贵的情况下，这种软件结构是很受欢迎的。

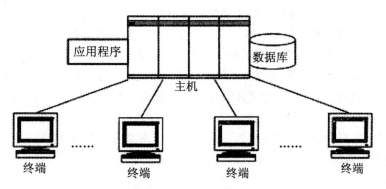

图 10-2　主机集中式结构

集中式结构的主要缺点：主机易成"瓶颈"。系统随着用户数目的增多，因主机任务过于繁重会形成瓶颈，导致性能下降。如果主机出现故障，会导致整个系统失效，故系统的可靠性不够高。而且这种类型的设备都是由少数的大型制造商研发生产的，所以量少价高，各厂商间的硬件和软件并不完全兼容。换句话说，如果要更换主机的生产厂商与原来使用的主机的制造厂商不同时，这时就不光是更换硬件，连所有的软件和应用程序都有可能要一并重新来过，这样的负担并不是一般企业所能承受的。

10.2.2　文件型服务器结构

存放数据库文件的服务器作为文件服务器使用，前端的工作站中存放着数据运算和处理逻辑，图 10-3 给出了其体系结构。

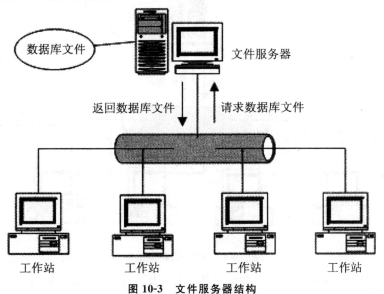

图 10-3　文件服务器结构

文件型数据库的应用程序既可运行于单机环境,也可运行于网络环境。在网络环境中访问文件型数据库时,整个数据库文件将通过网络传送到应用程序所在的前端工作站进行处理,应用程序处理结束后,再将数据库文件传送回文件服务器上。由此可见文件服务器的作用只是管理用户的访问操作和实现数据库文件的存储管理。

这种结构的优点是:价格便宜与技术普及,几乎任何企业都负担得起。且其开放的结构,使其在更换设备时,不像主机集中型系统受限于制造商的规格。

它的缺点是:文件型数据库系统并不提供运算的功能,故前端工作站有任何对数据读取的请求,都要通过局域网络,由后端的文件服务器将数据库文件传至前端工作站处理;前端工作站处理完成后,再回传至后端文件服务器存储。这种结构在请求的数据量很大时,会因网络的带宽受限,而影响执行性能;同时也因为它是以文件形态来进行操作,所以当有多用户要同时存取同一个数据文件时,就会有冲突或排队等候的情形发生。

10.2.3 二层客户/服务器(C/S)结构

虽然文件结构服务器的费用低廉,但其缺少大型集中式结构的计算和处理能力,为了解决性能与价格之间的矛盾,人们便研发了为了客户/服务器(C/S)结构。该结构的数据库服务器由一组性能良好且稳定的主机来充当,与工作站(其作用是充当客户机)来完成。目前国内许多中小型企业使用的 MIS,ERP 等软件产品即属于此类结构。这一结构中数据库服务器来实现数据的管理,业务规则、数据访问规则、数据合法性校验等应用程序的数据处理通常包括两种情况:一种全部由客户机来实现,结构化查询语言(SQL)是用户向服务器传送的,另一种是由服务器和客户共同承担,程序处理有可能以客户端程序代码实现,也有可能在数据可以触发器或存储过程中实现,图 10-4 给出了其结构。

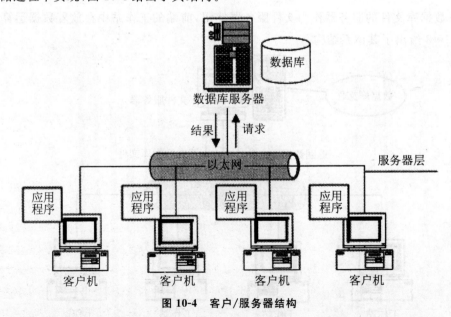

图 10-4 客户/服务器结构

客户/服务器结构处理请求在 10000 条客户数据记录中,找出客户编号为 00001 的客户信

第 10 章 数据库应用程序开发

息的具体步骤为：

①请求的发出，后端数据库处理器接收到前端客户端发出的请求。

②后端数据库接到请求后自动在客户表中寻找数据库服务器在收到前端客户机的请求编号为 0000 1 的客户信息。

③前端客户机接受数据库服务器查询的结果。

由此可以看出，整个查询作业中，网络只负担传送一个查询指令与查询结果，网络数据的传输量显著减少，系统的性能、承载能力和吞吐量都得到了提高。另一方面数据与应用分离使数据库应用系统更加开放，可以使用不同的数据库产品开发服务器端，也可以使用不同的前台开发工具开发客户端，从而使整个应用系统相对前两种结构具有更强的可移植性。

该结构中服务器和客户机之间的通信是由某一网络协议完成的，这是一种简单的通信方式，开发其软件相对很容易，如今又很大一部分软件都是基于这种二层的客户/服务器模式的，但以下几个方面的问题也是该结构模式软件所不能避免的。

伸缩性差：客户机与服务器联系很紧密，无法在修改客户机或服务器时不修改另一个，这使软件不易伸缩、维护量大，软件互操作起来也很难。

性能较差：在一些情况下，还需要将较多的数据从服务器端传送到客户机进行处理，这样，一方面会出现网络拥塞，另一方面会消耗客户端的主要系统资源，从而使整个系统的性能下降。

重用性差：客户端应用程序固化了数据库访问、业务规则等。客户提出的其他需求中也包含了相同的业务规则，程序开发者将不得不重新编写相同的代码。

移植性差：当某些处理任务是在服务器端由触发器或存储过程来实现时，其适应和可移植性较差。因为这样的程序可能只能运行在特定的数据库平台下，当数据库平台变化时，这些应用程序可能需要重新编写。

10.2.4 三层客户/服务器结构

三层客户/服务器结构是为了克服二层客户/服务器结构中的服务器缺陷而出现的。它是二层结构服务器的进一步分离，将业务界面分为业务逻辑处理程序和用户界面服务程序。数据库系统不直接参与用户级上的所有处理过程是三层客户分离的主要目的，其将应用程序在逻辑上分为三层：

①用户服务层。用来实现用户界面，保证界面的统一性和友好型，目的是提供信息浏览和服务定位。

②业务处理层。实现应用程序的商业逻辑计算和数据库的存取。

③数据服务层。主要由数据库来实现数据存储、定义、检索和备份等功能。

图 10-5 为一典型的三层客户/服务器结构，其中间层应用程序服务器具有双重作用，它不仅是用户层的服务器，还是数据层的客户机。

三层结构的系统具有如下特点：

①放置在中间层的业务逻辑有利于提高系统的性能，其将数据层的业务数据紧密结合起来，并不需要考虑用户的具体位置。

②新的中间层服务器的添加，不仅可以满足新用户的需求，而且对系统的伸缩性也有了很

・ 217 ・

大的提高。

③中间层放置的业务逻辑,使业务集中到一处,这将有利用系统的管理和维护,同时还有助于代码的复用。

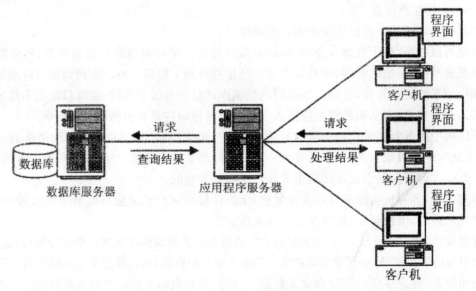

图 10-5 三层客户/服务器结构

基于 Web 应用的 N 层结构如图 10-6 所示,又称为互联网应用程序结构。为简便起见,我们把应用程序的第 2 层和第 3 层放在同一台物理服务器上,它们也可以分别放在不同的物理服务器上,即应用程序的层次划分只是逻辑上的划分,物理上可以根据实际情况将它们放在一台服务器上或几台不同的服务器上。

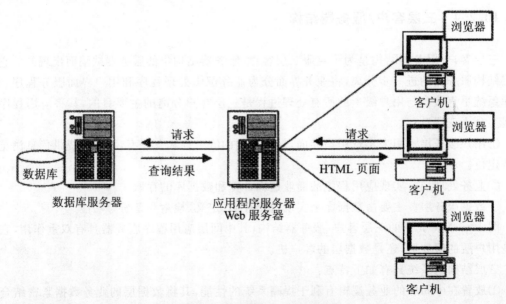

图 10-6 互联网应用程序结构

互联网应用程序结构是目前得到广泛应用的一种标准结构(Web 服务器和应用程序服务

器可以合二为一），又称 B/S 结构。这种结构与上面的三层客户/服务器结构相比，如微软公司的 IE 等用户使用标准的浏览器，访问服务方提供的 Web 通过 Internet 和 HTTP 协议访问服务。Web 服务器对用户向浏览器提出的请求，若为页面请求，用 HTTP 协议将用户带入浏览页面；若为查询需求，将该需求传递给 Web 服务器，该服务器将操作转变为 html 页面，并反馈给浏览器。

10.3　数据库与应用程序的接口

数据库访问接口是数据库应用程序访问数据库的必经途径。众所周知，软件安装是软件使用的第一步。现在各类 C/S、B/S 软件常常涉及对数据库的操作，安装过程中用户经常被数据库接口的题搞得焦头烂额，而各种数据库接口名词也让我们眼花缭乱，下面就当前软件中广泛使用的一些数据库接口技术为大家做一个简单介绍。

10.3.1　ODBC

ODBC 是数据库访问的标准接口，Microsoft Windows 开放服务体系 WOSA（Windows Open System Architecture）的一部分，它建立一组规范，并提供一组对数据库访问的标准 API，应用 ODBC 提供的 API 来访问任何带有 ODBC 驱动程序的数据库。ODBC 已经成为一种标准，目前 ODBC 驱动程序都普遍处在与所有关系数据库中。

1. ODBC 的体系结构

如图 10-7 给出了 ODBC 的体系结构，数据、数据源、驱动程序所在的驱动程序管理器和数据库应用程序共同构成了 ODBC 体系。

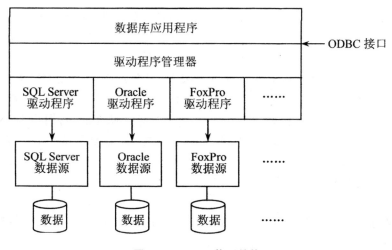

图 10-7　ODBC 体系结构

（1）数据库应用程序

应用程序要负责处理，并调用 ODBC 函数。本身不直接与数据库打交道，发送数据库的 SQL 请求并取得相应结果。

（2）驱动程序管理器

驱动程序管理器是 Windows 下的应用程序，在 Windows 95 和 Windows NT 下的文件名为 ODBCAD32. EXE，对应于控制面板中的 32bit ODBC 图标。驱动程序管理器的主要作用是用来装载 ODBC 驱动程序、管理数据源、检查 ODBC 调用参数的合法性等。

（3）数据库驱动程序

数据库驱动程序是一个动态链接库（DLL），用已有特定的开放式数据库连接的数据源和另一个应用程序（客户端）相连接。ODBC 应用程序并不能对数据库进行直接的存取，驱动程序来处理其自行操作，对数据源的各种操作也可用过数据源来实现，驱动程序还能降数据库的操作结果反馈给驱动程序。

（4）ODBC 数据源

ODBC 数据源（Data Source Name，DSN）是对数据库的一个命名连接。包括相关数据库 ODBC 驱动程序的配置、服务器名称、网络协议及有关连接参数等。

总之，要使用 ODBC 数据源必须要有相应的 ODBC 数据库驱动程序。应用程序向 ODBC 驱动程序管理器提交 SQL 命令，ODBC 驱动程序管理器将这些命令转交给相应的 ODBC 驱动程序，ODBC 驱动程序再与具体的 SQL DBMS 联系。例如为了通过 ODBC 访问 SQL Server 2012 数据库，SQL Server 2012 提供了 ODBC 驱动程序 SQL Native Client ODBC driver，这样就可以通过 ODBC 驱动程序管理器访问 SQL Server 2012 数据库了。

2.管理数据源

ODBC 驱动程序管理器可以对数据源进行配置、建立、删除和命名操作，下面以配置 SQL ServerODBC 数据源为例讲解配置数据源的方法。其步骤如下：

（1）启动 ODBC 驱动程序管理器

打开"控制面板"→"管理工具"，双击"数据源（ODBC）"图标打开"ODBC 数据源管理程序"对话框。

使用 ODBC 连接数据库时，提供了用户 DSN、系统 DSN 和文件 DSN 三种 DSN。用户 DSN 和系统 DSN 将信息存储在 Windows 注册表中，用户 DSN 只对用户可见，而且只能用于当前机器中；用户可以通过系统 DSN 来向特定的数据库访问程序，系统 DSN 都可由具有用户权限的用户来访问，. dsn 的文本文件是文件 DSN 将信息存储在后缀；用户 DSN 只能用于本用户，即建立此 DSN 的用户。系统 DSN 和文件 DSN 之间的区别只是在于连接信息的存放位置，系统 DSN 存放在注册表中，而文件 DSN 放在一个文本文件中。在 C/S 结构的数据库应用程序中，通常会选择建立系统 DSN。

（2）选择 ODBC 驱动程序

切换到"系统 DSN"选项卡，单击"添加（D）…"按钮，将弹出对话框，选择数据源驱动程序为 SQL Server Native Client，单击"完成"按钮。

（3）输入 ODBC 数据源名称

选择数据源的 SQL 服务器。将数据源命名为 MyODBC，服务器选择为 local，单击"下一步"按钮。

（4）登录身份配置

选择登录到 SQL Server 的安全验证信息。如果选择"使用用户输入登录 ID 和密码的 SQL Server 验证"单选按钮,则需在"登录 ID"和"密码"文本框中输入对被连接数据库有存取权限的 SQL Server 账号(如 sa,表示系统管理员)和密码,选中"连接 SQL Server 以获得其他配置选项的默认设置"复选框,单击"下一步"按钮,完成此操作。

（5）选择连接的默认数据库

将默认的数据库改为 BookSys 数据库。使用 ODBC 数据源时需要指定具体的数据库,如果不指定,将连接到默认的数据库。单击"下一步"按钮,完成此操作。

（6）设置 SQL Server 的系统消息

可以设置 SQL Server 的系统消息,如语言、货币、时间、数字格式以及日志等(一般保持默认设置即可)。单击"完成"按钮结束配置,这时将弹出一个对话框列出当前所有配置。在对话框中可单击"测试数据源"按钮测试 ODBC 连接是否成功。

10.3.2　通用数据访问技术（Universal Data Access，UDA）

数据访问的理想接口,就是通过该接口能够访问任何地方、任何格式的数据源。Microsoft 公司推出的 ADO 和 OLE DB 技术(又称为通用数据访问技术,UDA)则这些问题得到了较好的解决,它访问各种各样的数据通过通用的接口来访问,不用考虑数据驻留的文职,也不需要对数据进行复制、移动、转换等处理,带来了高的效率且实现了分布式管理。UDA 技术不仅能够实现数据访问接口的统一,而且为使用方提供了更多的数据选择机会,提供了更多的拓展余地,软件的开放型使其有了更强的生命能力。UDA 技术是继 ODBC 后的数据访问技术的飞跃,该技术的推出受到了广泛的欢迎。

1. ADO（ActiveX Data Object）

OLE DB 的消费者不仅是 ADO,且 ADO 能与 OLE DB 的提供者一起协同工作。其为用户提供的简单高效的数据访问接口是利用低层 OLE DB 为应用程序实现的,这一访问接口的设计更简单方便了对数据库的操作。为 OLE DB 的应用层接口的 ADO,为一致的数据访问接口提供了拓展性,适合处理 OLE DB 的各种数据源。

ADO 支持双接口,既可以在 C/C++、Visual Basic、.NET 和 Java 等高级语言中应用,也可以在 VB Script 和 JScript 等脚本语言中应用,这使得 ADO 成为目前应用最广的数据库访问接口。用 ADO 编制 Web 数据库应用非常方便。通过 VBScript 或 JScript 在 ASP 和 ASP.NET 中很容易操作 ADO 对象,从而轻松地把数据库带到 Web 前台。如图 10-8 所示为 ADO 的对象模型。

AOD 模型有 Connection、Command 和 Recordset 3 个主体对象,其他 4 个集合 Errors、Properties、Parameters 和 Fields 分别对应 Error、Property、Parameter 和 Field 对象,整个 ADO 对象模型由这些集合和对象组成(图中没有标出 Properties 集合对应的 Property 对象)。

总之,ADO 简化了 OLE DB 模型。OLE DB 是一个面向 API 的调用。开发者只有调用不同的 API 才能够实现 OLE DB 对数数据库的完整操作。为了弥补这一不足,开发者设计的 ADO,需要在则 OLE DB 上面设置了另外一层,只需开发者了解简单对象的属性和方法就可以开发数据库应用程序了,这比在 OLE DB API 中直接调用函数要简单得多。后面的内容将会讲解如何在 C 程序中通过 ADO 对象获取数据库的数据。

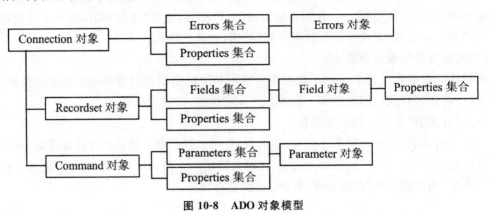

图 10-8　ADO 对象模型

2.通用访问技术的体系结构

通用访问技术的体系结构即使用 ADO 和 OLE DB 获取数据的体系,图 10-9 给出了其结构。从图看出应用程序访问数据是通过 ADO 访问的,低层数据是 ADO 则通过 OLE DB 访问的。OLE DB 由两部分组成,一部分为数据添加、数据获取、数据修改等基本功能,由数据实现者提供;另一部分为分布式查询、游标功能等一些高级服务,这些服务由系统提供。应用程序的多种方案是由这样的层次结构所提供的,且该结构能为数据简化提供服务功能的实现手段,它只是编写了一组 COM 组件程序(该程序的编制需依据 OLE DB 规则)便于第三方的数据发布,全面的功能服务,体现了 OLE DB 两层结构的优势。

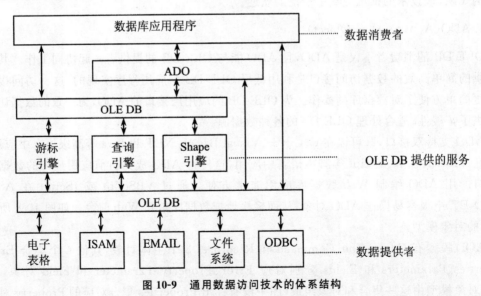

图 10-9　通用数据访问技术的体系结构

10.3.3　JDBC

JDBC 是 Java 数据库连接(Java DataBase Connectivity)的简写形式。它是一种可用于执行 SQL 语句的 Java API,主要提供了从 Java 跨平台、跨数据库的数据库访问方法,为数据库应用开发人员和数据库前台工具开发人员提供了一种标准的应用程序设计接口,使开发人员可以用纯 Java 语言编写完整的数据库应用程序。其功能与 Microsoft ODBC 类似。相对于 ODBC 只针对 Windows 平台来讲,JDBC 具有明显的跨平台的优势。同时为了能够使 JDBC 具有更强的适应性,JDBC 还专门提供了 JDBC-ODBC 桥来直接使用 ODBC 定义的数据源。

1. JDBC 的工作原理

用 JDBC 开发 Java 数据库应用程序的工作原理如图 10-10 所示。

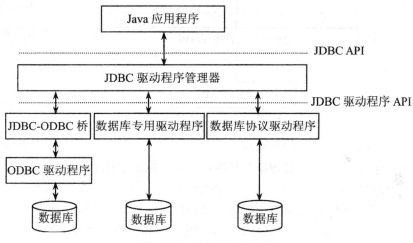

图 10-10　JDBC 工作原理

图中表示出了 Java 程序利用 JDBC 访问数据库的几种不同途径。第一种方法使用 JDBC-ODBC 桥实现 JDBC 到 ODBC 的转换,转换后就可以使用 ODBC 的数据库专用驱动程序与某特定数据库相连。这种方法借用了 ODBC 的部分技术,使用起来比较容易,但是同时也因 C 程序的引入而丧失了 Java 的跨平台特性。第二种方法使 JDBC 与某数据库专用的驱动程序相连,然后直接连入远端的数据库。这种方法的优点是程序效率高,但由于使用了专用的驱动程序,限制了前端应用与其他数据库系统的配合使用。第三种方法使 JDBC 与一种通用的数据库协议驱动程序相连,然后再利用中间件和协议解释器将这个协议驱动程序与某种具体的数据库系统相连。这种方法的优点是程序不但可以跨平台,而且可以连接不同的数据库系统,有很好的通用性,不过运行这样的程序需要购买第三方厂商开发的中间件和协议解释器。

从图 10-10 中也可以看出,JDBC 主要完成与一个数据库建立连接、向数据库发送 SQL 语句、处理数据库的返回结果等功能。在 JDBC 体系结构中有两个主要的部分负责建立与数据库的连接:驱动程序管理器和实际的驱动程序。JDBC 整个模型的基础就是遵循 JDBC API 协议的程序和 JDBC 驱动程序管理器通信,然后管理器用嵌入的驱动程序来访问数据库。

2. JDBC API 组成部分

JDBC API 由应用程序和驱动程序两个不同的层组成,其中应用程序由前端开发人员来编写,驱动程序是由专门的驱动程序生产商或者数据库厂商生产。在使用程序层 JDBC 的程序之前,前端开发人员可以不理解其细节信息,但要保证正确安装了所有驱动。具体来说,JDBC API 包括 5 个组成部分,如图 10-11 所示。

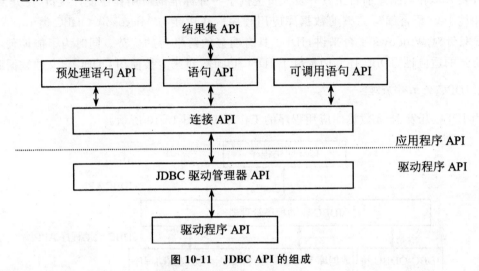

图 10-11　JDBC API 的组成

(1)驱动程序管理器(Driver Manager)

用来加载正确的驱动程序,管理应用程序和已注册的驱动程序的连接。

(2)驱动程序(Driver)

负责定位并访问数据库,建立数据库的连接和处理所有与数据库的通信,将前台应用程序的 JDBC API 调用映射到数据库的操作。驱动程序都是由独立厂商提供的。

(3)连接(Connection)

封装了应用程序与数据库之间的连接信息。

(4)语句(Statement)

用来在数据库中执行一条 SQL 语句,完成查询和更新操作。

(5)结果集(ResultSet)

负责保存执行查询后返回的数据。

在 Java.Sql 包中提供了相应的类和接口实现了上述功能。类和接口的使用方便了程序员开发前端的应用程序。

第二部分　现代数据库新技术研究

第 11 章　移动对象数据库及其索引技术

11.1　移动对象数据库相关知识

一般地移动对象是指随时间变化产生的几何对象,故移动对象数据库可直接看作是一种类型特殊的时空数据库。

11.1.1　时空数据库

时空数据库的产生源自于空间数据库和时态数据库。

1. 空间数据库

空间数据库是描述与特点空间位置有关的真实世界对象的数据集合。空间数据库的主要研究动机是支持地理信息系统(GIS),研究目标是扩展 DBMS 的数据模型和查询语言,使其能够以某种自然方式表示和查询几何对象。早期的 GIS 对数据库技术的使用很有限,但是,随着空间数据库技术的成熟,目前所有主流的 DBMS 产品(如 Oracle、IBM DB2 和 Informix 等)都提供了空间扩展。

需要注意的是,空间数据库与图像数据库中间存在着差异。图像数据库仅仅是以图像的形式来管理实体,而空间数据库可以完整、清晰的表示出实体的空间位置和范围定义。当然,两者之间还是存在一定的联系。例如,可以使用特征提取技术来提取图像中的空间实体并将它们存储在空间数据库中。

对空间实体进行建模时,对独立对象和空间相关对象集合分别进行讨论。

(1)独立对象的建模

对独立对象进行建模时,可采用三种基本的类型:点、线和区域。

点表示一个对象的几何特性,关心的仅仅是对象的空间位置,经常由大尺度地图上的城市、地标、医院和地铁站等对象抽象而来。

线表示空间中的一条曲线,对空间移动或空间链接的基本抽象。线对象的例子有河流、高速公路、电话线路等。

区域是对二维空间中具有空间范围的实体的抽象。通常,区域可能包含有孔洞,也可能包含若干不相连的部分,如图 11-1 所示。

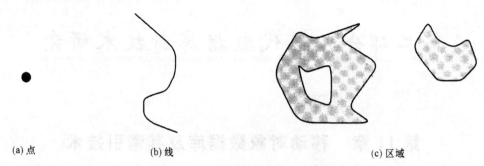

(a) 点　　　　　　　　　　(b) 线　　　　　　　　　　(c) 区域

图 11-1　三种基本的抽象:点、线和区域

(2) 空间相关的对象集合

对空间相关的对象集合进行建模时,最重要的类型是划分和网络。

划分经常用于表示主题地图,关注的重点是空间相邻关系,是一个不相交的区域对象的集合,如图 11-2 所示。

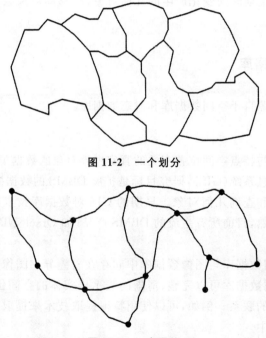

图 11-2　一个划分

图 11-3　一个网络

网络存在于地理空间的方方面面,包含了结点对象以及边对象的集合(几何特性),经常用于表示高速公路、河流、公共交通和电力线路等。

一个空间数据类型集合以及相关的操作形成了一个空间代数,对于上述的对象而言,经常使用 ROSE 代数进行表示。ROSE 代数是一种具有很好封闭性的代数,它提供了 Points、Line 和 Region 类型。如图 11-4 所示为这 3 种类型的数据结构。这里,Points 类型表示一个点集,Line 类型表示一个折线集合,而 Region 类型则表示一个带孔洞的区域集合。因此,我们可以定义如下一些操作：

intersection：	line×line	→points
minus：	region×region	→region
contour：	region	→line
sum：	set(line)	→line
length：	line	→real

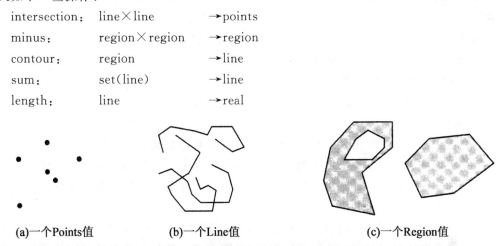

(a)一个Points值　　　　(b)一个Line值　　　　(c)一个Region值

图 11-4　空间数据类型 Points、Line 和 Region

一旦定义了这些空间数据类型，我们就可以将它们以属性类型的方式嵌入到 DBMS 数据模型中。

2. 时态数据库

对于大多数应用而言，除了要求保存当前状态外，还需要对某种历史信息进行维护。传统数据库应用程序通过在数据库结构中增加显式的时间属性（通过 date 或 time 等数据类型），然后在查询语句中执行适当的计算来管理时间。这种形式不仅很容易出错，而且会导致查询表达复杂化和查询执行效率的低下。基于这类问题，我们考虑到如果在 DBMS 内建了真正的时态支持能力，这类操作就可以自动完成，不需要我们再在查询中加入额外的条件，而且查询执行计划也可以进行调整，使得这类连接操作可以高效地完成。时态数据库的目标就是将时态概念紧紧地集成到 DBMS 数据模型和查询语言中，并对数据库系统进行扩展以获得较高的查询性能。

（1）时间域

时间可以是离散的、密集的或连续的。离散时间模型与自然数或者整数是同构的。密集时间模型则与有理数或者实数同构，即任意两个时刻中间存在着另一个时刻，而连续模型与实数同构。尽管在我们看来时间是连续的，但在时态数据库模型中通常使用离散时间表示模型。

在连续时间模型中，每一个实数对应着一个"时间点"，而在离散时间模型中，每一个自然数对应着一个"时间子"（Chronon）的原子时间间隔。若干连续的时间子可以组合成更大的单位，则可以认为是"时间块"（Granules）。

此外，时间还可以分为绝对时间（Absolute Time）和相对时间（Relative Time）（也称固定时间和浮动时间）。下面使用如下数据类型来表示上面所讨论的这些时间概念。

· Instant：在离散时间模型中，它是时间轴上一个特定的时间子；在连续时间模型中，它是时间轴上的一个点。

· Period：时间轴上一个固定的时间间隔。

· Periods：时间轴上一些不相连的固定时间间隔所构成的集合。

· Interval：一个有向的浮动时间段，即一个具有固定长度、但起始和终止时刻不确定的时间间隔。

在 SQL-92 标准中，还给出了以下另一些"实用的"数据类型：

· Date：公元 1 年到公元 9999 年之间的某一天。

· Time：24 小时（一天）内的某一秒。

· Timestamp：某一天中某一秒的一部分（通常是 1 微秒）。

（2）时间维

尽管有多种不同的时间语义，但是最重要的两种时间类型是有效时间和事务时间。有效时间是指一个事件在现实世界中发生的时间，或者是一个事实在现实世界中成立的时间。事务时间是指数据库中记录（事件或事实的）变化的时间，或者是某个特定数据库状态存在的时间间隔。

根据上述时态语义，就可以把传统数据库称为快照数据库（见图 11-5）；把只支持有效时间的数据库称为有效时间数据库或历史数据库（见图 11-6）；把只支持事务时间的数据库称为事务时间数据库或回滚数据库（见图 11-7）；把同时支持两种时间的数据库称为双时态数据库（见图 11-8）。

图 11-5 为传统数据库中一个具有 3 个属性和 3 个元组的简单关系，称为一个快照关系。表格的行表示元组，列表示属性。

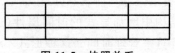

图 11-5　快照关系

图 11-6 引入了有效时间维。3 个元组中的每一个都有一些过去时间里的不同版本，每个版本对应着一个特定的有效时间间隔。事实上，关系中还存在着第 4 个元组，只不过它现在已经不再有效了。

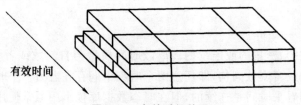

有效时间

图 11-6　有效时间关系

图 11-7 为事务时间维。其中，第 1 个事务在关系中插入了 3 个元组，第 2 个事务插入了第 4 个元组，然后第 3 个事务删除了第 2 个元组同时又插入了 1 个元组。

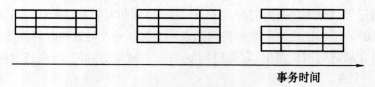

事务时间

图 11-7　事务时间关系

图 11-8 为一个双时态关系。一个初始的事务创建了 2 个元组并让它们从现在开始一直

有效。第 2 个事务修改了第 2 个元组的值并插入了第 3 个元组,同样让它从现在开始一直有效。第 3 个事务从数据库中删除了第 2 个和第 3 个元组(图中以阴影表示,即这些元组不再有效了),但第 1 个元组仍然有效。此外,该事务还修改了第 2 个元组的起始有效时间(假设前一个起始时间是错误的)。

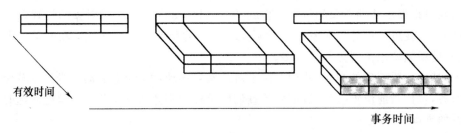

图 11-8　双时态关系

3. 早期时空数据库

早期时空数据库研究的重点主要集中在空间对象随时间发生的离散变化方面,其相关应用带有明显的"人为"特点。在其两个具有典型代表性的模型中,第一个模型是针对双时态状态关系的,第二个模型则支持双时态事件关系。

(1)空间双时态对象

该模型是通过结合单纯的空间模型概念和时态模型概念来实现的,它为空间和时间信息提供了一种统一的方法。双时态元素和单纯复形相结合产生了空间双时态对象。

空间双时态对象的基本思想是:在单纯复形的组成中增加一个双时态元素的标记。通过双时态元素,事务时间和有效时间可以沿着两个正交的时间轴进行度量。

(2)基于事件的方法

一个事件就代表了在某一瞬间的一种状态变化,而在该模型中,时间的定位就是主要变化的表示基础。因此,这里只认为有效时间是重要的,而不再涉及事务时间。

时空数据库的一个显著的特征就是它为查询提供了查询语言。迄今为止,所描述的时空数据模型都可以作为查询代数的基础。

11.1.2　移动对象

1. 研究视角

有关移动对象数据库研究的思路源于两种不同的技术视角,即位置管理视角和时空数据视角。

(1)位置管理视角

位置管理视角常用于解决数据库中实体的位置管理问题。例如,要对一个城市中所有公交车的位置管理,在给定了某个时刻后,我们可以通过一个关系记录所有公交的位置,并记录作为码的公交车 ID 以及 x 坐标和 y 坐标,非常简单地解决这一问题。但是,在实际应用中,公交车始终是处于移动状态的,为了保持每辆公交车的最新的位置信息,就需要频繁地更新数据库中每一辆出租车的位置信息。

在这个过程中,如果频繁地向数据库发送和应用位置更新,尽管可以保证数据库中的位置信息具有较小的偏差,但由更新带来的代价也是相当高的。针对上一问题,我们采取的解决办法是:在数据库中存储移动对象的运动矢量,而不是当前位置。通过这些运动矢量就可以用一个时间的函数来表示移动对象的位置。也就是说,如果我们记下 t_0 时对象的位置以及它的速度和运动方向,就可以推算出对象在 t_0 之后所有时间的预期位置。尽管运动矢量也需要不断更新,但其更新频率比位置更新小得多。

因此,基于位置管理的视角,我们关注于对一系列移动对象位置的动态维护以及位置相关查询的回答,包括当前位置查询、近期位置查询以及移动实体与静态几何对象之间随时间而变化的关系的查询。

要注意的是,根据时态数据库的观点,这里的位置管理数据库中所存储的并非是一个时态数据库,而是维护了一个现实世界当前状态的快照数据库。此时,对象移动的历史信息并没有被保存下来。

(2)时空数据视角

空间数据库中可能存储各种不同类型的数据,并且这些数据可能都会随时间而发生变化。而我们希望的不仅仅是能够在数据库中描述空间数据的当前状态,而且也能够描述空间数据演变的整个历史,同时还希望可以回退到任意时刻并得到此时的数据库状态。此外,我们可能还希望能够解释事物的变化规律,分析某些空间关系成立的时间等。

这样,我们需要解决的基本问题有以下两点:

①空间数据库中存储的数据的类型。

②可能会发生的变化。

空间数据库支持单个对象的抽象及空间相关对象集合的抽象。对于变化的类型,一种主要的区分方法是将变化分为离散变化和连续变化。传统的时空数据库研究的就是所有空间实体的离散变化。离散变化可能发生在任何类型的空间实体上,而连续变化则最常发生在点和区域上。一个移动点是一个在平面或者高维空间中移动的物理对象的基本抽象。移动区域抽象描述了平面中位置、范围和形状都发生变化的实体,即一个移动区域不仅可能移动,而且也可能增大或者缩小。

2.移动对象及查询问题

在我们生活的世界中,存在着很多人们感兴趣的移动实体,人们对这些实体提出了各种从简单到复杂的查询问题。移动实体的查询问题主要涉及移动点和移动区域,如表 11-1 所示。

表 11-1　移动点/移动区域及其查询问题

移动点/移动区域实体	问题
卫星、飞船、行星	在接下来的 4 小时里那些卫星会靠近这个飞船的飞行航线?
轮船	是否有轮船正驶向浅滩? 找出轮船在"不正常"行驶情况下,它显示了轮船可能有非法倾倒废料的行为

续表

移动点/移动区域实体	问题
森林、湖泊	亚马逊雨林目前缩小的速度有多快？ 死海面积有没有缩小？ 今年某河流最小和最大的范围是多少？
风暴	风暴正往何处移动？ 风暴何时达到目标城市？
陆地	大陆板块的变化历史
空间上的数值函数,如温度	昨天午夜零度点出现的位置

　　移动对象数据库的研究目标就是设计相应的模型和语言,以便用一种简单且精确的方式来表达这些查询问题。

　　3. 时空数据

　　我们知道,离散变化可能发生在任何类型的空间实体上,而连续变化最常发生在点和区域上。为了更好地理解传统空间数据库的研究范围,下面对时间相关点和区域数据的类型进行叙述。

　　如果只考虑二维空间及单一的时间维(有效时间),则时空数据存在于一个三维空间中,如图 11-9 所示。

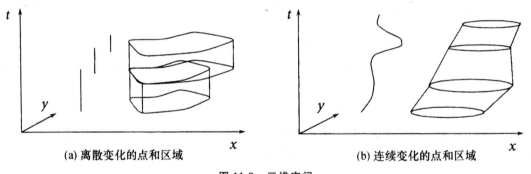

　　(a) 离散变化的点和区域　　　　　　　　　(b) 连续变化的点和区域

图 11-9　三维空间

以数据在三维空间中的"形状"作为应用数据的特征,则可以得到如下分类:
①特定时间区间里有效的位置——点,时间区间。
②时空事件——点,时刻。
③逐步常量位置——点、时间区间序列。
④移动实体——移动点。
⑤位置事件集合——点、时刻序列。
⑥具有范围的移动实体——移动区域。
⑦某个时间区间内有效的区域——区域,时间区间。
⑧逐步常量区域——区域、时间区间序列。
⑨区域事件集合——区域、时刻序列。

⑩时空区域事件——区域,时刻。

在时空数据库中,移动点为 Mpoint 类型,移动区域为 Mregion 类型。由于这种数据类型的某个值表示了一个点或者区域随时间而发生的时态演变。因此,Mpoint 类型的一个值就是一个连续函数 f:instant→point,而 Mregion 类型的一个值是一个连续函数 g:instant→region。

除了 Mpoint 和 Mregion 这两个主要的类型外,还包括相关的空间、时态以及其他时间相关的类型。这些数据类型包含了下面的操作:

intersection:	mpoint × mregion	→mpoint
trajectory:	mpoint	→line
deftime:	mpoint	→periods
length:	line	→real
min:	mreal	→real

上述操作的含义为:

Intersection 返回一个移动点位于一个移动区域内部的部分,其结果也是一个移动点(Mpoint)。

Trajectory 将一个移动点投影到平面上,形成的结果是一个 Line 值。

Deftime 返回一个移动点所定义的时间间隔的集合,其结果是一个 Periods 值。

Length 返回一个 Line 值的长度。

Min 返回一个移动实数随时间而变化的过程中所产生的最小值。

使用时空数据类型还可以同时对连续变化和离散变化的实体进行管理。

11.2 数据模型与查询语言

许多应用都需要记录移动对象的位置轨迹,但是要在数据库中管理移动对象的连续变化的位置却十分困难。下面就从位置管理的角度来考虑移动对象数据库,并对移动数据库的数据建模(MOST)与查询语言(FTL)进行叙述,以便于对移动对象进行更好的管理。

11.2.1 当前移动的数据模型与查询语言

1. MOST

MOST(移动对象时空)模型是针对当前和未来的移动的数据模型。在 MOST 模型中,最基本的创新思想就是动态属性。动态属性会随时间自动改变属性值,是用来设计描述对象的移动,但有时也可用来描述其他时间相关的值(例如温度)。

在 MOST 模型中的查询可能会涉及由动态属性隐含给出的数据库未来状态。数据库状态是一个对象类和对象之间以及 Time 对象与时间值之间的映射,该映射将每个对象和一组具有适当类型的对象关联起来,同时将 Time 对象与某个时间值相关联。一个数据库历史是由每个时钟周期的数据库状态所组成的一个无限序列,它开始于某一时间 u 并延伸至无限的将来——即 s_u, s_{u+1}, s_{u+2} 等。

需要注意的是,数据库历史仅仅是我们定义查询语义的一个概念,它们不能被显式地存储或者操纵。MOST 模型是非时态的,更新时它的子属性会被重写,同时先前的值也会丢失。

2.基于未来时态逻辑的查询语言 FTL

FTL 是一种基于未来时态逻辑的查询语言,只能用来处理即时查询,不支持将一个查询以连续方式进行计算。

FTL 和一阶逻辑相似,由常量、变量、函数符号及谓词符号等组成。

①常量。常量是源自数据类型或数据库中的命名。Time 也是常量。

②对每个 $n>0$,有一个 n 元函数符号集。每个函数符号表示一个具有 n 个不同类型参数并返回某个特定类型值的函数。

③对每个 $n \geq 0$,有一个 n 元谓词符号集,每个谓词表示 n 个特定类型的参数之间的一种联系。

④变量。变量是类型化的,并且可以使用所有对象类或原子类型。通常,表示变量域的下标可以省略。

⑤逻辑连接符 $\wedge$ 和 $\neg$。

⑥赋值量词 $\leftarrow$。

⑦时态模型操作符 Until 和 Nexttime。

⑧括号和标点符号“(”、“)”、“[”、“]”和“,”。

FTL 允许将所谓的原子查询嵌入到底层查询语言之上。这种原子查询返回单个原子类型的值,如整型。FTL 的这种原子查询被看作是一个常量符号。当然这种查询也可能含有变量。

需要注意的是,常量是在某个特定的数据库状态中计算的,而常量 Time 的计算尤其需要这样一个数据库状态,且动态属性的计算也是和数据库当前状态相关的。

当使用一个 FTL 查询,需先将 FTL 查询进行求解。其基本思路为对每一个具有自由变量查询语句进行构造和计算出一个关系。在这个关系中,每一个自由变量都有一个对应的属性,另外描述时间间隔的两个属性。

3.移动对象轨迹的不确定性

通常,对象的轨迹被建模成三维空间中的一条折现。三维空间的两个维和空间相关,第三维是时间。当需要表示不确定性方面的特征时,就可以将轨迹建模为三维空间中的圆柱体,从而方便查询特定时间间隔里包含在特定区域中的对象。不确定性的引入,使得我们可以更进一步地考虑对象的时态不确定性和区域不确定性,这样就可以查询在某个时间间隔内有时或者一直(时态不确定性)位于某个区域内的对象。类似地,我们可以查询可能或者一定位于某个区域内的对象。

为了表达轨迹或运动规划的不确定性,可以为轨迹中的每一条线段关联一个不确定性阈值 th。整体上看,我们得到了一个围绕着轨迹的三维圆柱形缓冲区域。给定一个运动规划,相应的缓冲区域对移动对象和数据库服务器,则有“如果移动对象的实际位置偏离预计位置的

距离达到或超过 th，移动对象将更新数据库服务器"。

下面定义更形式化地描述了这些轨迹的不确定性概念。

设 th 是一个正实数且 tr 是一个轨迹，则相应的不确定性轨迹为 (tr,th)。th 的值称为不确定性阈值。

定义 11.1 设 $tr=<(x_1,y_1,t_1),\cdots,(x_n,y_n,t_n)>$ 是一个轨迹且 th 是不确定性阈值。函数集 $PMC_{tr,th}$ 中任意函数的图形，都是合理的运动曲线，$PMC_{tr,th}=\{f:[t_1,t_n]\to^2 \mid f$ 连续，且对所有 $t\in[t_1,t_n]$，$f(t)$ 包含在 t 时刻 tr 预计位置的 th 不确定性区域中$\}$，它的二维空间投影称为合理路线。

定义 11.2 对一个不确定性轨迹 (tr,th) 以及 tr 的两个端点 (x_i,y_i,t_i) 和 $(x_{i+1},y_{i+1},t_{i+1})$。$(tr,th)$ 在 t_i 和 t_{i+1} 之间的线段轨迹体是所有属于某个合理运动曲线的点 $(x,y,t)(t_i\leq t\leq t_{i+1})$ 的集合。线段轨迹体的二维空间投影称为线段不确定性区域。

定义 11.3 对一个轨迹 $tr=<(x_1,y_1,t_1),\cdots,(x_n,y_n,t_n)>$ 和一个不确定性阈值 th，(tr,th) 的轨迹体是所有 t_i 和 t_{i+1} 之间的线段轨迹体的集合($1\leq i<n$)。轨迹体的二维空间投影称为不确定性区域。

定义 11.1、定义 11.2 和定义 11.3，如图 11-10 所示。

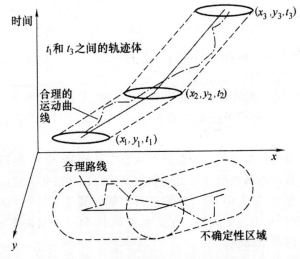

图 11-10 一条合理的运动曲线、它的合理路线以及轨迹体

图中，每个 t_i 和 t_{i+1} 之间的线段轨迹体有一个圆柱体，它的轴是从 (x_i,y_i) 指向 (x_{i+1},y_{i+1}) 的矢量，该矢量给出了一个三维的轨迹线段，它的底是在平面 $t=t_i$ 和 $t=t_{i+1}$ 上的半径为 th 的圆。这里的圆柱体不同于斜圆柱体。斜圆柱体和水平 xy-平面的交是椭圆，而这里得到的圆柱体与这样的平面的交是一个圆。

11.2.2 移动历史的数据模型与查询语言

1.常用的查询类型

查询不仅作用于单个数据库状态上，也是整个数据库历史上的谓词。这里可以将查询区分为 3 种不同的类型：即时查询、连续查询和持久查询。同一查询可以用其中任一种查询方式提交，但会得到不同的结果。

（1）即时查询

查询都会包含一个隐含的当前时间概念，如使用某种语言结构来表达查询条件"在接下来的 10 个时间单位内"，即表示从当前时间开始的 10 个时间单位之内。一般地，如果没有关于时间的明确说明，那么当前时间的数据库状态是有意义的，即查询都是在当前时间发出的。假设当前时间为 t，我们用 $Q(H,t)$ 来表示在数据库历史日上进行求解的一个查询 Q。

在时间 t 时提交的即时查询 p 的求解方式如下：

$$Q(H_t,t)\quad（即时查询）$$

上述求解方式表明，如果当前时间为 t，则即时查询是在起始时间为 t 的数据库历史上进行求解的。需要重视的是，即时查询并不意味着它只会用到当前的数据库状态，还可能涉及从当前时间到某一时间之后这段时间里的所有数据库状态。

（2）连续查询

对于在时间 t 时提交的连续查询 Q，可以以一个查询序列来求解：

$$Q(H_t,t),Q(H_{t+1},t+1),Q(H_{t+2},t+2),\cdots\quad（连续查询）$$

也就是说，一个连续查询在每个时钟周期里都会以即时查询的方式重新进行计算。此时，查询结果也会随着时间发生改变。对于某个时刻 u，我们可以得到有效的即时查询结果 $Q(H_u,u)$。如果一个连续查询的结果显示给用户，那么所显示的内容可能会自动变化，并不需要用户的交互。

实际应用中，对每个时钟周期都重新计算查询是不切实际。因此，就可以用一种仅需对连续查询结果计算一次的算法来代替，这一算法通过对一系列元组都增加一个时间戳标记来实现。元组的时间戳表明它属于查询结果集的时间区间。随着时间推移，一些元组的时间区间开始满足查询条件，于是它们被加入到查询结果集中，而另一些元组的时间戳过期，于是从结果集中移除它们。

未来查询的结果是即时性的，这对于一个连续查询，就意味着结果集（带有时间戳的元组）可能会因为显式更新的原因而变得无效。因此，一个连续查询需要在每次更新后重新计算，因为更新操作可能会改变查询结果集。

（3）持久查询

持久查询的产生动机源于目前的连续查询还不能识别某些特殊类型的演变过程。例如，$Q=$"找出所有 5 分钟之内速度增加了一倍的小汽车"，假设该查询以连续查询的方式在 $t=20$（设时间单位是分钟）时提交。设 o 表示一个小汽车，它的 o. loc. speed $=40$，假设 o 的速度在 $t=22$ 时被显式更新为 60，在 $t=24$ 时更新为 80。

当计算连续查询 $Q(H_{20},20)$ 时，由于在所有将来的状态中 o 的速度都是 40，因此，o 不会出现在结果集中。当计算 $Q(H_{22},22)$，在所有将来的状态 o 的速度都是 60，类似地，在 $t=24$ 时也以即时查询的方式计算该连续查询，获知在所有未来的状态里 o 的速度为 80。因此，o 一直都不会出现在结果集中。

对于在时间 t 时提交的持久查询 Q，也可以一个查询序列来进行求解：

$$Q(H_{t,0},t),Q(H_{t,1},t),Q(H_{t,2},t),\cdots\quad（持久查询）$$

由此可知,持久查询是在时间 t 开始的数据库历史上的一个连续计算,当数据库历史由于显式更新而改变时,其查询结果也会发生变化。

为了计算持久查询,必须要保存关于数据库过去内容的信息,即要使用 MOST 数据模型的某种时态版本。到目前为止,MOST 模型是非时态的,因为在更新时它的子属性值会被重写,同时先前的值会丢失。

2.抽象模型

任何数据模型中都必须存在标准的数据类型,如 Int、Real、Bool 和 String 等基础类型。另外,还有 4 种空间类型,分别是 Point、Points、Line 和 Region。Instant 和 Periods 是两个用于表示时间的数据类型,其中 Periods 表示一个不相交的时间间隔集合。

每一个基础类型和空间类型都有一个相应的时间相关类型,或称时态类型,该类型由类型构造器 Moving 所产生,即 Moving(int),…,Moving(region)类型。另一个类型构造器Range,为每个基础类型生成一个表示区间集合的相应类型。还有一个叫做 Intime 的类型构造器,能够为每个基础类型或空间类型生成一个包含一对值的类型,由一个时刻和一个参数类型构成。

如图 11-11 所示为有效类型的一个概览。

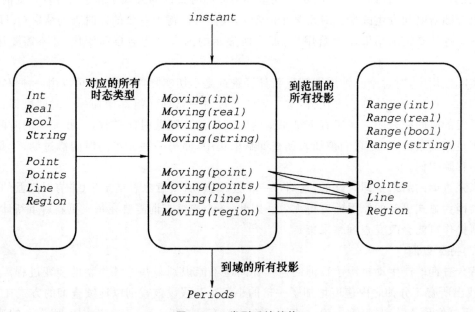

图 11-11　类型系统结构

图中省略了 Intime 类型。空间类型到范围(即二维平面)的投影稍微有一点复杂。Moving(point)可能连续地移动,从而产生类似于曲线或 Line 值的投影,但是它也可能按照离散的步骤"跳跃"。在这种情况下,投影就是一个 Points 值。与此类似,在 Moving(line)中,曲线也可能跳跃,从而生成一个 Line 值投影,而不是像连续移动曲线一样更为自然地产生一个 Region 值投影。

表 11-2 为采用基调方式对类型系统进行更精确的描述。

表 11-2　采用基调方式对类型系统进行精确描述

类型构造器		基调
int, real, string, bool		→BASE
point, points, line, region		→SPATIAL
instant		→TIME
range	BASE∪TIME	→RANGE
moving, intime	BASE∪SPATIAL	→TEMPORAL

（1）基础类型

基础类型的载体集如下：

$A_{\text{int}} := Z \cup \{\bot\}$

$A_{\text{real}} := R \cup \{\bot\}$

$A_{\text{string}} := V* \cup \{\bot\}$，$V$ 是有限字母集

$A_{\text{bool}} := \{\text{FALSE}, \text{TRUE}\} \cup \{\bot\}$

由于时态类型（其值是时间的部分函数）上的操作返回未定义值是很自然的事，因此这里将未定义值也包含在内。

（2）空间类型

4 种空间类型的具有含义如下：类型为 point 的值表示了欧几里得平面中的一个点或未定义；points 值是点的一个有限集；line 值是平面中连续曲线的一个有限集；region 是我们称为面的一个有限集，这些面互不相交但可能会含有孔洞，并且一个面可以位于另一个面的孔洞中。这 3 个集合类型都可能为空。

point 类型和 points 类型的载体集如下：

$A_{\text{point}} := \mathbb{R}^2 \cup \{\bot\}$

$A_{\text{points}} := \{P \subset \mathbb{R}^2 \mid P \text{ 是有限的}\}$

一条曲线是一个连续映射 $f:[0,1] \to \mathbb{R}^2$，因此有

$$\forall a,b \in [0,1]: f(a) = f(b) \Rightarrow (a = b \vee \{a,b\} = \{0,1\})$$

对于一条曲线，我们只关心 $\mathbb{R}^2$ 中构成曲线范围的点集，该点集定义为

$$\text{rng}(f) = \{p \in \mathbb{R}^2 \mid \exists a \in [0,1]: f(a) = p\}$$

一个 line 值是 $\mathbb{R}^2$ 的一个子集，并能够表示成一个有限的曲线集合（的范围）的并。

设 S 是一个简单曲线类，line 的载体集如下：

$$A_{\text{line}} := \{Q \subset \mathbb{R}^2 \mid \exists C \in CC(S): Q = \text{points}(C)\}$$

设 S 是一个简单曲线类。region 的载体集如下：

$$A_{\text{region}} := \{Q \subset \mathbb{R}^2 \mid \exists R \in RC(S): Q = \text{points}(R)\}$$

（3）时间类型

Instant 类型的载体集如下：

$$A_{\text{instant}} := \mathbb{R}^2 \cup \{\bot\}$$

（4）范围类型

设 α 是 Range 类型构造器可应用的一个数据类型。Range(α)的载体集如下：

$$A_{range(\alpha)} := \{ X \subseteq \overline{A}_\alpha \mid \exists \alpha \text{ 范围 } R : X = points(R) \}$$

（5）时态类型

设 α 是 Intime 类型构造器可应用的一个数据类型，器载体集为 $\overline{A}_\alpha$，则 Intime(α)的载体集如下：

$$A_{intime(\alpha)} := A_{instant} \times A_\alpha$$

对数据类型有所了解后，就可以精确设计一个适合于表示和查询移动对象的时空数据类型系统及其操作。该系统设计需要达到封闭性，即该类型系统应具有一个清晰的结构，特别是类型构造器的应用应具有系统性和一致性，如所有感兴趣的基础类型都有相应的时间相关（时态或"移动"）类型，所有时态类型都有类型可以表示它们到域和范围的投影；泛型即设计相对较少的一般性操作，并应用到尽可能多的类型上；非时态类型和时态类型之间的一致性，如静态区域和移动区域的定义应该是一致的，即在某个特定时刻移动区域应当对应一个静态区域，并且静态区域的结构是在一个移动区域中连续地演变；非时态操作和时态操作之间的一致性，如两个静态点之间距离的定义应该与两个移动点之间返回移动实数的距离函数的定义相一致。上述所有设计对我们获得一个相对简单却功能强大的模型和查询语言是非常有利的。

3.离散模型

在离散模型中，离散层上的常量类型构造器将会被映射成某个数据结构，带参数的类型构造器将会被映射成某个带参数的数据结构。到目前为止，所有抽象模型的类型构造器都会在离散模型中有直接对应的对象。但是，离散类型系统中没有 moving 构造器。moving 构造器要求能够自动将给定的具有（静态）参数类型的数据结构组合成表示相应时态类型（即时间的函数）的数据结构，我们仍没有办法得到相应的数据结构。因此，需要通过下面的类型构造器进行替换。

类型构造器		基调
int,real,strinh,bool		→BASE
point,points,line,region		→SPATIAL
instant		→TIME
range	BASE∪TIME	→RANGE
intime	BASE∪SPATIAL	→TEMPORAL
const	BASE∪SPATIAL	→UNIT
ureal,upoint,upoints,uline,uregion		→UNIT
mapping	UNIT	→TEMPORAL

对于时态类型的表示，常用分片方法，其基本思路是将一个值随着时间而发生的时态演变划分成一个个时间间隔（称为分片），并保证每个分片内的演变都可以表示成某种"简单"的函数。从数据类型的角度来看，分片表示是建立在表示一系列分片的类型构造器 Mapping 以及表示不同类型分片（简单函数）的数据类型的基础上的，我们把这些数据类型称为单元类型。

令 S 是一个集合，Unit(S)是一个单元类型，有

$$\text{Mapping}(S) = \{U \subset \text{Unit}(S) \mid \forall\,(i_1, v_1) \in U, \forall\,(i_2, v_2) \in U:$$

① $i_1 = i_2 \Rightarrow v_1 = v_2$

② $i_1 = i_2 \Rightarrow (\text{disjoint}(i_1, i_2) \wedge \text{adjacent}(i_1, i_2) \Rightarrow v_1 \neq v_2)$

一个映射是一个单元的集合,其时间间隔是成对不相交的。如果相邻,那么其值必然是不同的,否则其中一个可能会与第 2 个合并成为一个单元,进而保证了表示的最小化。

对于任意类型 α,Mapping 类型构造器的载体集为

$$D_{\text{mapping}}(\alpha) = \text{Mapping}(D_\alpha)$$

对于类型 Mapping(α)而言,空集是其一个正确的值,它表示了一个在所有时间中都未定义的移动对象。

11.2.3　位置的管理与更新

1. 位置管理

下面我们从位置管理的视角来考虑移动对象数据库。假设我们需要在数据库中管理一些移动对象的位置集合,而这些移动对象当前正在运动,我们希望能够检索这些移动对象的当前位置。事实上,如果在数据库中不仅有这些移动对象当前位置的信息,而且还有它们当前如何移动的信息,我们也可以回答关于未来位置查询。

在实际应用的许多情况下都需要记录移动对象的位置轨迹。很明显,在数据库中管理连续变化的位置就成为了一个需要解决的问题。通常情况下,我们假设数据库中的数据是固定不变的,除非它们被显式地更新。频繁发送位置更新信息使我们可以通过一系列步进式的常量位置来模拟连续移动,但由此带来的更新代价也是很高的,并且当移动对象有很多时,使用这一方法也是行不通的。

采用运动矢量而不是直接通过对象的位置来表示和存储移动对象,即对象的位置是时间的一个函数的方式,即使数据库没有任何显式的更新,数据库中所表示的位置也是连续变化的。这种方式仍需要偶尔更新运动矢量,但是与存储位置的方式相比,它的更新频率要小很多。值得注意的是,在 DBMS 数据模型中运动矢量并不是显式可见的。因此,这里引入"动态属性"。动态属性的值在没有显式更新情况下也能够随时间而改变。在数据库中,利用动态属性这种更抽象的视图,可以通过数据库存储的运动矢量加以实现,从而使得动态属性数据类型可以和相应的静态数据类型(如 Point 类型)一样使用,并且动态属性上的查询可以被形式化地表达成和静态位置上的查询一样的形式。

但是,由于动态属性的值是随时间发生改变的,因此得到的查询结果也会随时间而变化。即使数据库中的内容没有改变,相同的查询在不同时间里执行通常会产生不同的结果。很明显,如果可以使用动态属性,那么数据库就不仅表示了当前位置的信息,同时也表示了预计的未来位置信息。

2. 位置更新

由于数据库状态总是随着动态属性的一次显式更新,即所基于的运动矢量发生变化而改变,因此,其涉及未来的查询总是即时性的。由于即使数据库没有被显式更新,查询结果也会

随时间而改变,因此我们需要从新的角度来考虑连续查询这一问题。在传统数据库中连续查询必须在每一次相关更新时重新计算,但并没有明确说明该如何执行连续查询。此外,由于与位置更新频率相关的位置不精确性和不确定性有关,使得运动矢量所表示的对象运动在通常情况下无法准确地表示真实的运动。

移动对象的位置具有固有的不精确性。无论我们使用什么样的策略更新对象的数据库位置,这种不精确性总是存在的。这里提供了几种位置更新策略以供使用。

(1)基于代价优化的推测定位策略

任意时刻都存在一个阈值 th 是所有推测定位更新策略的本质特征。由于都是根据移动对象的当前位置 m 和它的数据库位置之间的距离来检查这个阈值。因此,数据库管理系统和移动对象都应当保存有阈值 th 的信息。当 m 的偏离超过了阈值 th , m 就向数据库发送一条位置更新信息。该信息包含了 m 的当前位置、预计速度以及一个新的偏离阈值 K 。推测定位策略的目标是确定一个能够使总信息代价最小的阈值 K ,这个阈值 K 存储在数据库管理系统的 loc. uncertainty 子属性中。

设 C_1 表示更新代价, C_2 表示不确定性代价, t_1 , t_2 是两次连续位置更新的对应时刻。t_1 和 t_2 之间的偏离 $d(t)$ 由线性函数 $a(t-t_1)$ 给出,其中 $t_1 \leqslant t \leqslant t_2$,且 a 是一个正数常量。loc. uncertainty 的值为 K ,并且这个值在 t_1 和 t_2 之间是固定不变的。

当 $K = \sqrt{(2aC_1)/(2C_2+1)}$ 时,在 t_1 和 t_2 的时间间隔里每个时间单位的总信息代价最小,即以时间间隔 $[t_1 , t_2]$ 中的信息代价计算公式为基础并加入假设,得到如下公式:

$$
\begin{aligned}
COST_I([t_1 , t_2]) &= C_1 + \int_{t_1}^{t_2} a(t-t_1)\mathrm{d}t + \int_{t_1}^{t_2} C_2 K \mathrm{d}t \\
&= C_1 + 0.5a(t_2-t_1)^2 + C_2 K(t_2-t_1)
\end{aligned}
$$

设 $f(t_2) = COST_I([t_1 , t_2[)/(t_1 , t_2)$ 表示在更新时间 t_2 时, t_1 和 t_2 之间的每个时间单位的平均信息代价。已知 t_1 和 t_2 是两个连续的更新时间,且在 t_2 时偏离超过了阈值 loc. uncertainty,此时就有 $K = a(t_2-t_1)$ 。这里用 $K/a+t_1$ 替换 $f(t_2)$ 中的 t_2 得到 $f(K) = aC_1/K + (0.5+C_2)K$ 。通过推导,可以得出当 $K = \sqrt{(2aC_1)/(2C_2+1)}$ 时, $f(K)$ 取最小值。

为了最小化信息代价,此时建议 m 将新的设置为 $K = \sqrt{(2aC_1)/(2C_2+1)}$ 。

检测移动对象和数据库之间连接断开的情况,发现移动对象无法向数据库发送位置更新消息。对于这种情形,可以采用另一种推测定位策略。在这种策略中,不确定性阈值 loc. uncertainty 在两次更新之间是持续减少的。例如,考虑一个从常量 K 开始缓慢减少的阈值 loc. uncertainty 意味着在位置更新 u 之后的第 1 个时间单位里阈值是 K ,在 u 之后的第 2 个时间单位里阈值是 $K/2$,在 u 之后的第 i 个时间单位里阈值是 K/i ,这样一直持续到下一次更新,那时将确定一个新的 K 值。假设已经知道了偏离的线性行为,则函数 $f(K) = (C_1 + 0.5K + C_2 K(1+1/2+1/3+\cdots+1/\sqrt{K/a}))/\sqrt{K/a}$ 给出了在 t_1 和 t_2 之间每个时间单位的总信息代价。

(2)推测定位位置更新策略

推测定位位置更新策略中设置一个保存在 loc. uncertainty 子属性中的偏离上界(即阈值 th),并使得总信息代价最小。

策略一：速度推测定位（Speed Dead-Reckoning，SDR）策略。在移动对象 m 开始运动时，以某种特别的方式确定一个不确定性阈值，并将它传送到数据库的 loc. uncertainty 子属性中。此阈值在整个运动过程中保持不变，并且一旦移动对象 m 的偏离超过了 loc. uncertainty，就更新数据库，更新信息包括 m 的当前位置和当前速度。对该策略进行一点小小的修改或扩展，可以更好地提高灵活性好，即使用另外一种类型的速度值。

策略二：自适应推测定位（Adaptive Dead-Reckoning，ADR）策略。该策略初始时与 sdr 策略类似，在开始运动时移动对象 m 任意选择一个偏离阈值 th_1，并发送给数据库。此后，m 监视偏离情况，一旦偏离超过阈值 th_1 就给数据库发送一条更新消息。更新消息包含当前速度、当前位置以及一个存储到 loc. uncertainty 属性中的新阈值 th_2。

阈值 th_2 的计算方式如下：假设 t_1 表示从运动开始到偏离第 1 次超过 th_1 时所经过的时间单位数量，I_1 表示这段时间里的偏离代价，并假设

$$a_1 = 2I_1/t_{12}$$

随后，有

$$th_2 = \sqrt{(2a_1C_1)/(2C_2+1)}$$

其中，C_1 是更新代价，C_2 是不确定性单位代价。

当偏离达到了 th_2，m 会再次发送一个类似的更新。此时，

$$th_3 = \sqrt{(2a_2C_1)/(2C_2+1)}$$

这里，$a_2 = 2I_2/t_{22}$，其中，I_2 是从第 1 次更新到第 2 次更新这个时间间隔内的偏离代价，t_2 是自第 1 次更新以来所经过的时间单位数量。也就是说，a_1 和 a_2 的不同导致了 th_1 和 th_2 的不同。

策略三：断开检测推测定位（Disconnection Detection Dead-Reckoning，DTDR）策略。该策略回答了由于移动对象与数据库的连接断开（而不是由于偏离没有超过不确定性阈值）而导致没有产生更新的问题。在开始运动时，m 向数据库发送一个任意的初始阈值 th^1。然后在第 1 个时间单位里，规定不确定性阈值 loc. uncertainty 从 th_1 开始逐渐减少。在第 2 个时间单位里，不确定性阈值是 $th_1/2$，然后一直持续下去。接着，m 开始跟踪偏离。在 t_1 时刻，当偏离达到当前不确定性阈值（即 th_1/t_1）时，m 给数据库发送一条位置更新消息。该更新消息包含了当前速度、当前位置和一个新阈值 th_2，并存储在 loc. uncertainty 子属性中。

11.2.4　时空谓词及其演变

1. 基本时空谓词

在数据库系统尤其是在查询语言中，谓词一直充当着过滤条件。移动对象是随时间而连续变化（变化指的是时空对象的运动、收缩、增大、变形、分裂、合并、消失以及重现等）的空间对象。这些空间对象的时态变化通常会导致它们相互之间的拓扑关系也随时间而发生改变，且这种改变通常是随时间而连续发生的，但它们同样也会按离散的步骤进行。基于这一现象，在这里可以引入时空谓词这一概念。

由于空间对象间的拓扑关系是构成时空谓词的基础，因此这里对拓扑关系的一些基本属

性进行介绍。由于只考虑移动点和移动区域，我们只需要处理点和区域的拓扑关系。两个（单）点之间的拓扑谓词很简单，即相离或相接（对应于相等）。点和区域之间存在 3 种关系：点包含在区域内、在区域外或在区域的边界上。这引出了 3 个谓词：包含、相离和相接。对于两个简单区域，确定它们之间可能的拓扑关系要困难一些。这里我们采用所谓的 9-交模型，从中导出拓扑关系的一个标准集合。这个模型基于一个区域 A 的边界 ∂A、内部 A° 和外部 $A-$ 与另外一个区域 B 的边界 ∂B、内部 B° 和外部 $B-$ 之间 9 种可能的交集。每一种交集都基于由空值与非空值所构成的拓扑不变性准则进行测试。区域 A 和区域 B 的拓扑关系可以通过计算如下矩阵得到：

$$\begin{bmatrix} \partial A \cap \partial B \neq \varnothing & \partial A \cap B^\circ \neq \varnothing & \partial A \cap \partial B^- \neq \varnothing \\ A^\circ \cap \partial B \neq \varnothing & A^\circ \cap B^\circ \neq \varnothing & A^\circ \cap B^- \neq \varnothing \\ A^- \cap \partial B \neq \varnothing & A^- \cap B^\circ \neq \varnothing & A^- \cap B^- \neq \varnothing \end{bmatrix}$$

上述矩阵总共有 $2^9=512$ 种不同的配置，其中只有一些子集是有意义的。对于两个简单区域，目前已经确定了 8 种有意义的配置，它们分别对应了 8 种谓词：相等、相离、被覆盖、覆盖、部分重叠、相接、被包含和包含。如图 11-12 所示为这 8 种谓词以及它们相交矩阵的例子。

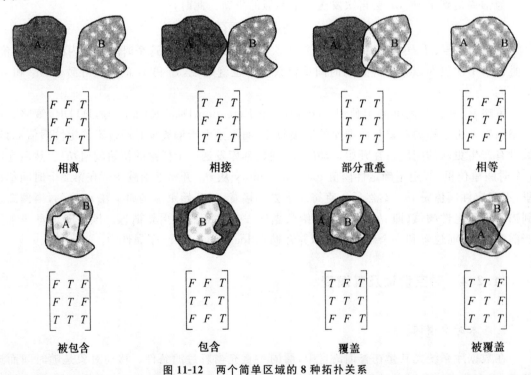

图 11-12　两个简单区域的 8 种拓扑关系

时空谓词空间本质上可以看做是一个将空间谓词随时间演变的布尔值聚集起来的函数，即可以将一个基本的时空谓词看做是一个产生时态布尔值的时态提升空间谓词。通过判断时态布尔值是有时为真还是一直为真，可以讲聚集得到时态谓词的值。

尽管一个提升谓词可能在某一时刻返回⊥，但一个时空谓词不会发生这种情况。相反，未定义的值将会被聚集到布尔型中。

这里引入逻辑学中的两个量词：符号 $\forall$ 表示全部聚集；$\exists$ 表示部分聚集。这两个操作符都是以空间谓词为参数，并产生一个时空谓词，即它们具有如下的（高阶）类型：

$$\forall, \exists : (\alpha \times \beta \rightarrow \text{bool}) \rightarrow (\text{moving}(\alpha) \times \text{moving}(\beta) \rightarrow \text{bool}\{\perp\})$$

有了这些符号，就可以了解基本时空谓词的概念了。对一些时空谓词来说，默认情况下期望的聚集行为是部分聚集。在这里为了将空间谓词、提升空间谓词与时空谓词进行区分，特引入一个命名规范，即时空谓词名称都以大写字母开头，空间谓词、提升空间谓词则以小写字母开头。这样，对于两个区域间的 8 种基本拓扑谓词，其时空版本的默认聚集行为定义如下：

Disjoint $:= \forall_{\cap}$ disjoint

Meet$:= \forall_{\cup}$ meet

Overlap$:= \forall_{\cup}$ overlap

Equal$:= \forall_{\cup}$ equal

Covers$:= \forall_{\pi_2}$ covers

Contains $:= \forall_{\pi_2}$ contains

CoveredBy$:= \forall_{\pi_1}$ coveredBy

Inside$:= \forall_{\pi_1}$ inside

2.时空谓词的演变

有了基本时空谓词后，就需要讨论如何组合它们来捕捉空间状态随时间发生的变化，即如何描述演变。我们知道时空组合是存在关联的，这个事实常被用来定义一个简明的谓词顺序语法。为了更简明地表示演变，在这里我们可以将一些有用的语法符号添加在书写级联组合中。通过由符号 $\triangleright$ 连接起来的谓词序列来简单地表示组合。更精确地说，我们只允许（可满足并且不可中断的）长度大于等于 2 的空间和时空谓词的交替序列。这就意味着，谓词序列的演变语言 $\prod$ 可以利用如下正则表达式来表示：

$$\prod = (p \triangleright P)^{\triangleright} [\triangleright p] \mid (P \triangleright p)^{\triangleright} [\triangleright P]$$

通过如下等式中定义的映射 C，就可以把上面的序列转换为（嵌套的）时态组合

$C(P)$　　　　　　$= P$

$C(P \triangleright p)$　　　　$= P$ until p

$C(P \triangleright p \triangleright \Pi)$　　$= P$ until p then $C(\Pi)$

$C(p \triangleright P)$　　　　$= p$ then P

$C(p \triangleright P \triangleright \Pi)$　　$= P$ then $C(P \triangleright \Pi)$

注意，上述第 1 种情形是用来表示一些 C 的递归调用的，如在转换 $P \triangleright p \triangleright Q$ 时。

利用演变，我们可以特别解释一下由 $\triangleright$ 组合而成的谓词序列的含义，例如下面的演变：

Disjoint $\triangleright$ meet $\triangleright$ Inside $\triangleright$ meet $\triangleright$ disjoint

上面是演变的缩写，它还可以由 C 翻译成下面的形式：

Disjoint until meet then (Insid until meet then Disjoint)

由于组合是一种可结合的操作，因此是否选择嵌套无关紧要。从某方面来说，我们定义 $\triangleright$

只允许构建交替的时空谓词和空间谓词序列。当然,有时省略紧挨着时刻谓词的空间谓词可能会更方便一些。因此,我们在表示中引入一种相应的简洁表示方法,它基于这样一个事实,即无论何时一个时刻谓词在另一个时空谓词之前或之后立即成立,我们一定可以知道谓词在首次或最后一次成立时的精确时间点。设 i 为一个时刻谓词,并且设 I 是一个与之相对应的时空谓词。这里,P 和 Q 表示基本时空谓词或者以一个基本时空谓词结尾(在 P 情形下)或开头(在 Q 情形下)的谓词序列,此时就可以得到如下缩写形成:

缩写	扩展形式
$I \triangleright Q$	$I \triangleright i \triangleright Q$
$P \triangleright I$	$P \triangleright i \triangleright I$
$P \triangleright I \triangleright Q$	$P \triangleright i \triangleright I \triangleright i \triangleright Q$

下面描述存在量化谓词如何满足顺序语法。通常情况下,我们希望能够将存在量化谓词放在其他时空谓词后面而不使用一个空间谓词来连接,例如,能够简单地使用 Disjoint $\triangleright$ meet 这种形式来表达两个不相交的对象在随后的某个时间里相接的情况。

除使用顺序时态组合来构造演变外,还可以使用一些逻辑连接词来组合谓词,这就产生了一种以时空谓词为对象、以组合操作为操作的代数。例如,时空谓词的析取式可以通过一个高级的谓词组合加以表达。

(1)时态选择

假设 P 和 Q 为时空谓词,则 P 和 Q 之间的时态选择定义为:

$P \mid Q: = \lambda(S_1, S_2). P(S_1, S_2) \vee Q(S_1, S_2)$

若考虑一个位于区域边界上的移动点,则当这个点离开边界时,情形就会发生变化,此时可用如下的选择来表示:

Disjoint $\mid$ Inside

当需要描述一个点最终离开某个区域边界这种情形时,我们可能会希望能够用如下这样简单的表达式来表达。在这里,我们可以规定 $\mid$ 的优先级比 $\triangleright$ 高。

Meet $\triangleright$ Disjoint $\mid$ Inside

此时,式子就可以扩展成如下形式:

Meet $\triangleright$ meet $\triangleright$ Disjoint $\mid$ Inside

(2)组合分配

设 P、Q 和 R 为时空谓词,p 为空间谓词,则可以得到如下两个公式:

公式一:$P \triangleright p \triangleright (Q \mid R) = (P \triangleright p \triangleright Q) \mid (P \triangleright p \triangleright Q)$

公式二:$(p \mid Q) \triangleright p \triangleright R = (P \triangleright p \triangleright R) \mid (Q \triangleright p \triangleright R)$

对于公式一中的两个时空对象 S 和 S',$P \triangleright p \triangleright Q \mid R$ 为真当且仅当存在某个时间点 t,使得① $P(S(t), S'(t))$,② $P_{<t}(S, S')$ 和③ $(Q \mid R)_{>t}(S, S')$ 都为真。利用前面的收缩和选择定义进行展开,最后一个条件等价于 $Q(S_{>t}, S'_{>t}) \vee R(S_{>t}, S'_{>t})$。由于 $\wedge$ 在 $\vee$ 上满足分配率,因此将整个条件可重写为一个析取式,即

$$(① \wedge ② \wedge Q(S_{>t}, S'_{>t})) \vee (① \wedge ② \wedge R(S_{>t}, S'_{>t}))$$

第一项刻画了演变 $P \triangleright p \triangleright Q$,第二项描述了 $P \triangleright p \triangleright R$。把时态选择的定义公式左右交换,就可以得到公式的右边。公式二的证明同上。

这样,我们就可以将包含选择的演变转换成所谓的演变范式,即应用前面的语法规则得到演变的另一种表达,其中不包含任何的时态选择。需要注意的是,| 在 ▷ 上并不满足分配律,因此必须先从语法上纠正在组合上满足分配率的含义。由于时态选择只针对时空谓词定义,因此一个合理的论点就是时态选择需要分配到组合中的所有时空谓词上。这样就有

$$P \mid (Q \triangleright p \triangleright R) \neq (P \mid Q) \triangleright p \triangleright (P \mid R)$$

令 $P = \text{Disjoint}, Q = R = \text{Inside}$,并且令 $p = \text{meet}$。目前有两个不相交的移动点和移动区域,且它们满足公式的左边(因为选择 P 成立),但不满足公式的右边,因为公式的右边要求它们必须相接。

(3)否定谓词

时空谓词上的另一个操作是否定。现假设 P 为一个时空谓词,P 的时态否定定义为

$$\sim P := \lambda(S_1, S_2). \neg(P(S_1, S_2))$$

下面为时空谓词定义一个"反向"或"逆"组合操作。就单个对象 S 的反射,设 S 存在于时间区间 $[t_1, t_2]$,即 $\text{dom}(S) = [t_1, t_2]$,在此期间 S 发生了移动,从初始值 $S(t_1)$ 变为 $S(t_2)$,同时也可能改变了自己的形状,则 S 的反射对象 $reflect(s)$ 可以通过 S 在相同的时间间隔上反方向移动得到,即从 $S(t_2)$ 变为 $S(t_1)$。从形式上理解,可以通过定义 $reflect(S)$ 在时刻 t 返回 S 在时刻 $\sup(dom(S)) - t + \inf(dom(S))$ 的值来实现。其中,sup 和 inf 表示集合的上确界和下确界,当时空谓词对象的域是(半)开集合时需要用到这些概念。

(4)对象反射

下面定义一个 $reflect$ 函数,它输入两个时空对象,返回一对反射对象。设 S_1 和 S_2 为两个时空对象,S_1 和 S_2 的反射定义如下:

$$reflect(S_1, S_2) := (\lambda t \in D. S_1(t_s - t + t_i), \lambda t \in D. S_2(t_s - t + t_i))$$

其中,$D = dom(S_1) \bigcup dom(S_2), t_s = \sup(D), t_i = \inf(D)$。

这个定义是在两个对象生命期的上确界上进行对象反射,与两个对象分别独立反射所得到的结果不同。假设一个存在于时间区间 $[t_1, t_2]$ 上的(形状和位置都固定的)区域 R 和一个存在于时间区间 $[t_3, t_4]$ 上的移动点 P,它与 R 相接后离开,如图 11-13 所示。

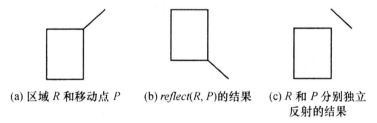

(a) 区域 R 和移动点 P   (b) $reflect(R, P)$ 的结果   (c) R 和 P 分别独立反射的结果

图 11-13　对象反射

图 11-13(a)所示给出的是二维投影,并且假设时间是从下往上增加的。图 11-13(b)所示为 $reflect(R, P)$ 返回的结果对象,与其相对,图 11-13(c)给出了两个对象分别独立反射所得到的结果。

(5)反射谓词

设 P 是一个时空谓词,P 的反射定义如下:

$P^{\leftarrow} := \lambda(S_1, S_2). P(reflect(S_1, S_2))$

谓词反射遵循一些有趣的规律,如反射不会改变基本时空谓词,同时也不会颠倒谓词在一个组合中的次序。

(6)导出组合

设 P 和 Q 是任意的时空谓词,则有

$$P^+ \qquad\qquad := P \triangleright P^*$$
$$P^* \qquad\qquad := \text{True} \mid P^+$$
$$P \& Q \qquad\qquad := \sim (\sim P \mid \sim Q)$$
$$P \rightarrow Q \qquad\qquad := \sim P \mid Q$$

& 和 → 是定义在时态选择和谓词否定的组合之上的,这比使用逻辑符号 $\wedge$ 和 $\Rightarrow$ 给出的基于对象的定义要简洁一些。更重要的是,它简化了这些操作符的证明。

11.3　移动对象索引技术

索引技术的最终目的是根据用户定义的查询约束高效地检索数据。为此,提出了有效的时空索引技术必须支持的设计准则。

①支持的数据类型和数据集。随时间变化的点对象(移动点)和非点空间对象(移动区域、移动线)必须要有有效的时空存取方法支持。

②索引构建。包括插入和分裂操作;处理过时元素的组装和清除操作;改变时间戳粒度。

③查询处理。可以分为选择查询、连接查询、最近邻查询等。有效地支持查询处理是时空存取方法的主要目标。支持的查询集合越广,就说明存取方法越有用,也越具有适用性。

11.3.1　TPR 树

TPR 树也称时间参数 R 树,是以一种自然的方式对 R* 树进行扩展,并为索引的每一个移动点定义了一个线性函数的算法。TPR 树实现策略是:当所包围的点或者其他矩形移动时连续地跟踪它们。应用 TPR 树在数据的自身空间中索引数据时,不仅不使用数据复制技术,也不要求周期性地索引重建。

一个 d 维空间中的对象在当前或将来时刻 t 的位置可由 $x(t) = (x_1(t), x_2(t), \cdots, x_d(t))$ 得到。这个函数可通过 2 个参数来描述。第 1 个参数是引用位置,即对象在某一指定时间 t_{ref} 时的位置;第 2 个参数是对象的一个速度矢量 $v = (v_1, v_2, \cdots, v_d)$。由此可以得到,$x(t) = \text{x}(t_{\text{ref}}) + \text{v}(t - t_{\text{ref}})$。如果一个对象的位置在某一时间 t_{obs} 被观察到时,假设给定了 t_{obs} 时的速度矢量 v 以及对象的位置 x(t_{obs}),则第 1 个参数 x(t_{ref}) 是对象在 t_{ref} 时刻可能的位置,或者对象在其他参考时间时可能的位置。

通过上述描述,我们可以对对象的位置做出暂时的未来预测,同时还解决了频繁更新的问题。只有当对象的实际位置与以前报告的位置的偏离超过了某个给定的阈值时,对象才需要报告它们的位置和速度矢量。

另外,在 TPR 树中,作为时间函数的引用位置和速度也被用来表示索引中包围盒的坐标,

如图 11-14 所示。

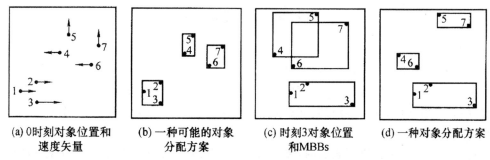

(a) 0 时刻对象位置和　　　(b) 一种可能的对象　　　(c) 时刻3对象位置　　　(d) 一种对象分配方案
　　　速度矢量　　　　　　　　　分配方案　　　　　　　和MBBs

图 11-14　一棵 R 树中的移动点已经形成的叶节点层 MBB

图 11-14(a)为在 0 时刻的对象位置和速度矢量;图 11-14(b)为 0 时刻时对象分配到 R 树的 MBBs 中的一种可能的情形;图 11-14(c)为在时刻 3 时对象的位置和 MBBs 它们中的两个 MBBs 发生了部分重叠,并且无效空间的比例增加了;图 11-14(d)所示的对象分配方案是最为合适的,但是在 0 时刻这种分配与原本分配相比却具有较差的查询性能。因此,当很多查询到达时,必须考虑为对象分配 MBBs 的问题。

一棵 TPR 树就是一棵具有 R 树结构的多路平衡树。它的叶结点包含了一个移动点的位置和一个指向数据库中该移动点对象的指针。中间结点包含了一个指向子树的指针和一个包围了所有移动点位置或子树中其他包围盒的矩形。

由于 d 维包围盒也是时间参数化的,因此可以使用 d 维包围盒来包围一组 d 维移动点。一个 d 维时间参数包围盒包围了一组 d 维移动点或者子树的包围盒,它们的时间都要晚于当前时间。此时,可以使用最小的时间参数包围盒来平衡一个 d 维时间参数包围盒包含移动点或者子树包围盒的准确性以及包围盒的存储空间需求。但这样,将会使它们的存储代价增大大,且在一般情况下还需要检查所有包含的移动点。因此,TPR 树使用了所谓的保守包围盒,保守包围间隔从不会缩小。

11.3.2　动态外部范围树

动态外部范围树常用于 R^2 平面上移动点的二维时序性查询。动态化的外部范围树能够保存移动点,并有效地回答基于当前时刻的查询。但这样必须从下向上地修改所有涉及的数据结构,首先是目录结构 C,然后是外部优先搜索树 P,最后是外部范围树 R。

与外部优先搜索树一样,外部范围树的主要结构也建立在 N 个点的 x 坐标和 y 坐标上。外部范围树的结构一直保持有效直到两个点的 x 坐标和 y 坐标相等。当一个动态事件发生时,通过两次删除和两次插入并花费 $O(\log_B^2 n / \log_B \log_B n)$ 次磁盘存取来更新外部范围树。另外,与外部优先搜索树一样,外部范围树也使用 3 个全局 B 树并需要 $O(\log_B n)$ 次磁盘存取来确定动态事件数。

除上述几种方法外,还包括对偶数据转换方法、基于多层次分树的数据无关索引、基于多动态 B 树的时间敏感索引、基于多版本外部动态范围树的时间无关索引等技术。

11.4　轨迹索引

在对过去的移动历史进行索引时,要求必须对轨迹加以保存。通过对点对象移动过程的采样就可以得到一个折现表示的移动对象的轨迹。一个移动对象的轨迹可以作为三维空间数据来对待,其索引的理想特征是将时间看成是增长和变化发生的主要维度,依据时间来划分整个空间,同时保存轨迹。

在对过去的移动历史进行索引时,要求必须对轨迹加以保存。通过对点对象移动过程的采样就可以得到一个折现表示的移动对象的轨迹。一个移动对象的轨迹可以作为三维空间数据来对待,其索引的理想特征是将时间看成是增长和变化发生的主要维度,依据时间来划分整个空间,同时保存轨迹。

下面的轨迹索引常用的技术进行说明。

11.4.1　STR 树

STR 树扩展了 R 树修改并支持有效的移动点轨迹查询处理。除了叶结点的结构外,STR 树区别于 R 树的特点是所用到的插入/分裂策略。STR 树中的插入不仅考虑了空间紧密度,还考虑了部分轨迹保存,即 STR 树的目标是将属于相同轨迹的线段保存在一起。基于 STR 树的这个目标,当我们在插入一个新线段时应尽可能使其靠近它在轨迹中的前继(线段)。插入时,如果找到的结点有空间,那么就将新的线段插入到该结点中。否则,应用一个结点分裂策略。

在设计 STR 树的分裂策略时必须要保证索引中的轨迹保存。分裂一个叶结点时必须分析在一个结点中表示了哪些类型的轨迹线段。一个叶结点中的两个线段可能属于同一个轨迹,也可能不是。如果它们属于同一轨迹,它们可能有相同的端点,当然也可能没有。因此,一个结点可以拥有 4 种不同类型的线段。在所有线段都分离的情况下,可以使用传统的 R 树分裂算法 QuadraticSplit 来执行分裂。否则至少有一条线段是不分离的,则就将所有分离的线段移到新创建的结点中。最后,如果不存在分离线段,则将最近时间的后向连接线段放到新创建的结点中。

上述分裂策略更倾向于将较新的线段插入到新结点中。运用 STR 树中所描述的插入和分裂策略就可以构建一个索引,使它在分解索引空间时可以保存轨迹,并且将时间作为主要的维度。

11.4.2　TB 树

TB 树与 R 树和 STR 树有着本质上的不同。TB 树严格保存了轨迹,且在一个叶结点中只保存属于同一个轨迹的线段。因此,这种索引也被看做是一个轨迹束。这种方法的缺点是接近某个轨迹的独立线段会被保存在不同的结点中。

对于插入,TB 树的目标是将一个移动点的轨迹划分成若干段,每一段都包含 M(扇出)个线段。插入一个新的线段时,需要从根开始遍历树,并检查每一个与新线段的 MBB 部分重叠子结点,找到轨迹中包含其前继的叶结点。在插入新的结点时,如果父结点中有空间,就直接插入新的叶结点;如果父结点已满,就分裂它,并在非叶结点层 1 创建一个新的结点,将新的叶结点作为它唯一的孩子。当然,有时分裂过程会一直向上传递(当最右边路径中所有结点都是满的情况下),这意味着 TB 树是从左向右增长的(即最左边的叶结点是插入的第 1 个结点,而最右边的结点是插入的最后一个结点)。

TB 树的结构实际上是以树的层次结构组织的一个叶结点集合。每个叶结点都包含部分轨迹,即一个完整的轨迹分布在一组没有关联的叶结点上。因此,为了支持有效的查询处理,在查询时都会采用一个双向链表来连接包含了同一轨迹部分内容的叶结点,从而可以得到轨迹演化的信息。

11.4.3　查询处理

在对轨迹的时空查询中,主要包括 3 种类型的查询,基于坐标的查询、基于轨迹的查询和组合查询。基于坐标的查询是指在相应三维空间中的点查询、范围(窗口)查询以及最近邻查询,其中范围查询的一个特例是时间片查询,它返回过去某个给定时间点的移动对象位置。基于轨迹的查询包括拓扑查询和导航式查询。其中,拓扑查询涉及轨迹的拓扑,并使用了时空谓词,如相离、相接、部分覆盖、进入、离开、穿过和经过等;而导航式查询涉及对象的速度以及方向等派生信息,由于轨迹中并没有显式保存动态的信息,因而可以从轨迹中获得信息。另外,拓扑查询还可以转换为普通的范围查询。例如,当一个轨迹穿过一个范围,则最少应该发现两个交点,这些交点可能是由一个、两个或更多的满足条件的线段所造成的。而当一个轨迹从旁边经过一个范围,我们不会发现任何满足相交条件的线段。这样,可以采用修改过的范围查询来求解时空谓词。

组合查询包含了基于坐标的查询和拓扑查询的某些方面,并组合了这两类查询。对于组合查询,由于组合搜索的不同,因此算法也有所不同。

下面以 R 树和 STR 树上的组合搜索方法为例。首先使用 R 树上的范围搜索算法,根据给定的时空范围来确定初始的轨迹线段集合。如图 11-15 所示使用立方体 c_1 搜索树,并获得了 t_1 轨迹的 4 条线段(标记为 3～6)以及 t_2 轨迹的 2 条线段(标记为 1 和 2)。图中用粗线表示了这 6 条线段。

接下来抽取外部范围 c_2 的部分轨迹。对于找到的每一个段,再试图找到与其相连接的线段。首先,在同一叶结点中搜索,然后再搜索其他叶结点。如果想搜索其他叶结点中属于同一轨迹的线段,则可以将待查询线段的端点作为谓词,并执行一次范围查询。当到达叶结点层时,通过算法检查是否有线段与待查询线段相连接。递归执行这个过程,就会得到越来越多的轨迹线段。当一个新发现的、连接的线段在立方体 c_2 之外时,终止算法,返回相应的线段。组合查询的算法如下:

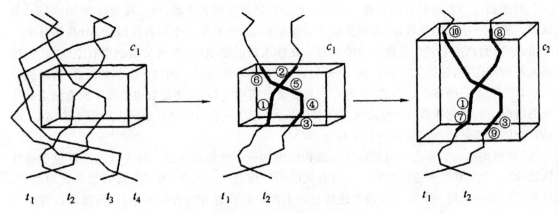

图 11-15　组合搜索步骤

algorithm CombinedSearch(node,elem,range)
　　if node 不是一个叶结点 then
　　　　for each node 中其 MBB 与 range 相交的元素 elem do
　　　　　　执行 CombinedSearch(node',elem,range)
　　　　　　　　其中 node'是由 elem 指向的 node 的子结点
　　　　endfor
　　else
　　　　for each 在 range 内,但还没有检索轨迹的元素 elem do
　　　　　　执行 DetermineTrajectory(node,elem,range)
　　　　endfor
　　endif
　end.
algorithm DetermineTrajectory(node,elem,range)
　　在 node 上循环并寻找前向连接到 elem 的线段 elem';
　　while found and elem'在 range 内 do
　　　　将 elem'加入到结果集合中;
　　　　elem:=elem';
　　　　在 node 上循环,并查找前向连接到 elem 的线段 elem';
　　endwhile;
　　if not found 但在 range 内 then
　　　　执行 FindConnSegment(root,elem,forward);
　　　　从头开始重复执行算法
　　endif;
　　同上面一样处理后向连接的线段
　end.
algorithm FindConnSegment(node,elem,direction)
　　if node 不是一个叶结点 then

for each node 中其 MBB 与 elem 的 MBB 相交的元素 elem'do

　　执行 FindConnSegment(node',elem,direction)

　　其中 node'是由 elem'指向的 node 的子结点；

endfor

else

if node 中有元素与 elem 按 direction 连接(前向/后向)then

　　return node

endif

endif

end.

上述算法同一轨迹可能被检索到 2 次。为了避免这一点，可以在检索到轨迹时保存轨迹的标识符，并在确定一个新的轨迹前检查它是否已在前面被检索过了。此时，只要对 FindConnSegment 算法进行相应的修改即可。FindConnSegment 算法的修改如下：

algorithm FindConnSearchSegment(node,elem,direction)

　　将 node 设置为由 direction 指针指向的结点

end.

第 12 章 时态数据库技术

12.1 时态数据库概述

时态信息的需求与技术实际上一直伴随着数据库技术的发展而产生和发展。时态特性是信息的客观存在,早在 70 年代就有人关注到时态信息的应用。1982 年以后,TDB 的研究开始走向繁荣时期,也可以说时态数据库是在 1982 年正式形成的。这个时期标志性成果是 A. Tansel、J. Clifford、S. Gadia、S. Jajodia、A. Segev 和 R. T. Snodgrass 在 1993 年共同编辑出版的《Temporal Databases:Theory,Design,and Implementation》,该书可以说是划上了一个"分号"。此后,学术界的观点和认识逐步趋向"统一",现在基本上都采用扩充 SQL 模型,时态模型没有新的突破。1994 年后人们开始思考如何将时态数据模型"标准化"和"产品化",更加注重"时态信息的应用"。

目前,时态信息技术仍处于研究和发展阶段,人们从不同的观点,提出了各种时态数据库模型。另外,由于实际应用的需求,时态信息处理的应用领域越来越宽,在应用中也提出了许多方法和技术。这些研究与应用都大大促进了 TDB 的发展。

新一代信息系统对时态信息处理应用技术需求迫切,具有广阔的市场发展前景。时态数据模型朝着统一化、标准化方向发展,时态数据库查询语言朝着"产品化"方向发展。另外,时态信息应用领域越来越广阔,时态信息需求多元化,时态信息的应用也多元化。

12.2 时态数据模型与查询语言

12.2.1 双时态概念数据模型 BCDM

BCDM 的全称是 Bitemporal Conceptual Data Model。它是一种支持有效时间和事务时间的双时态模型。

1. BCDM 双时态机制

下面举例具体说明 BCDM 模型的双时态机制。该例描述的是 Jake 在 Ship 部门里工作,人事部门使用 BCDM 模型对 Jake 的工作进行记录。在本例中,假设有效时间和事务时间最小的时间单位都是 1 天,也就是说时间粒度是 1 天。使用整数时间戳,也就是使用时间 1、时间 2 等去描述时间,因为 BCDM 时间域的性质决定了它支持这样的时间表示。

图 12-1 表示了这样的情况，Jake 被雇用并被安排到 Ship 部门工作，工作时间从 10～15，人事部门对此信息进行记录，记录时间为 5。很明显，前者是有效时间，后者是事务时间。图 12-1 中那两个箭头表明这个事实是一直存在于数据库中的，到目前为止还没有改变，也就是 UC。

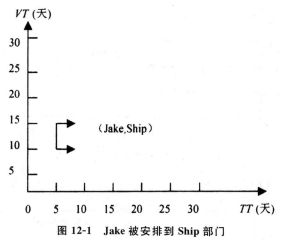

图 12-1　Jake 被安排到 Ship 部门

人事部门后来发现对 Jake 的工作时间记录有错误，应该是从时间 5 到时间 20。于是进行修改，修改的时间是 10，这就是图 12-2 所反映的情况。之后，人事部门发现这次修改是错误的，原来的记录才是正确的。于是又把记录改为原来的情况，做出修改的时间是 15，这就是图 12-3 所反映的。

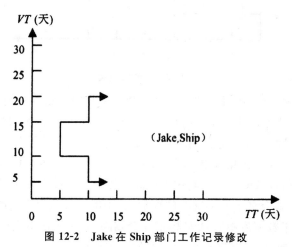

图 12-2　Jake 在 Ship 部门工作记录修改

人事部门后来又发现 Jake 工作的部门不是 Ship 部门，而是 Load 部门，于是做出修改，增加一个事实到双时态空间中，这个操作进行的时间是时间 20。在同一时间，人事部门收到了确认了 Kate 将会在时间 25 到时间 30 这段时间里将在 Ship 部门工作. 于是把这个记录加到数据库中，如图 12-4 所示。

注意，给定的一个双时态元素[如(Jake,Ship)]，它所包含的基本双时态点(序偶)的个数就是直角坐标系中它所对应的闭合折线所包围的面积。如图 12-4 所示，(Jake,Ship)包含的基本时间单位是 5。而这个数值也就是它所要占用数据库存储空间的数值。

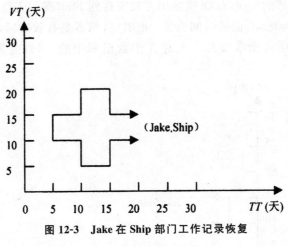

图 12-3 Jake 在 Ship 部门工作记录恢复

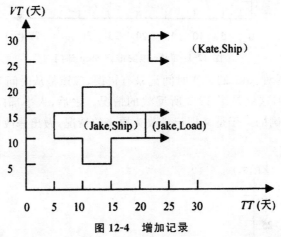

图 12-4 增加记录

这个例子展示了 BCDM 如何处理有效时间和事务时间。随着时间不断向前变化,与数据库中的事实有关的双时态元素也在不断地更新中。比如,在上面的例子中,开始时(Jake, Ship)记录加入到数据库中,由于它的有效时间是 10~15,事务时间是 5,所以数据库中就存有如下的序偶以表明在当前的数据库状态下(Jake, Ship)这个事实:(UC,10),(UC,11),(UC,12),(UC,13),(UC,14),(UC,15)。其中 UC 表示该事实在数据库中没有发生变化。时间每过一个单位,数据库中就会多出 6 个这样的序偶,其中的 UC 是用当前的事务时间代替了。只有当该事实不再存在于数据库中时,UC 标记才会删除,以表明该事实已经成为历史。

表 12-1 表明了在时间 30 的数据库中序偶的分布情况。

表 12-1 数据库的序偶分布

雇员名	部门	双时态点集
Jake	Ship	{(5,10)…(5,15)…(9,10)…(9,15) (10,5)…(10,20)…(14,5)…(14,20) (15,10)…(15,15)…(19,10)…(19,15)}

续表

雇员名	部门	双时态点集
Jake	Load	$\{(UC, 10) \cdots (UC, 15)\}$
Kate	Ship	$\{(UC, 25) \cdots (UC, 30)\}$

从上面的分析可以看出,BCDM 其实是非常占用数据库空间的,因为它要为每一个数据库里的事实进行记录,只要该事实当前还存在于数据库中,这个记录的行为就不会停止。特别是在时间粒度比较小的情况下,数据库的规模是增长得飞快的。所以,它并不适合用于实际的数据库系统的设计。

2. BCDM 的储存问题

BCDM 是面向查询和数据库逻辑设计的双时态概念数据模型。在 TSQL2 中,时态数据的储存模型不是 BCDM 而是其他各种基于存储的表示数据模型,如 R. T. Snodgrass 提出的表示数据模型,其数据模型可表示为:

$$R(A_1, A_2, \cdots, A_n, T_s, T_e, V_s, V_e)$$

其中,$A_1, A_2, \cdots, A_n$ 为关系数据的属性,T_s, T_e 为事务时间的起点和事务时间的终点,V_s, V_e 为有效时间的起点和有效时间的终点。事务时间可表示为 $[T_s, T_e]$,而有效时间可以表示为 $[V_s, V_e]$。T_s, T_e, V_s, V_e 都是字符串形式的,都是原子属性,所表示的数据模型满足 1NF 的条件,可以像关系数据库一样看待。

用表示数据模型表示时态数据,可以节约储存空间,但是在进行查询处理和优化时,不如 BCDM 方便。在时态数据库的理念上,BCDM 要清晰得多。另外,这两种模型是等价的,完全可以转换。

12.2.2　TempSQL 模型及语言

1. TempSQL 模型

TempSQL 模型先引进了时态属性值、时态元组、生命周期、时态表达式等一些 TempsQL 特有的基本概念,再建立时态数据库模型。

时态表达式的并、交、差及否定仍是时态表达式。TempSQL 可由关键字指定对象。TempSQL 中规定对象的关键字如随时间变化后,就被认为代表另一对象。

2. TempSQL 语言

TempSQL 查询语言是支持 TempSQL 模型的一种语言,它是在 SQL 的语言框架上加上了时态语义的产物。TempSQL 查询语言的基本的句型结构为:

Select selectList

While whileExpression

From fromList

Where whereCondition

Group By groupByList

Having havingCondition

During duringExpress

TempSQL 语言的主要功能有两种：

①包括对数据库的元组中与有效时间有关的属性上的运用。

②对查询数据库的事务时间相关方面的运用。

(1)与有效时间有关的属性查询

一般的表达式是：

Select 属性 1,属性 2,……

While 时间区间集是：

From 关系 1,关系 2,……

Where 布尔条件表达式

其结果等于没有受限于 While 子句的中间结果集,再在时间集合 μ 上的投影。也就是对上面表达式的查询,要先进行下面的表达式的查询,所得查询结果集为 U,而上面表达式的最终结果是：$U \uparrow \mu$。

Select 属性 1,属性 2,……

From 关系 1,关系 2,……

Where 布尔条件表达式

(2)与事务时间有关的查询

在 TempSQL 模型中用事务日志来记录数据库本身查、删、改的历史。事务日志所记录的是某人一定条件下进行的某种操作。

一个事务日志的例子是：

T1：TT＝2,User＝u1,

　　　Insert(经理名：([1990,1995],张山),

　　　　　年薪：(([1990,1995],2))

　　　In Man-Sal

　　　With(授权＝DB-admin,

　　　　　Reason＝New Record)

T2：TT＝30,User＝u2,

　　　Modify(……)

　　　With(……)

T3：TT＝40,User＝u3,Q1：What is 张山′s salary?

其中：T1、T2、T3 为依次发生的事务名称；TT 为事务发生的时间；User 是指用户,Q1 为自然语言表达的查询；Insert(……)表示该用户对数据库进行了一次插入操作及其细节；With(……)说明授权的条件和理由。

上述流水账似的记录能够很清楚地说明时态数据库中的事务情况了。但如果事务日志过多,则会造成数据库的储存空间的压力变大,且事务的日志集合有点乱。通常情况下,数据库的系统日志按若干时态关系来保存,且我们可以在这些表的基础上建立视图,也可按不同要求的索引表来保存。

TempSQL 模型中有许多复杂的技术细节,例如,当历史性数据出现错误需要更新时,修改历史信息将可能影响库中历史的公正性和可靠性,TempSQL 引进了双时态机制,可以实现对数据错误和修改历史进行查询。但是这种模型使得时态数据库中的数据不断延伸,于是对存储空间的要求不断增大。目前,很多学者正在研究通过压缩信息,利用不完全数据恢复技术来减小对存储空间的压力。

12.2.3　TQuel 模型及语言

1. TQuel 语法的 BNF 定义

TQuel 的典型查询语句如下:

range of t1 is R1

range of tk is Rk

retrieve(til. Dj1,…,tir. Djr)

valid during v

where

when

as of

注意到 TQuel 为有效时间加入了新子句:when。

图 12-5 是 TQuel 的部分 BNF 定义说明图(完整的 BNF 定义参见 R. T. Snodgrass 的《An Overview of TQuel》)。

```
<when clause>       ::=   when <temporal pred>
<temporal pred>     ::=   <ei-expression> precede <ei-expression>
                          <ei-expression> overlap <ei-expression>
                          <ei-expression> equal <ei-expression>
                          <temporal pred> and <temporal pred>
                          <temporal pred> or <temporal pred>
                          (<temporal pred>)
                          not <temporal pred>
<ei-expression>     ::=   <e-expression>
                          <i-expression>
<e-expression>      ::=   <event element>
                          begin of <ei-expression>
                          end of <ei-expression>
                          <e-expression>
<i-expression>      ::=   <interval element>
                          <ei-expression> overlap <ei-expression>
                          <ei-expression> extend <ei-expression>
                          (<i-expression>)
<valid-clause>      ::=   valid from <e-expression> to <e-expression>
                          valid at <e-expression>
```

图 12-5　TQuel 的部分 BNF 定义

图 12-5 中主要包括：

①时间间隔表达式(i-expression)、事务表达式(e-expression)的谓词和时态谓词操作符 o-overlap、precede、equal，这些操作符对间隔时间和事务时间同样适用。

②时间戳元组 begin of、end of，时间间隔构造符 overlap、extend、overlap 返回满足条件的时间的交点。这些操作符可以用于事务或时间间隔表达式，以构造新的事务或时间间隔，如 valid 字句用来明确有效时间，可以是任何时间段。如果来自一个事务关系，valid at<t1>中变量 t1 指一个单独的时间戳，valid from <t1>to<t2>中变量 t2 指时间间隔时间戳。t1、t2 都可来自事务表达式。

retrival 子句相当于 SQL 语言中的 from 子句。

rrange of 子句相当于 select 子句。

"as of"是关键字，它使时间回到历史上指定的时刻。所有查询的记录就是当时的数据库记录(类似于一个历史数据库)。as of 子句和 when 子句可以检索事务时间或有效时间。

2. TQuel 的时态语义

TQuel 在传统的 Quel 的基础上引入了一些时态保留字，如：as of、overlap 等，类似的保留字还有 First、Last、Endof 等，这些保留字虽可以顾名思义，但是，为了更准确的理解它们，特举例如下，其中用等式的形式来说明它们的意义。

First(1995,1998)=1995

Last(1995,1998)=1998

Interval(tuple)=(Interval.[ftom],Interval.[to])(from 代表有效时间的起点，to 代表有效时间的终点)

Beginof([1998,1999])=[1998,1998]

Endof([1998,1999])=[1999,1999]

Overlap([1995,1997],[1996,1999])=[1996,1997]

Extend([1995,1997],[1996,1999])=[1995,1999]

Before(1995,1999)=ture

After(1995,1999)=false

Precede([a,b],[c,d])=Before[b,c]

从图 12-6 可以看到在 TQuel 语言中如何表达 Allen 时态区间[1]。可以看到，TQuel 语言很好地表达了 Allen 时态区间的各个内容。

12.2.4 TSQL2 语言

TSQL2 是基于 BCDM 数据模型的语言。TSQL2 是由早期提出时态模型和查询语言的 18 位研究者联合设计的。TSQL2 是 SQL-92 的一个超集，具有丰富的语言表达能力，而且也能够表达非常复杂的查询，目前已经集成到了 SQL3 标准中。

在 TSQL2 中，随着时态特性的不同，关系可分为如下 6 类，如图 12-7 所示。

双时态状态关系：时间标签含事务时间和有效时间，其中有效时间描述的是关系表示的状态有效的期间。用子句 as valid[state] and transactoin 来说明。State 为可选项,如果不加 state,效果是一样的,默认说明该关系是有效时间状态关系。

Allen	TQuel
a beforc b	a precede b and not（end of a equal begin of b）
a equals b	a equal b
a meets b	end of a equal begin of b
a overlaps b	a overlap b and end of b equal begin of a
a during b	begin of a overlap b and end of a overlap b and not（a equal b）
a meets b or b meets a	end of a equal begin of b and end of b equal begin of a
a starts b	begin of a equal begin of b and end of a precede end of b
a finishes b	begin of a precede begin of b and end of a equal end of b

图 12-6　Tquel 时间表达

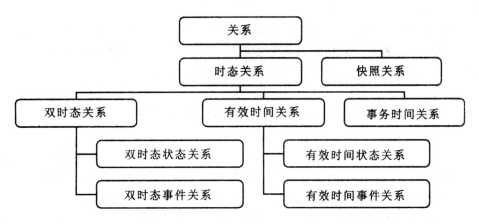

图 12-7　TSQL2 中的关系分类图

双时态事件关系:时间标签含事务时间和有效时间,其中有效时间描述的是关系表示的事件发生时刻的集合。用子句 as valid event and transactoin 来说明。

有效时间状态关系:表示状态 state,有效时间表示的就是状态有效的期间。这种关系用子句 as valid[state]说明。

有效时间事件关系:表示事件 event,事件发生在某一刻,有效时间为时刻的集合。用子句 as valid event 说明该事件是有效时间状态关系。

快照关系:无时间标签。

事务时间关系(as transactoin):只有事务时间这一时间标签,用子句 as transactoin 说明。

在这 6 种关系中,状态关系记录的是在某个特定时间区间里成立的事实,而事件关系记录的则是在每个特定时刻发生的事件。在事件关系中,每个元组记录了一个事件,并且带有一个表示该事件发生时刻的时间戳。

12.3 基于全序 TFD 集的时态模式规范化

12.3.1 全序时态类型集的 TFD 集的逻辑蕴涵

全序时态类型集:给定时态类型集 T,如果 T 是偏序集且对于 T 中的任意两个时态 μ 和 v,必有 $\mu \leqslant v$ 或 $v \leqslant \mu$,此时 T 就为全序时态类型集。

关联集:μ 是任意一个时态类型,F 是一个 TFD 集,那么 μ 关于 F 的关联集 $\mathrm{Rel}(\mu, F)$ 定义为:$\mathrm{Rel}(\mu, F) = \{X \to vY \mid X \to vY \in F \text{ 且 } \mu \leqslant v\}$。

TFD 集的时态类型集:F 是一个 TFD 集,则 F 的时态类型集 $TS(F)$ 定义为:$TS(F) = \{v \mid X \to vY \in F\}$,称 F 具有时态类型集 $TS(F)$。若一个 TFD 集具有全序的时态类型集,则称该 TFD 集是一个全序 TFD 集,否则就可称之为偏序 TFD 集。

通常情况下,如果 F 是一个具有全序时态类型集的 TFD,那么 $F \vDash X \to \mu Y$,当且仅当 $\Pi_{\varnothing}(\mathrm{Rel}(\mu, F)) \vDash X \to Y$。

如果 (R, μ) 是一个时态模式,F 是仅包含 R 中属性的 TFD 集,并且 F 的时态类型集是全序的,那么 X 是 (R, μ) 关于 F 的时态候选关键字,当且仅当 X 是 R 关于 $\Pi_{\varnothing}(\mathrm{Rel}(\mu, F))$ 的候选关键字。

12.3.2 求全序时态类型 TFD 集成员籍的相关算法

通过以上讨论,不难看出,对于具有全序时态类型集的 TFD 集,可以利用传统 FD 集的相关算法来解决 TFD 集的一些问题。为此需要首先给出传统 FD 集的求成员籍算法。为了给出传统 FD 集的求成员籍算法,需要先给出线性时间属性闭包的求解算法。

F 导出:设 F 是在属性集 W 上的一个 FD 集,$X \subseteq W$,则 X 关于 FD 集 F 的属性集闭包 X_F^+ 是所有这些属性 A 的集合,只要 $X \to A$ 能够使得 F 借助于 Armstrong 公理导出。即 $X_F^+ = \{A \mid X \to A \text{ 可由公理 Armstrong 从 } F \text{ 导出}\}$。

$X \to Y$ 可由 Armstrong 公理从 F 导出的充要条件是 $Y \subseteq X_F^+$。

可以看出,判定某个 FD 是否被 FD 集 F 所蕴涵的问题,实际上就是求解该 FD 是否属于 F 的成员籍问题。但由于 F^+ 比 F 大得多,由 F 计算 F^+ 一般需要的时间是指数级,这对于设计人员来说接受起来非常困难。既然是求出 F^+,但是又由于 F^+ 中包含大量的冗余信息,计算出全部 F^+ 也是没有意义的。为了避免这种指数级计算,根据以上内容可以计算线性时间属性集闭包求解算法。

Lineclosure(X, F)(线性时间属性闭包求解):

输入:W, F,属性集 $X \subseteq W$;

输出$:X^+$；

begin

　　　for 每一个 FD$:V{\rightarrow}Z{\in}F$ do

　　　　　Count$[V{\rightarrow}Z]:=|V|$；

　　　　　　for 每一个属性 $A{\in}V$ do

　　　　　　　　将 $V{\rightarrow}Z$ 加入 List$[A]$；

　　　　$X(1):=X;X(0):=X$；

　　　　while $X(0){\neq}\varnothing$ do

　　　　　　从 $X(0)$ 中任选一属性 $A,X(0):=X(0)-A$；

　　　　for 每一个 FD$:V{\rightarrow}Z{\in}$List$[A]$ do

　　　　　Count$[V{\rightarrow}Z]:=$Count$[V{\rightarrow}Z]-1$；

　　　　　if Count$[V{\rightarrow}Z]=0$ then

　　　　　　　Add$:Z-X(1)$；

　　　　　　　$X(1):=X(1){\bigcup}$Add；

　　　　　　　$X(0):=X(0){\bigcup}$Add；

　　　　return$(X(1))$；

　　　end.

其中，该算法的时间复杂度为 $O(n)$，n 表示的是输入长度。

Membership$(F,X{\rightarrow}Y)$（求成员籍算法）：

输入$:$FD 集 F，一个 FD$:X{\rightarrow}Y$；

输出$:$若 $F\models X{\rightarrow}Y$，则 return(true)；否则 return(false)；

begin

　　　if $Y{\subseteq}$Lineclosure(X,Y) then

　　　　　return(true)；

　　　else

　　　　　return(false)；

end.

该算法的时间复杂度为 $O(n)$。

To_Membership$(F,X{\rightarrow}_\mu Y)$（求 TFD 集成员籍的算法）：

输入$:$一个具有全序时态类型集的 TFD 集 F 和一个 TFD$:X{\rightarrow}_\mu Y$；

输出$:$如果 $F\models X{\rightarrow}_\mu Y$；否则，输出 false；

begin

$G=\varnothing$；

for 每一个 $Z{\rightarrow}_v W{\in}F$ do

if $\mu{\leqslant}v$ then

　　$G:=g{\bigcup}\{Z{\rightarrow}W\}$；$/*\Pi_\sharp(\text{Rel}(\mu,F))*/$

if Membership$(G,X{\rightarrow}Y)$ then

　　　return(true)；

else

   return(false);

end.

显然,算法 To_Membership 正确判断了一个给定 TFD:$X \rightarrow_\mu Y$ 是否被 TFD 集 F 所逻辑蕴涵,是可终止的,其时间复杂度为 $O(n+p)$。其中,n 表示属性集中不同属性的个数,p 表示 TFD 集中 TFD 的个数。

12.3.3 TFD 集的化简

同传统 FD 集一样,TFD 集也存在冗余现象,为化简 TFD 集同样可定义无冗余覆盖、化简 TFD 集、规范覆盖等概念。

定义 12.1 (TFD 集 F 无冗余覆盖)对于某个 TFD 集 F,如果它的任何一个真子集都和它不等价,则称 F 为无冗余 TFD 集;否则,称 F 是冗余 TFD 集。若存在无冗余 TFD 集 G 且 $G \equiv F$,则称 G 是 F 的无冗余覆盖。

定义 12.2 (TFD 集冗余属性)F 是一个 TFD 集,$X \rightarrow_\mu Y \in F$,若存在属性 A,如果满足下列情况之一:

① $A \in X$ 且 $F - \{X \rightarrow_\mu Y\} \bigcup \{X - A \rightarrow_\mu Y\} \equiv F$,称 A 是左部冗余属性。

② $A \in Y$ 且 $F - \{X \rightarrow_\mu Y\} \bigcup \{X \rightarrow_\mu (Y - A)\} \equiv F$,称 A 是右部冗余属性。则称属性 A 相对于 TFD 集 F 是冗余的。

定义 12.3 (化简 TFD 集)F 是一个 TFD 集,$X \rightarrow_\mu Y \in F$,如果 $X \rightarrow_\mu Y$ 的左部不包含任何冗余属性,则称 $X \rightarrow_\mu Y$ 是左部化简的;如果 $X \rightarrow_\mu Y$ 的右部不包含任何冗余属性,则称 $X \rightarrow_\mu Y$ 是右部化简的;如果 $X \rightarrow_\mu Y$ 同时是左部化简的和右部化简的,则称 $X \rightarrow_\mu Y$ 是化简的 TFD;若 F 中的每一个 TFD 都是化简的(左部、右部化简的),则称 F 是化简的(左部、右部化简)TFD 集。

定义 12.4 (规范 TFD 集)一个 TFD 集 F 满足:

① F 中的每一个 TFD 的右部只有单一属性。

② F 是左部化简的并且是无冗余的。

则称 F 是规范 TFD 集。

可以利用 To_Membership 算法得到求给定 TFD 集的一个无冗余覆盖和规范覆盖的算法,由于这些算法在时态数据库规范化中还要用到,下面给出每个算法的形式描述和复杂性分析。

算法 12.1 To_Nonredun(F)(求具有全序时态类型集的 TFD 集 F 的无冗余覆盖)

输入:一个具有全序时态类型集的 TFD 集 F;

输出:F 的一个无冗余覆盖 G;

begin

$G_:=F$;

for 每一个 $X \rightarrow_\mu Y \in G$ do

   if To_Membership $(G - \{X \rightarrow_\mu Y\}, X \rightarrow_\mu Y)$ then

$$G: = G - \{X \rightarrow_{\mu} Y\};$$

return(G);

end.

定理 12.1　算法 To_Nonredun(F)正确求出了具有全序时态类型集的 TFD 集 F 的一个无冗余覆盖,是可终止的,其时间复杂度为 $O(p(n+p))$。其中,n 表示属性集中不同属性的个数;p 表示 TFD 集中 TFD 的个数。

证明:　(正确性)算法 To_Nonredun 的正确性是明显的,因为 G 中不存在这样的 TFD:$X \rightarrow_{\mu} Y$ 使 $G - \{X \rightarrow_{\mu} Y\} \equiv G$。

(可终止性)该算法只有一重 for 循环,并且调用的算法 To_Membership 是可终止的,因此该算法也是可终止的。

(时间复杂度分析)算法中 for 循环次数为 p,而调用的算法 To_Membership 的时间复杂度为 $O(n+p)$,故 To_Nonredun 算法总的时间复杂度为 $O(p(n+p))$ 级。证毕。

算法 12.2　To_Canonical(F)(求具有全序时态类型 TFD 集 F 的规范覆盖)

输入:一个具有全序时态类型集的 TFD 集 F;

输出:F 的一个规范覆盖 G;

begin

①使 F 中每一个 TFD 的右部单一属性化,设结果 TFD 集为 F';

②for 每一个 TFD:$X \rightarrow_{\mu} Y \in F'$　do

for 每一个属性 $A \in X$ do

if To_Membership(F',$(X-A) - Fy$)then

$F': = (F' - (x - Fy)) \bigcup \{(x-A) - Fy\}$;

③$G: =$ To_Nonredun(F');

④return(G);

end.

定理 12.2　算法 To_Canonical 正确求出了具有全序时态类型集的 TFD 集 F 的一个规范覆盖 G,是可终止的,其时间复杂度为 $O(n^2 p^2)$。其中,n 表示属性集中不同属性的个数;p 表示 TFD 集中 TFD 的个数。

证明:(正确性)根据上述定义和定理可知算法 To_Merebership 及 To_Nonredun 是正确的。

(可终止性)该算法 To_Canonical 中仅有一个两重 for 循环,故算法是可终止的。

(时间复杂度分析)算法执行第①步产生的 TFD 个数不会超过 np;算法执行第②步的双重循环次数也不会超过 np 次,算法 To_Merebership 的时间复杂度为 $O(n+np)$,故算法执行第②步总时间复杂度为 $O(n^2 p^2)$;算法执行第③步算法 To_Nonredun 的时间复杂度为 $O(np(n+np))$。因而算法 To_Canonical。总的时间复杂度为 $O(n^2 p^2)$ 级。证毕。

例 12.1　利用算法 To_Canonical 求 $F = \{AB \rightarrow_{Day} C, C \rightarrow_{Day} A, AC \rightarrow_{Day} BD, D \rightarrow_{Year} AE, BH \rightarrow_{Month} C\}$ 的一个规范覆盖集。

执行算法第①步,右部单一属性化,得到 $F' = \{AB \rightarrow_{Day} C, C \rightarrow_{Day} A, AC \rightarrow_{Day} B, AC \rightarrow_{Day} D, D \rightarrow_{Year} E, D \rightarrow_{Year} A, BH \rightarrow_{Month} C\}$;

执行算法第②步,$AC \rightarrow_{Day} B$ 和 $AC \rightarrow_{Day} D$ 中的属性 A 是冗余的,得到 $F' = \{AB \rightarrow_{Day} C$, $C \rightarrow_{Day} A$, $C \rightarrow_{Day} B$, $C \rightarrow_{Day} D$, $D \rightarrow_{Year} E$, $D \rightarrow_{Year} A$, $BH \rightarrow_{Month} C\}$;

执行算法第③步,消除冗余 TFD 后得到 $G = \{AB \rightarrow_{Day} C, C \rightarrow_{Day} B, C \rightarrow_{Day} D, D \rightarrow_{Year} E$, $D \rightarrow_{Year} A$, $BH \rightarrow_{Month} C\}$,$C \rightarrow_{Day} A$ 能由 $C \rightarrow_{Day} D$ 和 $D \rightarrow_{Year} A$ 导出。

12.3.4　时态 TFD 集 F 规范化的基本概念

定义 12.5　(时态自然连接($\bowtie_T$))两个时态模块 $M_1 = (R_1, \mu, \Phi_1)$ 和 $M_2 = (R_2, \mu, \Phi_2)$,则 M_1 与 M_2 的时态自然连接 $M_1 \bowtie_T M_2 = (R_1 \bigcup R_2, \mu, \Phi_1)$,$\Phi$ 的定义是:对于每个整数 $i \geqslant 1, \Phi(i) = \Phi_1(i) \bowtie \Phi_2(i)$($\bowtie$ 是传统的自然连接符)。

定义 12.6　(时态模块投影($\prod_R^T$))$M = (R, \mu, \Phi)$,$R_1 \subseteq R$,那么时态模块 M 在 R_1 上的时态投影 $\prod_{R_1}^T(M) = (R_1, \mu, \Phi_1)$,$\Phi_1$ 定义为:对每个 $i \geqslant 1, \Phi_1(i) = \prod_{R_1}(\Phi(i))$,这里 $\prod_R$ 是传统的投影操作符。

定义 12.7　(时态 TFD 投影($\prod_Z(F)$))给定 TFD 集 F,F 在属性集 Z 上的投影 $\prod_Z(F)$ 是所有这样的被 F 逻辑蕴涵的 TFD:$X \rightarrow_v Y$ 的集合,满足 $XY \subseteq Z$。

由于 $\prod_Z(F)$ 可能是无限的,下面给出投影有限覆盖操作 $\overline{\prod_Z(F)}$。

定义 12.8　(时态并操作($\bigcup_T$))设 $M_j = (R_1, \mu, \Phi_j)$,$j = 1, 2, \cdots, n$,那么 $M_1 \bigcup_T \cdots \bigcup_T M_n = (R, \mu, \Phi)$,对每个 $i \geqslant 1, \Phi(i) = \bigcup_{1 \leqslant j \leqslant n} \Phi_j(i)$。

定义 12.9　(Up 操作)时态模型 $M = (R, \mu, \Phi)$,v_1 为一时态类型,则 $Up(M, v_1) = (R, v_1, \Phi_1)$,对任意 $i \geqslant 0, \Phi_1(i) = \bigcup_{j: \mu(j) \subseteq v_1(i)} \Phi(j)$。若不存在 $\mu(j) \subseteq v_1(i)$,则 $\Phi_1(i) = \varnothing$。

定义 12.10　(MaxSub 函数)μ 为一时态类型,ρ 为分解的模式,i 为一整数,则 $\text{MaxSub}(\mu(i), \rho) = \{(R, v) \in \rho \mid \exists j, \mu(i) \subseteq v(j)\}$。

定义 12.11　(保持函数依赖)设 (R, μ) 为一时态模块模式,F 是仅包含 R 中属性的 TFD 集。(R, μ) 的一个分解 $\rho = \{(R_1, \mu_1), (R_2, \mu_2), \cdots, (R_m, \mu_m)\}$ 是 (R, μ) 关于 F 的一个分解,M 为 (R, μ) 的任一时态模式。若对于每个 $i = 1, \cdots, m, Up(\prod_{R_i}^T(M), \mu_i)$ 满足 $\prod_{R_i}(F)$,一定能够导出 M 满足 F 成立,则称 ρ 保持函数依赖。

定义 12.12　(Down 操作)对于时态模块 $M = (R, \mu, \Phi)$,时态类型 v_1 和 v_2,则 $Down(M, v_1) = (R, v_1, \Phi_1)$,对任意 $i \geqslant 1$,有

$$\Phi_1(i) = \begin{cases} \varnothing, & v_1(i) = \varnothing \\ \varnothing, & \text{不存在 } j, \text{使得 } v_1(i) \subseteq \mu(j) \\ \Phi(j), & \exists j, \text{使得 } v_1(i) \subseteq \mu(j) \end{cases}$$

$$\Phi_2(i) = \bigcup_{j: \mu(j) \subseteq v_2(i)} \Phi(j)$$

定义 12.13　(时态模式分解)设时态模式 (R, μ) 的一个分解是时态模式集 $\rho = \{(R_1, \mu_1), \cdots, (R_k, \mu_k)\}$ 满足:

① $R_i \subseteq R, i = 1, \cdots, k$。

②$R = R_1 \bigcup \cdots \bigcup R_k$。

③每个时态类型 μ_i，对所有 l, j，或者 $\mu(l) \bigcap \mu_i(j) = \varnothing$ 或者 $\mu(l) \subseteq \mu_i(j)$。

定义 12.14　（无损连接的分解）设 (R, μ) 是一个时态模块模式，F 是一个 TFD 集，ρ 是 (R, μ) 关于 F 的分解，如果存在 ρ 的子集 $\rho_1, \cdots, \rho_m$，使得对 (R, μ) 的满足 F 中所有 TFD 的每个时态模块 M 有：$M = \text{Join}(\rho_1) \bigcup_T \cdots \bigcup_T \text{Join}(\rho_m)$，对每个 $\rho_i = \{(R_1^i, \mu_1^i), \cdots, (R_k^i, \mu_k^i)\}$，$\text{Join}(\rho_i) = \text{Down}(Up(\prod_{R_1}^{T_i}(M), \mu_1^i), \mu) \bowtie_T \cdots \bowtie_T \text{Down}(Up(\prod_{R_k}^{T_i}(M), \mu_k^i), \mu)$，则称 ρ 是一个无损连接分解。

定义 12.15　（时刻间无损连接的分解）设 ρ 是 (R, μ) 关于 TFD 集 F 的一个分解，如果对 μ 的每个非空时刻 k 下述条件成立：如果 $\text{MaxSub}(\mu(k), \rho) = \{(R_1, \mu_1), \cdots, (R_m, \mu_m)\}$，对每个 $1 \leqslant i \leqslant m$，$(R_i, \mu, \Phi_i) = \text{Down}(Up(\prod_{R_k}^{T_i}(M), \mu_i), \mu)$，并且 k_i 是使 $\mu(k) \subseteq \mu_i(k_i)$ 的整数，有 $\Phi(k) = \Phi_1(k_1) \bowtie \cdots \bowtie \Phi_m(k_m)$。这里 $\text{MaxSub}(\mu(i), \rho) = \{(R, v) \in \rho \mid$ 对某些 j，$\mu(i) \subseteq v(j)\}$，则称 ρ 是时刻间无损分解。

定理 12.3　设 (R, μ) 为一全序时态模块模式（即 (R, μ) 上成立的时态函数依赖集的时态类型集为全序的），F 为全序 TFD 集。则 ρ 为 (R, μ) 关于 F 的一个全序无损连接分解，当且仅当 ρ 关于 F 是时刻方式无损连接的分解。

证明：（充分性）设 $M = (R, \mu, \Phi)$ 为一满足 F 的全序时态模块，$\rho = \{(R_1, \mu_1), \cdots, (R_k, \mu_k)\}$ 为 (R, μ) 关于 F 的一个全序时刻无损分解。对每个 $1 \leqslant i \leqslant k$，设 $M_i = \Phi_{(R_i, \mu_i)}(M) = (R_i, \mu_i, \Phi_i)$，$\bigcup_{i=1}^{k} R_i = R$。设 $M' = M_1 \bowtie_{\text{TO\_T}} \cdots \bowtie_{\text{TO\_T}} M_k = (\bigcup_{i=1}^{k} R_i, v, \Phi') = (R, v, \Phi')$，因为 ρ 为 (R, μ) 关于 F 的一个全序时刻无损分解，因此对于 μ 的每个非空时刻 $T \geqslant 1$，$\Phi(T) = \Phi_1(T_1) \bowtie \cdots \bowtie \Phi_k(T_k)$，其中 $T_i \geqslant 1, 1 \leqslant i \leqslant k$，使 $\mu(T) \subseteq \mu_i(T_i)$。由定义 12.5 可知，$\Phi$ 即为 Φ' 而 $v = \mu$，因此 $M = M' = M_1 \bowtie_{\text{TO\_T}} \cdots \bowtie_{\text{TO\_T}} M_k$，即 ρ 为 (R, μ) 关于 F 的一个全序无损分解。

（必要性）设 $\rho = \{(R_1, \mu_1), \cdots, (R_k, \mu_k)\}$ 为 (R, μ) 关于 F 的一个全序无损分解，$M = (R, \mu, \Phi)$ 为一个满足 F 的全序时态模块。对每个 $1 \leqslant i \leqslant k$，设 $M_i = \Phi_{(R_i, \mu_i)}(M) = (R_i, \mu_i, \Phi_i)$，$\bigcup_{i=1}^{k} R_i = R$。由 ρ 为 (R, μ) 关于 F 的一个全序无损分解可知，$M = M' = M_1 \bowtie_{\text{TO\_T}} \cdots \bowtie_{\text{TO\_T}} M_k$，再根据定义 12.9 可知，对于 μ 的每个非空时刻 T，$\Phi(T) = \Phi_1(T_1) \bowtie \cdots \bowtie \Phi_k(T_k)$，其中 $T_i \geqslant 1, 1 \leqslant i \leqslant k$，使 $\mu(T) \subseteq \mu_i(T_i)$。即 ρ 为 (R, μ) 关于 F 的一个全序时刻无损分解。证毕。

定义 12.16　（时态三范式）具有 TFD 集 F 约束的时态模块模式 (R, μ) 是时态三范式的（T3NF），如果被 F 逻辑蕴涵的每一个 TFD：$X \to_v A (XA \subseteq R, A \notin X)$，至少 μ 的一个时刻被 v 的一个时刻覆盖至少满足下列条件之一：

①A 属于 (R, μ) 的某个时态候选关键字。

②X 是 (R, μ) 的超时态候选关键字，并且不存在 i 和 j，$i \neq j$，$X \to A \in \prod_{\mu(i,j)}(F)$；除非存在 $k, k \neq i$，使得 $X \to A \in \prod_{\mu(i,k)}(F)$ 但 $X \to A \notin \prod_{\mu(i,j,k)}(F)$。

12.4 基于时态 ER 模型的时态数据库设计

12.4.1 TEERM 模型的结构

在 TEERM 模型中包括三种结构：属性（Attributes）、实体类型（Entity Types）和联系类型（Relationship Types）。

1. 实体类型

实体有一个描述自身特征的属性集。具有相同特征的时态形成一个实体类型。例如，在学校中所有的教师实体形成一个实体类型 TEACHER。在 TEERM 图中，实体类型用矩形来表示，该矩形的内部标出所表示的实体的名字。注意，在一个 TEERM 模型中，实体类型的名字必须保证是唯一的，以便区分不同的实体类型。

2. 属性

属性是用于描述实体或联系特征的抽象表达。在 TEERM 模型中存在以下几种属性：单值属性和多值属性、简单属性和复合属性、时态属性和非时态属性。在 TEERM 图中，属性用椭圆来表示，属性的名字被标在椭圆内，并且用直线把该属性与所属的实体或联系类型连接起来；多值属性的椭圆要用双线；对于复合属性，需要用直线把组成该属性的每一个分属性连接到描述该属性的椭圆上。

对于一个复合属性 CA，记 coll(CA) 表示所有 CA 包含的所有简单分属性的集合。

例 12.2 对于图 12-8 所示的描述教师实体类型的 TEERM 图中的复合属性 Name，coll(Name)={Fname,Lname}。

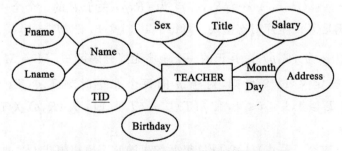

图 12-8 一个描述教师实体类型的 TEERM 图

本章的讨论中，假设读者已经了解 ER 模型的属性的特征，而只讨论在 TEERM 模型中怎样描述和使用这些属性。

变化粒度：对于一个属性 A，其变化粒度记作 $vg(A)$，是一个时态类型 μ，表示该属性的值在 μ 的任何时刻内步发生改变。

在 TEERM 模型中，需要为每个属性指定变化粒度。根据变化粒度，可以将属性进一步分成时态属性和非时态属性。

（1）非时态属性

对于任意一个属性，如果它的变化粒度是 μ_{Top}，那么该属性是非时态属性。与传统的 ER 模型相同，非时态属性的值不会随着时间而改变。如，性别、姓名这些是不会随时间变化而变化的。

（2）时间不变键和键属性

一个实体类型的一个时间不变键（TIK）是一个较简单的非时态属性的集合，使得这些属性的值在生命期内能够唯一地标识一个实体，并且它的任何子集都不具备这种特征。一个信息被存储在数据库中的实体的生命期是指该实体在数据库中的存在时间。一个实体类型可能有几个时间不变键，在这种情况下，通常选择一个语义明确的时间不变键作为一个主时间不变键（PTIK）。对于一个实体类型，属于该实体类型的 PTIK 的属性称之为键属性。在 TEERM 图中，键属性的名字带有一条下划线，其线形为实直线。

（3）时态属性

如果一个属性的变化粒度不是 μ_{Top}，那么该属性即为时态属性。时态属性的值可以随着时间而变化。

在 TEERM 图中，对于每个时态属性，它的变化粒度必须明确地标记在连接它与所属的实体或联系类型的直线旁。

3. 联系类型

联系时事务内部或事务之间的语义联系的抽象表示。例如，一名学生选修了某一门课程，这描述了一个学生实体和课程实体之间的联系。一个度为 n 的联系类型 R 是一个 n 元组 $<E_1,E_2,\cdots,E_n>$，这里每个 $E_i(i=1,2\cdots,n)$ 是一个实体类型。R 的每个联系 r 是一个 n 元组 $r=<e_1,e_2,\cdots,e_n>$，这里每个 $e_i\in E_i(i=1,2,\cdots,n)$。在 TEERM 图中，用菱形来描述联系类型。对于每一个联系类型，用直线将参加该联系类型的每个实体类型与它连接起来。一般说来，度为 2 和 3 的联系类型分别成为二元联系和三元联系；度 $n(n>2)$ 的联系类型称为 n 元联系类型。

（1）角色和递归联系类型

在上面对联系类型的定义中，由于 E_i 可以是相同的实体类型，一次需要为一些实体类型 E_i 定义角色。在一个联系中的一个实体的角色即为它在联系中所起的作用。例如，在两个同属于实体类型 PERSON（人）的实体间的 MARRIAGE（婚姻）联系中，一个实体充当"丈夫"，另一个实体充当"妻子"，"丈夫"和"妻子"即为实体类型 PERSON 在联系类型 MARRIAGE 中的两个角色。

如果考虑角色，一个 n 元联系类型 R 可以定义为：$R=<RO_1/E_1,RO_2/E_2,\cdots,RO_n/E_n>$，这里 $RO_i(i=1,2,\cdots,n)$ 是 E_i 的一些或所有实体所扮演的角色。需要注意的是，通常情况下 RO_i 的名字与 E_i 的名字相同。不难理解，一个实体类型可以以不同的角色参加一个联系类型多次，这种联系类型即为递归联系类型。

（2）存在联系类型

一些情况下，一些实体对另一些实体存在很强的依赖关系。某个实体存在的必要的先决条件是另一个实体存在。存在联系类型可以用来描述这种联系。对于一个联系类型 R，如果存在一个参加联系类型 R 的实体类型 E，使得 E 每一个实体都必须参加 R 的一个联系，R 即为一个存在联系类型，E 是一个完全参与的实体类型；如果参加 R 的某个实体类型的一些实体不用必须参加 R 的任何联系，那么该实体类型被称为是一个部分参与实体类型。在一个 TEERM 图中，完全参与的实体类型通过一条双线连接到它所参加的联系类型。

（3）弱实体类型

对于一个联系类型 $R=<E_1,E_2,\cdots,E_n>$，若存在一个实体类型 $E_i(1\leq i\leq n)$，使得 E_i 没有任何由自身属性组成的 TIK，E_i 的每一个实体需要通过一个 $<e_1,e_2,\cdots e_{i-1},e_{i+1},e_n>$ 和 E_i 的一些属性的值来进行标识，这里 $e_j\in E_j(j=1,2,\cdots,i-1,i+1,\cdots,n)$，那么称 E_i 是一个弱实体类型，R 是 E_i 的一个标识联系类型，每个实体类型 $E_j(j=1,2,\cdots,i-1,i+1,\cdots,n)$ 是 E_i 的一个主实体类型。一个弱实体类型通常包括一部分 TIK，记为 PLTIK（PLTIK 必须是最小的且由简单属性组成），用于从属于该弱实体类型并与相同的主实体相关的实体当中标识一个实体。理论上来说，一个弱实体类型可以有多个 PLTIK。在这种情况下，可以根据语义含义选择一个 PLTIK 作为主 PLTIK，记为 PPLTIK。在 TEERM 图中，弱实体类型用双矩形框来表示；属于 PPLTIK 的每一个属性带有一个虚的下划线；标识联系类型用双菱形框来表示。

通常情况下，一个标识联系类型也一定是一个存在联系类型，相应的弱实体类型是一个完全参与实体类型，反之不一定成立。尽管一个弱实体类型本身没有由自身属性组成的 TIK，但它拥有与之相关的主实体类型的 TIK 和它的部分 TIK 组成的 TIK。

（4）IS-A 联系类型

对于一个二元联系 $R=<E_1,E_2>$，若存在一个实体类型 $E_i(i=1$ 或 $2)$，使得 E_i 的每一个实体也都是 $E_j(j\neq i)$ 的一个实体，那么 R 即为一个 IS-A 联系类型，E_i 是 E_j 的子类型，E_j 是 E_i 的一个超类型。在 TEERM 图中，IS-A 联系类型是由一条超类型指向子类型的箭头来表示的。

对于任何 IS-A 联系类型，子类型继承它的超类型的所有属性，从而无须为子类型显式地描述它所继承的属性；同时子类型可以有自己特有的属性，这些属性需要显式地描述。

例 12.3 给定一个分成不同部门的公司描述如下：每个部门负责一定数量的项目，每个项目只能由一个部门负责；需要追踪部门负责项目的经历以及所负责项目的月支出；每个项目有唯一的管理者以及为其工作的一些员工，同时一名员工可以同时参加多个项目；每个管理者可以同时管理多个不同的项目，但他所管理的项目在一天内不会改变；公司需要追踪一名员工参加项目的经历以及项目参加人员的变化历史，要求一名员工参加的项目一天内不能发生变化，参加一个项目的员工在一天内也不能发生变化；任何时刻，员工必须在某个部门而且只能在一个部门工作，一个部门可以同时拥有多名员工；为了追踪部门员工的变化和员工的工作变化经历，要求每名员工的工作部门在一周内不能改变，每个部门拥有的员工在一天内不能变化；公司要追踪每个员工的受赡养人的变化情况，一个师傅可以同时指导多名徒弟，而一个徒弟只能有一名师傅；公司需要追踪员工指导徒弟的经历，要求师傅所指导的徒弟一天内不能发生变化；员工的每月的薪水历史需要被记录。如图 12-9 所示，是描述该公司的一个 TEERM 图。

（5）实体类型分类

弱实体类型无法作为子类型参加任何 IS-A 联系类型，这是因为子类型可以通过继承它的超类型的 TIKs 来标识自己。根据 TIKs 的指派方式,可以将实体类型分为以下三种:弱实体类型、子类型以及普通实体类型。对于一个弱实体类型,它的每一个 TIK 是由它的主实体类型的 TIKs 和它的一个 PLTIK 共同组成的;每一个子类型继承它的所有超类型的 TIKs;普通实体类型是除了弱实体类型和子类型之外的实体类型,对于任何普通实体类型,它的 TIKs 是由设计者指派的并且由它自身的属性组成。

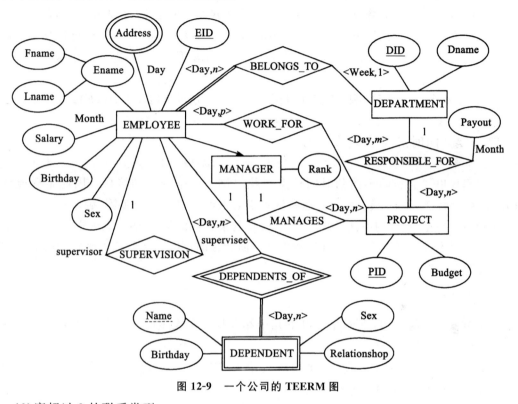

图 12-9　一个公司的 TEERM 图

(6)度超过 2 的联系类型

联系类型的度可以是任意的,对于任何联系类型,它的时间基数所涉及的时态类型可以是不同的。

12.4.2　规范 TFD 约束

下面讨论一下具体如何由 TEERM 模型来生成 TFD 约束。

1. 规范 TFD 约束的结构

与传统的 ER 模型比起来,在 TEERM 模型中增加了两个新的结构:时间基数和变化粒度。希望可以通过这两个新的结构来规范 TFD 约束。事实上,在 TEERM 模型中,通过单值属性、1∶1 和 1∶n 联系类型就可以表达 TFD 约束。

2. 规范 TFD 的规则

对于任何给定的 TEERM 模型,可以根据下面的规则来规范所满足的 TFD 约束。

T_1:对于任意实体类型 E,可以规范 TFD: $K\rightarrow_{vg(A)}A$ 和 $K\rightarrow_{vg(C)}coll(C)$,这里 $K\in tik(E)$,A 是 E 的简单的单值属性,C 是 E 的复合的单值属性。

T_2:对于每个联系类型 $R=<RO_1/E_1,RO_2/E_2,\cdots,RO_n/E_n>$,可以规范 TFD: $K_1\bigcup K_2\bigcup\cdots\bigcup K_n\rightarrow_{vg(A)}A$ 和 $K_1\bigcup K_2\bigcup\cdots\bigcup K_n\rightarrow_{vg(c)}C$,这里 $K_i\in tik(E_i)(i=1,2,\cdots,n)$,$A$ 是 R 的简单的单值属性,C 是 R 的复合的单值属性。

T_3:对于除 IS-A 联系类型之外的每个联系类型 $R=<RO_1/E_1,RO_2/E_2,\cdots,RO_n/E_n>$,对于每一个 $RO_i/E_i(i=1,2,\cdots,n)$,如果 $tcard(E_i,RO_i,R)=<\mu,1>$,那么可以规范 TFD: $K_1\bigcup K_2\bigcup\cdots\bigcup K_{i-1}\bigcup K_{i+1}\bigcup\cdots\bigcup K_n\rightarrow_\mu K_i$,这里 $K_j\in tik(E_j)(j=1,2,\cdots,i-1,i+1,\cdots,n)$ 并且 $K_i\in tik(E_i)$。

T_4:对于每个子类型 E,可以规范 TFD: $K_1\rightarrow_{\mu_{Top}}K_2$,这里 $K_1,K_2\in tik(E)$。

12.4.3　向时态模块模式投影

时态模块模式为访问不同的时间信息系统提供了一个统一的接口。因此希望能够将 TEERM 模型转换成时态模块模式。这种转换需要做经过以下 3 个步骤:确定每一个时态模块模式的时态类型、包含的属性以及满足的 TFD 约束。根据 TFD 的生成规则,可以非常容易地确定每个时态模块模式满足的 TFD 约束。下面介绍的投影算法只考虑确定的时态模块模式的时态类型及其包含的属性。

1.相关操作

为了方便算法的描述,下面介绍以下几个相关操作。设 RE 使一个实体类型或联系类型,有:

$ntsa(RE)=\{A|A$ 是 RE 的一个非时态的、简单的单值属性,或存在 RE 的一个非时态的、复合的单值属性 C,使得 $A\in coll(C)\}$。

$tsa(RE)=\{A|A$ 是 RE 的一个时态的、简单的单值属性,或存在 RE 的一个时态的、复合的单值属性 C,使得 $A\in coll(C)\}$。

$savg(RE)=\{\mu|$ 存在 RE 的一个时态的单值属性 A,使得 $\mu=vg(A)\}$。

设 R 是一个联系类型,有:

$rvg(R)=\{\mu|$ 存在一个实体类型 E,使得 μ 是 E 关于 R 的相对变化粒度$\}$。

设 E 是一个实体类型,递归地定义操作 $wrvg(E),itt(E)$ 和 $tck(E)$ 如下:

如果 E 是弱实体类型,那么 $wrvg(E)=\varnothing$,否则的话 $wrvg(E)=\{\mu|$ 存在 E 的一个标识联系类型 R,使得 μ 是 E 关于 R 的相对变化粒度$\}$。

如果 E 不是弱实体类型,那么 $itt(E)=\varnothing$,否则的话 $itt(E)=wrvg(E)\bigcup itt(OE_1)\bigcup itt(OE_2)\bigcup\cdots\bigcup itt(OE_n)$,这里 $\{OE_1,OE_2,\cdots OE_n\}$ 是 E 的主实体类型的集合。

如果 E 不是弱实体类型或不存在 E 的标识联系类型 R,使得 E 关于 R 的时间基数 $<\mu,1>$,这里 μ 可以是任意的时态类型,那么 $tck(E)=ptik(E)$;否则 $R=<E_1,E_2,\cdots,E_N>$ 是 E 的任意一个标识联系类型,满足 E 关于 R 的时间给予 $<\mu,1>$,则有 $tck(E)=tck(E_1)\bigcup tck(E_2)\bigcup\cdots tck(E_n)$。

2.投影算法

下面的算法只介绍了由 TEERM 模型向时态模块模式转换的一般过程,并没有详细地讨论诸如属性的重命名等实现细节。

①对于每一个联系类型,标记它为未处理的。

②对于每个实体类型 E,如果 E 是一个弱实体类型,那么标记它的每一个标识联系类型为已处理的;如果 E 是一个子类型,那么标记 E 作为子类型参加的每一个 IS-A 联系类型为已处理的;如果 E 是一个弱实体类型并且 $itt(E) \neq \{\mu_{\mathrm{Top}}\}$,那么令 $S_s = \varnothing$,$S_{TS} = nsta(E) \bigcup sta(E)$,$T_s = itt(E) \bigcup savg(E)$,否则 $S_s = nsta(E)$,$S_{TS} = tsa(E)$,$T_s = savg(E)$。

③对于每一个未处理的联系类型 $R = <E_1, E_2, \cdots, E_n>$,执行一些相关操作。

12.4.4　基于 TEERM 的数据库设计方法学

至此,就能够得到一个利用 TEERM 模型的完整的数据库设计方法学。该方法可以分为以下 4 个步骤:

①根据应用的需求建立系统的 TEERM 模型。

②将①得到的 TEERM 模型转换成具有 TFD 约束的时态模块模式。

③利用基于 TFD 的时态规范化技术对②得到的所有时态模块模式进行进一步的规范化,并删除冗余的模式。可以说一个时态模块模式(R, μ)是冗余的,当存在另一个时态模块模式(R', μ'),使得 $R \subseteq R'$ 且 $\mu' \leqslant \mu$。

④将③得到的每一个时态模块模式按照某种实现的数据模型投影到实现的平台。

对于目前存在的几十种基于关系模型的时态数据模型来说,时态模块模式可以非常容易地按照它们直接进行转换。只需用目标模型所需要的时间戳属性(可能包括多个)替换时态模块模式中的时态类型即可,当然,要保证这些时间戳属性的粒度细于时态模块模式的时态类型。通常的做法是在系统所支持的时间粒度中(例如,SQL92 所支持的时间粒度)选择一个时态模块模式的时态类型的最大下界作为时间戳属性的粒度。例如,时态类型 Week 在 SQL92 支持的时间粒度中的最大下界是 Date(日期)。

第 13 章　主动数据库及其规则分析

13.1　主动数据库概述

传统的(尤其是当前商品化的)数据库都进行被动服务,即叫它做什么,它就做什么,不叫它做,它什么也不会自己主动去做。然而一些非商务管理型应用要求数据库具有主动服务能力,即无须用户(应用)驱动,当它"感到"应该做什么时,数据库系统会自动地去做,不要任何人工干预。这就是主动数据库发生、发展的动因。

13.1.1　数据库的发展

主动数据库(Active Data Base,ADB)是一种能根据各种事件的发生或环境的变化主动地给用户提供相应信息服务的数据库系统。进入 20 世纪 90 年代后,它越来越普遍地受到人们的关注,现已成为现代(非传统)数据库研究的重要分支和热点之一。

近年来,ADB 技术在很多领域已经得到了广泛的应用,特别是与实时数据库、面向对象数据库的结合方面取得了较大的进展。此外,作者认为目前有两个研究方向非常值得关注,一是将智能体(Agent)的研究成果引入 ADB 领域,以扩展数据库的主动功能,提高系统的智能性和扩大应用领域;二是将主动数据库与传感器网络和自组织网络结合起来,实现网-库结合,使主动数据库能适时地根据传感器接收的信息做出不同的反应,以提高原网络的主动性和智能性。

13.1.2　基于主动数据库的应用系统

主动数据库管理系统(Active Data Base Management System,ADBMS)与一般 DBMS 在结构上的区别主要在于除了它有一个被动的数据库及其相应的处理功能之外,增加了一个由事件驱动的事件库,此外在运行系统中增加了一个事件监视器,用以主动地时刻检测各种事件的发生,从而自动地触发所需动作的执行。ADBMS 的体系结构如图 13-1 所示,实线表示控制连接,虚线表示数据连接。

基于主动数据库的应用系统的设计,除了完成传统数据库应用系统的设计任务(包括建立数据库和应用系统的源程序)之外,还要建立一个"事件-条件-动作"规则库(或称事件知识库),并在运行系统中增加一个事件监视器,用以主动地检测"事件-条件-动作"规则库中各种事件的发生情况,并根据其中条件成立与否自动触发所需动作的执行。所以,基于 ADBMS 设计的应用系统的工作流程如图 13-2 所示。

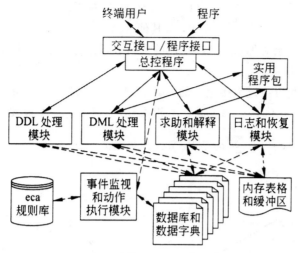

图 13-1 库管理系统的体系结构

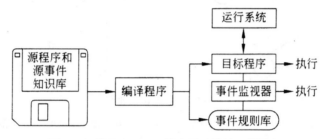

图 13-2 基于 ADBMS 的应用系统的工作流程

其中编译程序不但要对应用系统的源程序进行编译,使之成为可执行的目标程序;而且还要对其"事件-条件-动作"规则库进行适当加工,使得应用系统的目标程序在运行系统和事件监视器的协同下与经加工的"事件-条件-动作"规则库一起成为一个可执行的整体。应用程序(目标程序)和事件监视器被并行地执行。因为事件监视器所监视的"事件-条件-动作"规则库是经编译程序加工过的,所以可望运行效率会较高。

13.2 主动规则集终止性静态分析

13.2.1 有向图环路检测算法

TG 和 AG 是主动规则集行为分析的基础。TG 的构造相对较容易,只通过简单的语法分析就可以完成。AG 的构造涉及规则之间的语义分析,相对较复杂,这里主要介绍用一种代数方法分析规则之间的活化关系,从而能够精确地构造规则集的 AG。

定义 13.1 设 $D = (V, E)$ 是一个有向图,V 是图结点的集合,E 是有向边的集合,$V = \{v_1, v_2, \cdots, v_n\}$,则 D 的邻接矩阵 $A = (a_{ij})$ 是一个 n 阶方阵,其中:

$$a_{ij} = \begin{cases} 1, & <v_i, v_j> \in E_{ij} \\ 0, & \text{其他} \end{cases}$$

有向图的邻接矩阵不一定对称，第 i 行中"1"的数目表示结点 v_i 的引出次数，第 j 列中"1"的数目表示结点 v_j 的引入次数。

有向图的回路检测可通过邻接矩阵的运算而得，先就邻接矩阵的运算介绍如下：

矩阵的幂 $A^m = A \cdot A \cdots \cdot A$（$m$ 个 A 相乘）。如矩阵的二次幂 $A^2 = (a_{ij}^{(2)})$，其中：

$$a_{ij}^{(2)} = \sum_{k=1}^{n} a_{ik} a_{kj} = a_{i1} a_{1j} + a_{i2} a_{2j} + \cdots + a_{in} a_{nj}$$

图 13-3 的邻接矩阵列于其右。

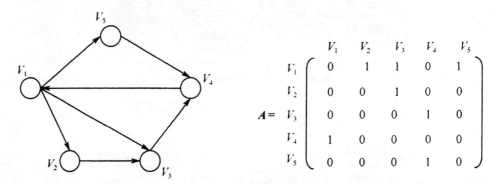

图 13-3　有向图及矩阵

定理 13.1　有向图 $D = (V, E)$ 中结点数为 n，邻接矩阵为 A，如果邻接矩阵 A 的 1 到 n 次幂中，矩阵元素 $a_{ii}^{(m)}$ 的值都为 0，则有向图 D 中不存在环路。

证明：在矩阵 A 的 1 次幂中，矩阵元素 $a_{ii}^{(1)}$ 的值表示从结点 v_i 引出又回到 v_i 的长度为 1 的环路的数目。在矩阵 A 的 2 次幂中，$a_{ij}^{(2)} = \sum_{k=1}^{n} a_{ik} a_{kj} = a_{i1} a_{1j} + a_{i2} a_{2j} + \cdots + a_{in} a_{nj}$，当且仅当 $a_{ik} = 1$ 且 $a_{kj} = 1$ 时才有 $a_{ik} a_{kj} = 1$，故 $a_{ik} a_{kj} = 1$ 表示有一条从结点 v_i 出发经 v_k 而终止于 v_j 的长度为 2 的路径，所以 $a_{ij}^{(2)}$ 表示从结点 v_i 到 v_j 的长度为 2 的路径数目，而 $a_{ii}^{(2)}$ 表示从结点 v_i 引出又回到 v_i 的长度为 2 的环路的数目。矩阵的三次幂 $A^3 = (a_{ij}^{(3)})$ 中 $a_{ij}^{(3)}$ 表示从结点秒 v_i 引出又回到 v_j 的长度为 3 的环路的数目，以此类推矩阵的 m 次幂 $A^m = (a_{ij}^{(m)})$ 中 $a_{ii}^{(m)}$ 表示从结点 v_i 引出又回到 v_i 的长度为 m 的环路的数目。而在 n 阶有向图中，任何基本回路的长度不大于行，因此只要邻接矩阵 A 的 1 到 n 次幂中，矩阵元素 $a_{ii}^{(m)}$ 的值都为 0，则有向图 D 中不存在环路。

13.2.2　规则执行图

令 $R = \{r_1, r_2, \cdots, r_n\}$ 表示一个被分析的 Starburst 规则集。规则分析在一个确定的规则集上被执行，当规则集变化时，规则分析必须被重复进行。令 P 表示 R 中规则上的用户自定义的优先级排序集（由它们的 precedes 和 follows 从句说明）。$P = \{r_i > r_j, r_k > r_l, \cdots\}$，其中，$r_i > r_j$ 表示规则 r_i 比规则 r_j 优先）。令 $T = \{t_1, t_2, \cdots, t_m\}$ 表示数据库模式中的表，$C =$

$\{t_i.c_j,t_k.c_l,\cdots\}$ 表示 T 中表的列。最后令 O 表示数据库修改操作集：$O = \{<I,t>\;|\;t \in T\} \bigcup \{<D,T>\;|\;t \in T\} \bigcup \{<U,t.c>\;|\;t.c \in C\}$，其中 $<I,t>$ 表示对表 T 的插入，$<D,t>$ 表示从表 t 中删除元组，$<U,t.c>$ 表示对表 t 的列 c 的更新。为了便于后面的讨论,引入如下一些记号:

①Triggered-By(r) 为触发规则 r 的 O 中的操作的集合。

②Performs(r) 为由规则 r 中的动作执行的 O 中的数据库修改操作。

③Triggers(r) 为所有能被规则 r 的动作触发的规则 r'（可能包括规则 r 本身)。

④Triggers$(r) = \{r' \in R \;|\; \text{Performs}(r) \bigcap \text{Triggered-By}(r' \neq \varnothing))\}$。

⑤Uses(r) 为所有在规则 r 的条件被判定或动作中的数据修改操作执行时可能引用到的 C 中所有的列。

⑥Can-Untrigger(O') 为所有由于 $O'(O' \in O)$ 中的操作导致的虚触发的规则的集合,一个规则被虚触发,指的是如果它在规则处理过程的某一点被触发,但是当时未被选择执行,后来因为其他规则的执行使得它的触发条件为假,不再被选择执行。Can-Untrigger$(O') = \{r \in R \;|\; <D,t> \in O', <I,t>$ 或 $<U,t.c> \in \text{Triggered-By}(r), t \in T, c \in C\}$。

⑦Choose(R') 为规则子集 $R'(R' \subseteq R)$ 中基于优先级可选择的规则。

Choose$(R') = \{r_i \;|\; r_i \in R' \text{ and no } r_j (r_j \in r') > r_i \in P\}$。

⑧Rollback(r) 表明执行 r 的动作是否取消事务,如果组成的一个操作为回退操作（Rollback）,则 Rollback(r) 为真。

13.2.3　基于触发图和活化图的终止性分析

假设单个的规则动作可终止。因此,规则集 R 的执行图中的所有路径为有限的,则 R 中的规则保证可终止。终止性通过构建一个规则集 R 的有向触发图来分析,表示为 TG。在 TG 中结点表示规则集的规则,边表示规则的触发关系,如果规则集规则 $r_j \in \text{Triggers}(r_i)$,则在 TG 中有一条边从表示 r_i 的结点指向 r_j。

定义 13.2　令 R 为任意规则集,规则触发图 TG 是由 $<R,TE>$ 构成的有向图,其中 $r \in R$ 表示规则结点,有向边 $(r_i,r_j) \in TE$ 表示规则 r_i 的执行可能产生某事件,该事件触发规则 r_j。特别地,若 $(r_i,r_j) \in TE$,则称 r_i 为自触发规则。触发边在图中用带有箭头的实线表示。

考虑规则集合 $R = \{r_1,r_2,r_3,r_4,r_5,r_6\}$,表达规则之间触发关系的触发边的集合 $TE = \{(r_1,r_2),(r_1,r_3),(r_1,r_4),(r_3,r_2),(r_3,r_5),(r_4,r_5),(r_6,r_4),(r_6,r_5)\}$,则触发图 $TG = (R,TE)$,如图 13-4 所示。

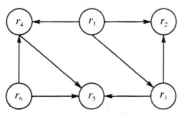

图 13-4　规则触发图

1. TG 的建立方法

下面我们给出一个主动规则集的触发图的建立方法。一个主动规则集的触发图 $TG = (R, TE)$ 的建立只需对一对规则 $< r_j, r_i >$ 执行简单的语法分析即可,现将其语法分析简述如下:

$R = \{r_1, \cdots, r_n\}$ 表示一个主动规则集;$T = \{t_1, \cdots, t_m\}$ 表示数据库模式中一组关系表;$C = \{t_l.c_j, t_k.c_l, \cdots\}$ 表示 T 中关系表的数据列;O 表示一组数据库更新操作:

$$O = \{< I, t > \mid t \in T\} \bigcup \{< D, t > \mid t \in T\} \bigcup \{< D, t.c > \mid t.c \in C\}$$

其中,$< I, t >$ 表示对表 t 的插入操作(Insertion);$< D, t >$ 表示对表 t 的删除操作(Deletion);$< U, t.c >$ 表示对表 t 的数据列 c 的更新操作(Update)。

以下操作定义可通过直接对 R 中规则进行简单分析就可计算出来。

①Triggered-By。Triggered-By(r)输入参数为规则 r,输出触发 r 的数据库更新操作集合 O。Triggered-By(r)可根据规则的语法分析简单地计算出来。

②Performs。Performs(r)输入参数为 r,输出可被 r 的动作执行的数据库更新操作集合 O。Performs(r)可根据规则的语法分析简单地计算出来。

③Trigogers。Triggers(r)输入参数为 r,输出因 r 的动作执行而被触发的所有规则 r'。Triggers$(r) = \{r' \in R \mid$ Performs$(r) \bigcap$ Triggered-By$(r') \neq \varnothing\}$。

④Rollback。Rollback(r)输入参数为 r,其输出结果表示 r 动作的执行是否会导致事务的中止。若组成 r 的动作中含有操作 Rollback,Rollback(r)的输出值为真(true)。

2. 基于活化图的终止性分析

基于 Starburst 产生式规则系统分析了规则的终止性问题,它面向 C-A(条件-动作)规则,不含事件成分。活化图 AG 是另一种规则终止分析工具,与触发图不同,活化图中的有向边表示规则间的活化情况。

定义 13.3 令 R 为任意规则集,规则活化图 AG 是由 $< R, AE >$ 构成的有向图,其中 $r \in R$ 表示规则结点,有向边 $(r_i, r_j) \in AE$ 表示规则 r_i 的执行可能使规则 r_j 的条件为真。特别地,若 $(r_i, r_j) \in AE$,则称 r_i 为自惰化规则。活化边在图中用带有箭头的虚线表示。

13.3 基于执行图的汇流性分析

基于执行图的汇流性分析技巧主要利用规则的可交换性和执行图的特性分析。在此基础上提出了判定规则集是否具有汇流性的相关定理及其证明。

13.3.1 规则可交换性

定义 13.4 如果在执行图的某一状态 S,先执行规则 r_i 再执行规则 r_j 和先执行规则 r_j 再执行规则 r_i 产生相同的执行图状态 S'(图 13-5),则称这两个规则是可交换的。如果这个相等关系不总为真,则称规则 r_i 和 r_j 是不可交换的。

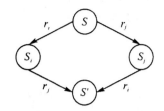

图 13-5　可交换规则

下面给出一个规则的条件集来分析不同的规则对是否可交换的定理。

定理 13.2　对于不同的规则 r_i 和 r_j,如果下述条件为真,则 r_i 和 r_j 可能不可交换,否则它们可交换。

①　$r_j \in \text{Triggers}(r_i)$,也就是 r_i 能使 r_j 被触发。

②　$r_j \in \text{Can-Untrigger}(\text{Performs}(r_i))$,也就是 r_i 能虚触发 r_j。

③　$<I,t>$,$<D,t>$ 或 $<U,t.c>$ 在 $\text{Performs}(r_i)$ 中,并且 t 或 $t.c$ 在 $\text{Uses}(r_j)$ 中 $(t.c \in C)$,也就是 r_i 的操作能影响 r_j 使用的值。

④　$<I,t>$ 在 $\text{Performs}(r_i)$ 中,$<D,t>$ 或 $<U,t.c>$ 在 $\text{Performs}(r_i)$ 中($t \in T$ 或 $t.c \in C$),也就是 r_i 的插入能影响 r_i 更新或删除的值。

⑤　$<U,t.c>$ 同时在 $\text{Performs}(r_i)$ 和 $\text{Performs}(r_j)$ 中,也就是 r_i 的更新能影响 r_j 更新的值。

⑥　将①~⑤中 r_i 和 r_j 角色交换。

13.3.2　汇流性分析

要想确定是否规则集 R 的每个执行图最多只有一个最终状态。对两个执行图状态 S_i 和 S_j,令 $S_i \overset{*}{\longrightarrow} S_j$ 表示从 S_i 到 S_j 有一条长度为 0 或更长的路径。($\overset{*}{\longrightarrow}$ 是 $\longrightarrow$ 的自反传递闭包)。

定理 13.3(路径汇流)　对任意执行图 EG 及其任意三个状态 S,S_i,S_j,若 $S \overset{*}{\longrightarrow} S_i$,$S \overset{*}{\longrightarrow} S_j$,且存在第四个状态 S' 有 $S_i \overset{*}{\longrightarrow} S'$,$S_j \overset{*}{\longrightarrow} S'$ 则 EG 至多只有一个终态(S')[图 13-6(a)]。

证明:(反证法)设 EG 中有两个不同的终态 F_1,F_2。设 I 为初态,则 $I \overset{*}{\longrightarrow} F_1$,$I \overset{*}{\longrightarrow} F_2$,根据假设有第四个状态 $S,F_1 \overset{*}{\longrightarrow} S,F_2 \overset{*}{\longrightarrow} S$,因为 F_1 和 F_2 是终态,即 $S=F_1$ 且 $S=F_2$,和 $F_1 \neq F_2$ 矛盾,证毕。

定理 13.4(边汇流)　对任意无限路径的执行图,有三个状态 S,S_i,S_j,有 $S \longrightarrow S_i$,$S \longrightarrow S_j$,且存在第四个状态 S' 有 $S_i \overset{*}{\longrightarrow} S'$,$S_j \overset{*}{\longrightarrow} S'$。那么对任一何的三个状态 S,S_i,S_j,有 $S \overset{*}{\longrightarrow} S_i$,$S \overset{*}{\longrightarrow} S_j$ 且有第四个状态 S' 使得 $S_i \overset{*}{\longrightarrow} S'$ 且 $S_j \overset{*}{\longrightarrow} S'$[图 13-6(b)]。

证明:根据定理 13.2,$S \overset{*}{\longrightarrow} S_i$ 表示路径长度大于等于 0,只要把路径长度取为 1 并标志

为 r_i 即有 $S \xrightarrow{r_i} S_i$。根据假设有第四个状态 S' 且 $S_i \xrightarrow{*} S'$。同样有 $S_j \xrightarrow{*} S'$。证毕。

定理 13.2 是强条件的,定理 13.3 是弱条件的。

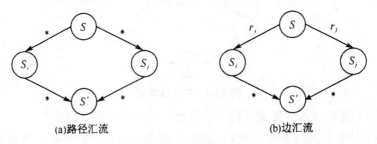

(a)路径汇流   (b)边汇流

图 13-6　汇流性条件

考虑规则集 R 的执行图和任意的三个状态 S, S_i, S_j,有 $S \longrightarrow S_i, S \longrightarrow S_j$。对每个 S 至少有两条被触发且符合执行条件的无序规则被考虑。规则 r_i 标识边 $S \longrightarrow S_i$,规则 r_j 标识边 $S \longrightarrow S_j$,如图 13-6(b)所示。要证明存在第四个状态 S' 使得 $S_i \xrightarrow{*} S', S_j \xrightarrow{*} S'$。图 13-5 中规则 r_i 和规则 r_j 是可以交换的,r_i 可以从 S_j 出发,r_j 可以从 S_i 出发,并仍能产生同一状态 S'。但对规则集来说,要保持规则间的这种关系是比较困难的。若 r_j 在被触发时,r_i 又触发了规则 $r,r>r_j$,那么在状态 S_i 规则 r_j 是不符合执行条件的。假定这里仅有这 3 个相关的规则,并且 r 不取消触发 r_j,那么由 r_i 开始的规则序列是 $<r_i,r,r_j>$。从 r_j 开始的相应规则序列是 $<r_j,r_i,r>$。如果选择其中一个序列,通过重复交换可交换规则的次序来改变该序列排列次序(因而不会改变最终的状态),最终可得到另一个序列,最后这两个序列会有相同的终态。对于序列 $<r_i,r,r_j>$ 和 $<r_j,r_i,r>$,只要 r_j 不仅和 r_i 是可交换的,而且和 r 也是可以交换的,那么这样的规则重组是可能的。但仅仅考虑了 3 条规则,当然,还可能触发另外的规则,此时情况更为复杂。

按以上的分析,若规则集汇流则要求存在一个从 S_i 和 S_j 都可以到达的状态 S'。我们试图从 S_i 和 S_j 开始分别构造到状态 S' 的路径 p_1 和 p_2。从状态 S_i 开始被触发的规则中,在 r_j 符合执行条件之前被优先考虑的规则集称为 R_1。同样 R_2 为 r_i 符合执行条件之前 r_j 所触发的被优先考虑的规则集。在 R_1 和 R_2 之后 r_j 在 p_1 中被考虑,r_i 在 p_2 中被考虑。路径 p_1、p_2 如图 13-7 所示。

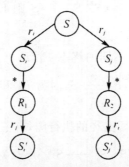

图 13-7　可交换构造图(到达 S' 前)

现在假定从状态 S'_i 开始,我们通过考虑 R_2 中的规则(以同样的顺序)来继续路径 p_1,也

就是假定 R_2 中的规则被相应触发并且符合执行条件。同样,我们假定从 S'_i 开始考虑 R_1 中的规则。也就是说在两条路径中相同的规则被考虑。现在,如果 $\{r_i\} \cup R_1$,中的每条规则和 $\{r_j\} \cup R_2$ 中的每条规则可交换,那么这两条路径都可以通过交换规则的排列次序进行重组后得到另一条路径而不影响最终的状态。因此这两条路径是等价的并且能够到达同一个状态 S'。如图 13-8 所示。

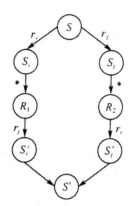

图 13-8 可交换构造图(有共同终态 S')

然而,不能保证在状态 S'_i 规则集 R_2 中的规则是符合执行条件的;对状态 S'_i 和规则集 R_1 也有同样的情况。例如,考虑规则 $r_k \in R_2$,另一条规则 r_l 既不在 R_1 中也不在 R_2 中。假定 r_l 被 r_i 触发并假定 $r_l > r_k$。

13.4 基于事务的规则终止性分析

13.4.1 基于进化图 EG 的规则终止性分析

1. 主动规则与程序和事务执行语义

定义 13.5 一个主动规则形式如下:
$$r_i : E - C \rightarrow A_1, \cdots, A_m$$
其中,r_i 是唯一标识一个规则的列表,用于表示规则优先级,若 $i < j$,则 r_i 优先级高于 r_j;E 是事件,表示被监测的数据库操作;C 是条件,表示当前的数据库状态;$A_1, \cdots, A_m$ 是动作序列,表示对数据库的操作。

定义 13.6 主动程序 P 是一套主动规则,主动数据库用二元组 (S, P) 来表示,S 是数据库实例,P 是主动程序。

2. 抽象状态

我们定义规则抽象状态的概念来描述规则特征,即规则是否被触发、活化、惰化或这些关系的结合。只要确定在一个特定执行点上描述规则的方法,使用这种方法可建立有关终止性的相应抽象计算状态。

定义 13.7 用 AS 函数表示每条规则的抽象状态。每条规则 r_i 可有以下 4 种状态：①$AS(r_i) = S_i$ 表示 r_i 被触发且被活化；②$AS(r_i) = S_i^t$ 表示 r_i 被触发且被惰化；③$AS(r_i) = S_i^a$ 表示 r_i 被活化但没被触发；④$AS(r_i) = S_i^a$ 表示 r_i 被惰化且没被触发。

抽象状态可被更新的执行所修改（如规则动作或用户更新操作）。

例 13.1 设 $P = \{r_1, r_2, r_3, r_4\}$ 是一个主动程序，假设 r_1 触发 r_2，r_2 触发 r_3，r_3 触发 r_4，r_4 触发 r_2，r_2 活化 r_3，r_3 惰化 r_2，其 TG、AG、DG 如图 13-9 所示，其中 $\{r_2, r_3, r_4\}$ 形成 P 的环。

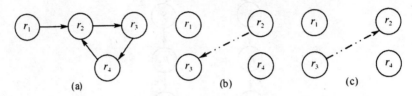

图 13-9　$TG(a)$，$AG(b)$，$DG(c)$

3.进化图 EG 和创建算法

为了介绍 EG 我们先定义如下的两个主动规则集的子集。

定义 13.8 （活化规则）设 P 是主动程序，C_i 是 P 的环。设 $AR_i \subseteq (P \backslash C_i)$ 是 P 的规则子集而不是 C_i 一部分，但包含在 C_i 中规则执行的产生集中，定义 AR_i 中规则是 $P \backslash C_i$ 的规则，即没有一个规则的动作 A 的执行会惰化 C_i 中一个规则。

定义 13.9 （惰化规则）设 P 是主动程序，C_i 是 P 的环。设 $DR_i \subseteq (P \backslash C_i)$ 是 P 的规则子集而不是 C_i 一部分，但包含在 C_i 中规则执行的产生集中，定义 DR_i 中规则是 $P \backslash C_i$ 的规则，即规则的动作 A 的执行至少会惰化 C_i 中一个规则。

简言之，DG 中 AR_i 中任意规则和 C_i 中任意规则之间无边，而 DG 中 DR_i 中每条规则与 C_i 中规则至少有一条边。

例 13.2 设主动程序 $P = \{r_1, r_2, r_3, r_4, r_5\}$，如图 13-10 所示。环 $C_1 = \{r_1, r_5\}$，执行过程中除自身规则外，还有 r_2, r_3, r_4。其中，r_4 惰化 r_5，r_5 是 C_1 中规则。因此，将 r_4 插入 DR_1 中。相反，将 r_2, r_3 插入 AR_1，因为它们包含在 C_1 中但不能惰化环中任意规则。故 $DR_1 = \{r_4\}$，$AR_1 = \{r_2, r_3\}$。

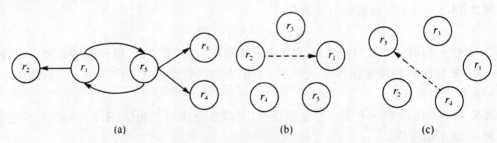

图 13-10　$TG(a)$，$AG(b)$，$DG(c)$

例 13.3 从图 13-11 中的结点出发，依据触发、活化和惰化关系，我们可以依次创建其他的结点和弧。当模拟规则 r_2 的执行时，规则 r_3 被触发，状态由 S_3^a 变成 S_3；图 13-12 中的结点（1），弧被标记为 r_2 表明 r_2 是规则执行部分，它的执行引发产生新的结点。当模拟规则 r_3 执行时,规则 r_2 被惰化,规则 r_4 被触发,这样就可以创建如图 13-12 中的结点(2)。最后,模拟执行 r_4,创建如图 13-12 中的结点(3),该结点是最后一个结点,因为没有其他的规则被触发和活化。

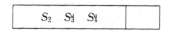

图 13-11　例 13.3 中环 C 的 EG 的初始结点

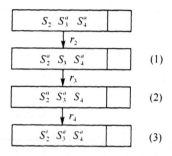

图 13-12　例 13.3 中主动程序环 C 的 EG

如果模拟执行的规则不在 S 中,则将它们以更新后的结构插入到 S 中,更新 AR_i 中所有活化结构的规则。相反,对于存在于 DR_i 中的规则,定义非活化也不触发的结构。

如果 S 中有一条以上的规则被触发和活化,则第一条规则(按照定义的优先级)将被修改,而其他规则仅仅被活化并加入到 R 中(以递减顺序)。

将规则加入到 R 中,是为了延迟规则的执行。使用立即执行模型,则可能通过改变算法来得到延迟执行模型中终止性分析的算法。下一个例子给出模拟执行的程序中有些规则被延迟执行。

例 13.4　给定程序 $P = \{r_1, r_2, r_3, r_4, r_5\}$,其 TG 如图 13-13 所示没有活化和惰化的关系。仅存在一个环 $C = \{r_1, r_3, r_4\}$,假设执行从 r_1 开始,其执行触发了 r_2, r_3 和 r_5。

首先模拟 r_2 的执行,然后再模拟其他规则,实际上我们假定了一个规则集中规则执行的简单顺序,一般是从左到右,这个顺序同样适用于规则列表(从小到大递增),抽象状态的改变按以下方式:规则 r_1 模拟执行前,结点如图 13-14(a)所示;规则 r_1 模拟执行后,结点如图 13-14(b)所示;下一步的执行信息如图 13-14(c)所示。

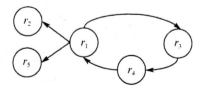

图 13-13　例 13.4 中 P 的 TG

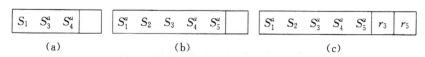

| (a) | (b) | (c) |

图 13-14　例 13.4 的结点

实际上,图 13-14(b)中的结点不出现在 EG 中,因为所有的改变都是立即完成的,因此规

则 r_1 模拟执行后,如图 13-15 所示。

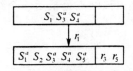

图 13-15 例 13.4 中模拟 r_1 的执行后产生的 EG

例 13.5 再看例 13.4 中的程序,建立图 13-16(a)和(b)所示的 EG,除了图 13-12 中已经存在的 EG 之外。

如果一个主动程序包含一个以上的环,则将我们的方法单独运用于每一个环,因此对每一条规则来说,我们的分析是并行的。

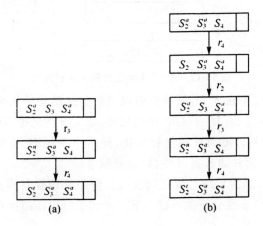

图 13-16 例 13.4 中主动程序分别从 r_3(a)和 r_4(b)开始执行 EG

下个例子将比较事件保留策略和事件消耗策略中算法的行为。

例 13.6 在例 13.3 中 TG 如图 13-13 所示,活化和惰化图如图 13-17 所示。

EG 是使用事件保留执行语义通过图 13-18 中的环得到的。而 EG 的延伸是使用事件消耗执行语义通过图 13-19 中没有任何环来进行的。必须强调的是,我们仅仅引用了两个不同的内容且下一条要执行的指令再次出现,所以相同的动作重复执行,因此这是一个非终止的程序。

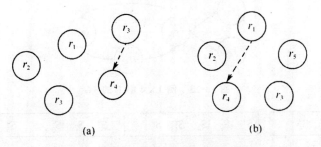

图 13-17 例 13.3 的 AG(a)和 DG(b)

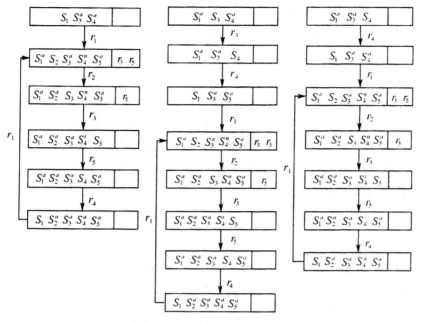

图 13-18　例 13.3 带环的 *EG*

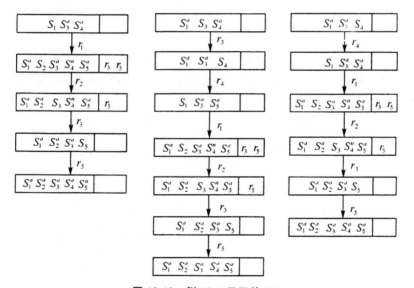

图 13-19　例 13.4 无环的 *EG*

13.4.2　利用事务进行规则终止性分析

本节利用事务来进行终止性分析,主要是借助事务提供的信息来进行的。基于事务的终止性分析方法更简单,因为不要考虑可能执行的所有情况,而仅考虑事务执行触发的情况。因此,就像我们后边将要得到的,分析将比上节讨论的仅考虑规则分析更加简洁,因为能更好地处理紧急情况。

1. 创建精确进化图 REG 算法

在 EG 中需要考虑 TG 环中的所有规则,因为我们知道在事务执行中包含哪条规则,通过事务 T 只需考虑其触发的规则。

定义 13.10 (REG)设 P 是主动程序,C_i 是 P 中的环。REG 是一个列表图$<N,D,\varphi>$,其中 N 是结点集;D 是边集;φ 是列表函数。每个结点 $N_i \in \mathbf{N}$ 是一个二元组 $N_i = <S,R>$,其中 S,R 如上节定义。从结点 N_i 到结点 N_{i+1} 的边,表示由触发或活化结点 N_i 的规则的执行或 T 中一个更新的执行所导致的抽象状态的改变。每条边用 φ 来标识表示下边要执行的规则或更新的事务。

2. 两种分析方法之间的关系

本节中,借助前面给出的例子程序 $P = \{r_1, r_2, r_3, r_4, r_5\}$,其 TG,AG 和 DG 如图 13-20 所示。

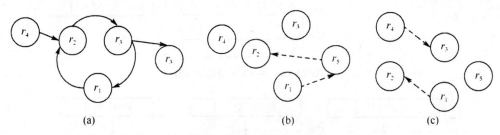

图 13-20 TG(a),AG(b),DG(c)

P 有唯一一个环 $C = \{r_1, r_2, r_3\}$,根据精确演化图 REG 给出其 EG 如图 13-21 所示。

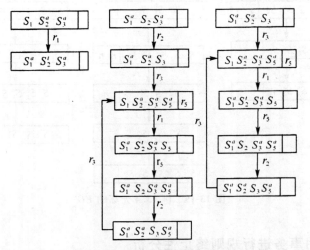

图 13-21 图 13-20 中规则的 EG

由图可知,仅有一个 EG 中无环,因此规则执行是不可终止的。首先考虑本章引言中的事务 T = update Q set M = 0;update R set C = 1。第一个更新触发了 r_4,而第二个更新没有触发 P 中的任何规则,使用这一新信息进一步进行终止性分析。我们仅需要一个精确演化图 REG,从 r_4 开始如图 13-22 所示。

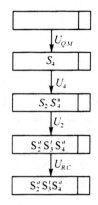

图 13-22　图 13-21 中规则的 REG

显然，在 REG 中无环，因此事务 T 的执行是可终止的。

基于 EG 结构的终止性分析方法考虑了 TG 的所有触发环。引入事务后我们可以确切地知道从哪一条规则开始执行且哪一条规则不会执行。这个重要的信息在不失监测分析能力的同时具有更高的执行效率。而且，我们为每一个提交给系统事务，建立一个对应的精确演化图 REG，而不给 P 建立很多的 EG。另一个考虑就是事务中的更新可以操纵包含在规则中的数据来检查是否满足条件部分，这意味着对于 EG 方法很紧急的情况在当事务提交给系统时也是可以终止的，因为事务更新可以修改数据。

正如预料的那样规则分析的一般方法要比使用事务进行分析的精确方法获得更少的终止性实例。另外，这种方法不能保证所有的提交给系统的事务的终止性。因此，从某种程度上讲，事务的精确进化图 REG 方法比一般的终止性分析方法在终止性分析方面捕获的信息要多一些，但是对于提交系统的所有事务不能都保证其终止性，故在某些情况下，可能要比一般分析方法弱一些。

例 13.7　利用 starburst 技术来分析图 13-23 所示的实例，此方法分析触发图，若 TG 中无环则可终止。本例中，TG 有两个环，因此不可终止。

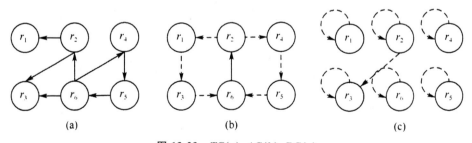

(a) (b) (c)

图 13-23　$TG(a)$，$AG(b)$，$DG(c)$

再应用 Chimera 方法进行分析，此方法分两步：

①如果可用基本归约算法将一个知识库的主动规则集归约为空集，则此规则集不能执行非终止性行为。运用基本归约算法必须重叠触发图和活化图，然后一个个消去既不存在于 TG 进入边，也不存在于 AG 进入边的结点，图 13-24 给出两个重叠图。TG 边用实线表示，AG 边用虚线表示。由该图我们可以看到，不能消去任何规则，实际上每个结点都有在 TG 和

AG 中的进入边,因此,我们得到一个不可归约的主动规则集,不能确定规则集的终止性。

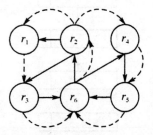

图 13-24　图 13-23 中规则的 TG 和 AG 的重叠图

②从规则定义中考虑优先级,我们得到 $P(r_3)<P(r_4)<P(r_1)<P(r_2)<P(r_5)<P(r_6)$。必须考虑 TG 中两环 $C_1=\{r_2,r_3,r_6\}$,$C_2=\{r_4,r_5,r_6\}$。先确定 C_1 是否包含受约束的规则,即因为有其他优先级更高的规则执行,而使其不能执行。对 C_1 来说,r_3 是受约束的,事实上,对于 r_t 和 r_a 存在关系 $r_t\neq r_a$,即在 TG 中存在从 r_t 到 r_3 的边,但在 AG 中无边。而且,若在 AG 中有从 r_t 到 r_3 的边,但 TG 中无边;正如图 13-23 中,我们看到的 $r_t=r_2$ 且 $r_a=r_1$,现在定义从 r_3 到 r_1 和从 r_3 到 r_2 的可达集:$S_{\text{reach}}(r_3,r_1)=\{\{r_6,r_2,r_1\}\}$,$S_{\text{reach}}(r_3,r_2)=\{\{r_6,r_2\}\}$。现在可以计算优先级 $P(\text{reach}(r_3,r_1))$ 和 $P(\text{reach}(r_3,r_2))$,即在可达集中具有最低优先级的规则:$P(\text{reach}(r_3,r_1))=P(r_1)$ 且 $P(\text{reach}(r_3,r_2))=P(r_2)$。设 P_t 为 $P(\text{reach}(r_3,r_2))$ 中最低优先级,P_a 为 $P(\text{reach}(r_3,r_1))$ 中最高优先级:$P_t=P(r_2)$ 且 $P_a=P(r_1)$。若 $P_a<P_t$ 且 $P_a<P(r_3)$,则 r_3 是受约束的:第一个条件 $P(r_1)<P(r_2)$ 为真但第二个条件 $P(r_1)<P(r_3)$ 为假。在 C_2 中运用同样分析方法,可得到此环中没有受约束的规则,因此 C_1 和 C_2 都不受约束。因此我们不能判定给定规则集的终止性。

第 14 章　其他数据库新技术

14.1　XML 数据库技术

14.1.1　XML 概述

随着 Internet 的迅速发展,Web 上各种半结构化、非结构化数据源已经成为重要的信息来源。通过 XML 用户可以定义自己的标记,描述文档的结构,生成 XML 文档。XML 数据库可以存储、管理并处理这些 XML 文档。

随着 Internet 的迅速发展,网络中信息通常被划分为三大类:

①结构化数据。其信息能够用数据或统一的结构加以表示,如学生记录信息、交易明细等。结构化数据通常可用来指存储在数据库中的,且用二维表结构来表达其逻辑关系的数据。

②非结构化数据。其信息无法用数字或统一的结构表示,如文本、图像、声音等。非结构化数据也可用于指代那些难以使用数据库二维逻辑表来表达其逻辑关系的数据,这些数据通常来自电子邮件、声音文件、图像等文件。

③半结构化数据。半结构化数据是介于严格结构化的数据(如关系数据库中的数据)和完全无结构的数据(如声音、图像文件)之间的数据形式,半结构化数据和结构化数据的关键区别在于如何处理数据模式。一般来说,半结构化数据都是隐含的模式信息,且具有不规则的结构,同时也没有严格的类型约束。

XML 数据具有与半结构化数据非常类似相似的结构,因此常被看作是一种特殊的半结构化数据。目前,XML 作为一种新的网上数据交换标准,已经开始引起人们极大的关注。与 HTML 不同,XML 是面向内容的,具有更多的结构和更多的语义、良好的可扩展性、简单且易于掌握以及自描述等特点,适用于 Web 上的数据交换。同时,XML 还是 WWW 上的半结构化数据,其数据模型与半结构化数据模型具有很多的相似性,它既为半结构化数据的研究提供了广阔的应用前景,同时也推动了半结构化数据研究的发展。

一个 XML 文档由序言和文档实例两个部分组成。序言包括一个 XML 声明和一个文档类型声明,二者都是可选的。文档类型声明由 DTD 定义,它定义了文档类型结构。序言之后是文档实例,它是文档的主体。

XML 文档中最重要的组件是元素(Element)。每个元素都有一个类型,类型声明可以放在文档内部或放在外部 DTD 文件中。元素可能具有一组属性(称为属性列表),每个属性说明有属性名和属性值类型。在文档中,用开始标记<标记名>和结束标记</标记名>来确定元素的边界。元素之间的包含关系是一种树形结构,一个 XML 文档就是一棵有根、有序、带标记的树。

　　所有的 XML 文档都应该是良构(Well-Formed)的,良构的 XML 文档具有以下特点:所有的构造从语法上都是正确的;只有一个顶层元素,即根元素;所有的起始标记都有与之对应的终止标记,或者使用空元素速记语法;所有的标记都正确嵌套;每一个元素的所有属性都是不同名的,图 14-1 所示的为学生数据的 XML 文档来解释 XML 文档的基本格式和主要成分。

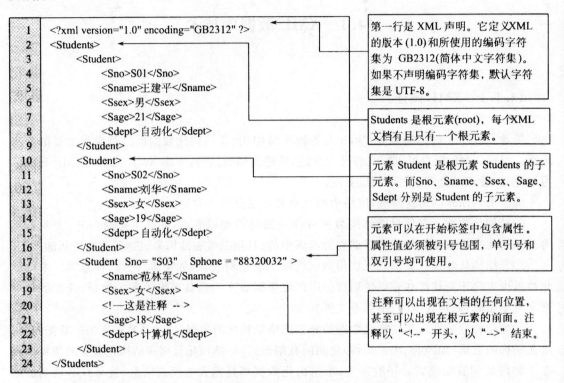

1	`<?xml version="1.0" encoding="GB2312" ?>`	第一行是 XML 声明。它定义XML的版本 (1.0) 和所使用的编码字符集为 GB2312(简体中文字符集)。如果不声明编码字符集,默认字符集是 UTF-8。
2	`<Students>`	
3	`    <Student>`	Students 是根元素(root),每个XML文档有且只有一个根元素。
4	`        <Sno>S01</Sno>`	
5	`        <Sname>王建平</Sname>`	
6	`        <Ssex>男</Ssex>`	
7	`        <Sage>21</Sage>`	
8	`        <Sdept>自动化</Sdept>`	
9	`    </Student>`	
10	`    <Student>`	元素 Student 是根元素 Students 的子元素。而Sno、Sname、Ssex、Sage、Sdept 分别是 Student 的子元素。
11	`        <Sno>S02</Sno>`	
12	`        <Sname>刘华</Sname>`	
13	`        <Ssex>女</Ssex>`	
14	`        <Sage>19</Sage>`	
15	`        <Sdept>自动化</Sdept>`	元素可以在开始标签中包含属性。属性值必须被引号包围,单引号和双引号均可使用。
16	`    </Student>`	
17	`    <Student  Sno=" S03"   Sphone ="88320032" >`	
18	`        <Sname>范林军</Sname>`	
19	`        <Ssex>女</Ssex>`	
20	`        <!—这是注释 -- >`	注释可以出现在文档的任何位置,甚至可以出现在根元素的前面。注释以"<!--"开头,以"-->"结束。
21	`        <Sage>18</Sage>`	
22	`        <Sdept>计算机</Sdept>`	
23	`    </Student>`	
24	`</Students>`	

图 14-1　学生数据的 XML 文档的基本格式与成分

　　XML 的语法规则既很简单,又很严格。这些规则很容易学习,也很容易使用,但只要文档中稍有违反 XML 规则的地方,XML 解析器就会报错。

　　XML 文档有两种类型:

　　① 面向文档处理的文档,主要利用 XML 来获取自然(人类)语言的那些文档,例如用户手册、静态的 Web 页面等都是自然语言。它们以复杂的或无规则的结构和混合内容为特征,而且文档的物理结构非常重要。这些文档的处理侧重于给用户提供信息的最终表示方法,因此它们也被称作面向表示的文档。

　　②面向数据处理的文档,主要利用 XML 来传送数据,这些文档可以是销售订单、病人记录和科学数据等。面向数据处理的 XML 文档的物理结构,例如元素的顺序,或者数据被存储为属性还是子元素,通常不是很重要。它们的特征是具有高度有序的结构,并且同时带有相关数据结构的多个副本,类似于关系数据库系统中的多条记录。这些文档的处理通常侧重于应用程序间的数据交换,因此它们也被称作面向消息的文档。

14.1.2　XML 数据库

XML 数据库是一个 XML 文档的集合,这些文档是持久的并且是可操作的。如何有效地存储和查询 XML 数据是当前研究的一个热点。目前,按照存储和查询 XML 数据所使用的不同方法,可以将 XML 数据库分为 3 种类型:

(1)能处理 XML 的数据库

能处理 XML 的数据库(XML Enabled Database,XEDB)也称为 XML 使能数据库。其特点是在原有的关系数据库系统或面向对象数据库系统的基础上扩充对 XML 数据的处理功能,使其能适应 XML 数据存储和查询的需要。目前,XEDB 的研究主要是基于关系数据库。XEDB 的优点是可以充分利用已有的非常成熟的关系数据库技术,集成现有的大量存储在关系数据库中的商用数据,但这种处理方法不能利用 XML 数据自身的特点(如结构化、自描述性等特征),使得在处理 XML 数据时要经过多级复杂的转换。例如,存储 XML 数据时要将其转换为关系表或对象,在查询时要将 XML 查询语言转换为 SQL 或 OQL(Object Query Language,对象查询语言),查询结果还要转换为 XML 文档等,多级转换必将使效率降低。

XEDB 一般的做法是在数据库系统之上增加 XML 映射层,这可以由数据库供应商提供,也可以由第三方厂商提供。映射层管理 XML 数据的存储和检索,但原始的 XML 元数据和结构可能会丢失,而且数据检索的结果不能保证是原始的 XML 形式。XEDB 的基本存储单位与具体的实现方法紧密相关。

虽然 XEDB 在一定程度上解决了 XML 数据查询复杂性的要求,但是多次转换带来的问题是查询效率的降低和查询语义的混淆。此外,XEDB 不支持层次和半结构化的数据形式,只有经过转换处理才能把嵌套的 XML 数据放到简单的关系表中。

(2)纯 XML 数据库

纯 XML 数据库(Native XML Database,NXD)是为 XML 数据量身定做的数据库。它充分考虑到 XML 数据的特点,以一种自然的方式来处理 XML 数据,以 XML 文档作为基本的逻辑存储单位,针对 XML 的数据存储和查询特点专门设计适用的数据模型和处理方法,能够从各方面很好地支持 XML 的存储和查询,并且能够达到较好的效果。

(3)混合 XML 数据库

混合 XML 数据库(Hybrid XML Database,HXD)根据应用的需求,可以视其为 XEDB 或 NXDB 的数据库,典型代表是 Ozone,它是一个面向对象的 DBMS,完全用 Java 实现。

NXDB 与 XEDB 的主要区别在于:

①有效地支持 XML 数据的自描述性、半结构化和有序性。

②系统直接存储 XML 数据,而不是把 XML 数据转换成关系模型或者面向对象模型,再由关系数据库或面向对象数据库来存储。

③直接支持 XML 查询语言,如 XQuery,XPath,而不是将其转换成 SQL 或 OQL(对象查询语言)来实现对 XML 数据的查询。

由于 XML 文本不仅包含了数据内容而且涵盖了结构信息,而 NXDB 直接存放 XML 文本,只要是良好的 XML 文本都可以随时添加到数据库中去,这就是 NXDB 可以存取半结构化数据的优势所在。因此,有学者指出,纯 XML 数据库兼有关系数据库和面向对象数据库两者的优势。

总而言之,XML 数据库管理系统的研究已经从基于传统的 RDBMS 转向 NXDBMS,这将是 XML 数据库研究的发展方向之一。XML 数据库的事业才刚起步,还有很多问题等待解决,如 XML 的结点编码、XML 的数据更新、XML 的查询优化和支持查询优化的有效索引等。同时,NXDBMS 研究中面临的问题也为我国在数据库研究方面赶超世界先进水平提供了良好的机遇。

而随着 XML 应用范围的扩大,许多大型数据库系统生产商,如 Oracle、微软公司等,纷纷宣布要发展支持 XML 的数据库产品。同时,研究界也在积极开发纯 XML 数据库系统,包括 Galax,Timber,X-Hive,BerkeleyDB XML,eXist 以及 OrientX 等。

如图 14-2 所示为典型的 XML 数据库管理系统体系结构。用户管理 XML 数据时,首先需要执行引擎模块来建立一个数据库。这就是数据定义,它确定了数据集内的所有文档的模式结构。导入文档时,执行引擎把文档传送到数据管理模块;数据管理模块则从逻辑上把 XML 文档划分成多个记录,然后传输到存储模块,选择适当的文件结构进行存储。

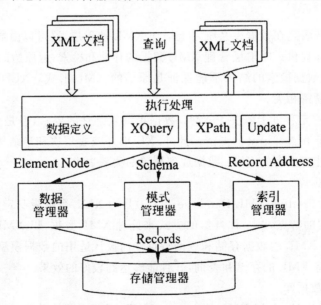

图 14-2　XML 数据库管理系统体系结构

当需要对数据进行查询检索时,一个 XML 查询(XPath 或者 XQuery 查询)以文本的形式传送到查询执行引擎;在查询执行引擎中,XML 查询将被解析(Parse)成一个查询执行计划,此过程中从模式管理模块读取相关信息,判断该查询是否存在语义错误,例如目标文档或数据库是否存在,XPath 路径中的结点在对应的模式中是否存在等问题;如果存在这样的错误的话,则系统就报告错误,查询不再继续下去。查询执行引擎还可以对查询计划进行优化;如果存在合适的索引可以优化查询执行效率,查询执行引擎就可以通过索引管理模块直接访问数据库,而不需要通过数据管理模块导航式地访问数据库。

14. 1. 3　XML 模式

DTD 是 XML 社区开发文档结构说明语言的第一次尝试。DTD 是有效的,但存在一些局限和一些尴尬,因为 DTD 文档不是 XML 文档。为了解决这个问题,W3C 联盟定义了称为 XML 模式(XML Schema)的另一种说明语言。现在,XML 模式成为定义文档结构的优先考虑的方法。

XML 模式同时也是 XML 文档。这意味着可以用与定义其他 XML 文档相同的语言定义 XML 模式。它也意味着可以像其他 XML 文档一样,验证 XML 模式文档相对于它的模式的有效性。

读者会发现这里有一个鸡和蛋的问题。如果 XML 模式文档本身是 XML 文档,那么可以用什么文档来验证它们? 所有这些模式的模式又是什么呢? 在 www. w3. org 有这样一个文档,是所有 XML 模式的祖先。所有 XML 模式都针对这个文档验证有效性。

XML 模式涉及宽泛而且复杂的问题。仅仅是针对 XML 模式就有几十本大部头的著作。显然,本章不可能全面讨论 XML 模式的主要问题,而是主要关注一些基本的术语和概念,并说明这些术语和概念怎样用于数据库处理。基于这些介绍,读者可以自学其他更多的内容。

1. XML 模式有效性验证

图 14-3(a)是一简单的 XML 文档,可以用于表示 View Ridge 画廊中 ARTIST 表的一个记录。第一行指示用哪一个模式对这个文档做有效性验证。由于这是一个 XML 模式文档,需要用在 www. w3. org 的所有模式的祖先模式进行验证。在全世界所有的 XML 模式都需要这个引用(顺便提一下,这个引用地址只是起到指示性的作用。由于这个模式的应用是如此广泛,大多数模式验证程序内部都包含有这个模式)。

第一条语句不仅定义了用于验证的文档,而且建立了一个带标签的命名空间。名空间本身是一个复杂的话题,除了介绍标签的使用外,本章将不会讨论命名空间的其他内容。在第一条语句中,通过表达式 xmlns:xs 定义了 xs。表达式的第一部分代表 xml 命名空间,第二部分定义标签 xs。注意文档中的其他都使用标签 xs。表达式 xs:complexType 告诉验证程序查找名为 xs 的名空间(这里的是定义在 http://www.w3.org/2001/XMLSchema)寻找 complex-Type 的定义。

标签的名称由文档的设计者决定。可以把 xmlns:xs 改为 xmlns:xsd 或 xmlns:mylabel,把 xsd 或 mylabel 设为指向前面的 w3 文档。文档可以有多个命名空间,但这个话题超出了本书的范围。

2. 元素和属性

从图 14-3(a)可看出,模式包含元素和属性。有简单和复杂两种元素,简单元素包含单一的数值。图 14-3(a)中的 LastName,FirstName,Nationality,Birthdate 和 DeceasedDate 都是简单元素。

复杂元素包含其他可以是简单或者复杂的元素。在图 14-3(a)中,Artist 是复杂元素,它顺序包含 5 个简单元素:LastName,FirstName,Nationality,Birthdate 和 DeceasedDate。后面将看到包含其他复杂类型的例子。

```
<?xml version="1.0" encoding="UTF-8"?>
<xs:schema xmlns:xs="http://www.w3.org/2001/XMLSchema" elementFormDefault="qualified"
attributeFormDefault="unqualified">
    <xs:element name="Artist">
        <xs:annotation>
            <xs:documentation>
                This is the XML Schema document the VRG ARTIST table
            </xs:documentation>
        </xs:annotation>
        <xs:complexType>
            <xs:sequence>
                <xs:element name="LastName"/>
                <xs:element name="FirstName"/>
                <xs:element name="Nationality"/>
                <xs:element name="DateOfBirth" minOccurs="0"/>
                <xs:element name="DateDeceased" minOccurs="0"/>
            </xs:sequence>
            <xs:attribute name="ArtStyle"/>
        </xs:complexType>
    </xs:element>
</xs:schema>
```

(a) XML 模式文档

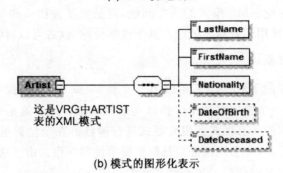

(b) 模式的图形化表示

```
<?xml version="1.0" encoding="UTF-8"?>
<Artist xmlns:xsi="http://www.w3.org/2001/XMLSchema-instance"
xsi:noNamespaceSchemaLocation="C:\inetpub\wwwroot\DBP\VRG\VRG-ARTIST-001.xsd" ArtStyle="Modern" >
    <LastName>Miro</LastName>
    <FirstName>Joan</FirstName>
    <Nationality>Spanish</Nationality>
    <DateOfBirth>1893</DateOfBirth>
    <DateDeceased>1983</DateDeceased>
</Artist>
```

(c) 模式有效的 XML 文档

图 14-3　使用 XML 模式

复杂类型可以有属性。图 14-3(a)定义了属性 ArtStyle。XML 文档的创建者用这个属性来指定艺术家的特点,即他的风格。图 14-3(b)的文档指定艺术家 Miro 的 ArtStyle 为 Modem。

默认情况下,简单和复杂元素的基数(Cardinality)是 1∶1,表示值是必需的但不得超过 1 个。例如,在图 14-3(a)中,minOccurs="0"表示 BirthDate 和 DeceasedDate 可以没有值。这类似于 SQL 模式定义中的空值约束。

图 14-3(b)是由 Altova 的 XMLSpy XML 编辑工具绘制的图格式的 XML 模式。以图形方式显示 XML 模式有助于 XML 模式的确切含义。在这张图中,注意实线和方框指示了必要

的元素(SQL 术语中的 NOT NULL)，而用虚线和方框指示了可选的元素(SQL 术语中的 NULL)。

图 14-3(c)是对于图 14-3(a)中的模式有效的一个 XML 文档。注意 ArtStyle 属性的值在 Artist 元素的头部给出。同时注意到定义了命名空间 xsi。这个命名空间只用了一次——用于 noNamespace SchemaLocation 属性。不要介意这个属性的名称，这只是一种方法告诉 XML 解析器去哪里找这个文档的 XML 模式。要把注意力放在文档的结构和 XML 模式中的描述的联系上。

3. 平展和结构化的模式

图 14-4 是一个 XML 模式和 XML 文档，表示 View Ridge 数据库中 CUSTOMER 表的字段。在图 14-4(a)中，后 8 个元素是可选的，前 3 个元素是必需的。图 14-4(b)包含了 CUSTOMER 表中的一个记录。

像图 14-4 这样的 XML 模式，有时候被称为平展(Flat)的，因为所有的元素都在同一个层次上。图 14-4(b)是一个名为 XMLSpy 的 XML 编辑工具画的图，它以图形化的方式说明了为什么这个模式是平展的。同时注意到可选的元素被显示为虚线框。图 14-4(c)包含了 CUSTOMER 表的一行。

仔细分析图 14-4(a)中元素，将会发现它们的一些语义被忽略了。特别地，{Street,City, State,ZipPostalCode,Country}的组合构成了 Address。而{AreaCode,PhoneNumber}构成了 Phone。而在关系模型中，所有的字段都是平等的，无法表示这种组成关系。

而在 XML 中却可以表达这种组合。图 14-5(a)的模式把适当的字段组合成 ComplexType 类型的元素 Address 和 Phone。图 14-5(b)是这个模式的一个图形化显示，图 14-5(c)是一个 XML 文档按这种格式表达 CUSTOMER 中的一个记录。

```
<?xml version="1.0" encoding="UTF-8"?>
<xs:schema xmlns:xs="http://www.w3.org/2001/XMLSchema" elementFormDefault="qualified"
attributeFormDefault="unqualified">
    <xs:element name="Customer">
        <xs:annotation>
            <xs:documentation>This is the XML Schema for the VRG CUSTOMER table</xs:documentation>
        </xs:annotation>
        <xs:complexType>
            <xs:sequence>
                <xs:element name="CustomerID" type="xs:int"/>
                <xs:element name="LastName" type="xs:string"/>
                <xs:element name="FirstName" type="xs:string"/>
                <xs:element name="Street" type="xs:string" minOccurs="0"/>
                <xs:element name="City" type="xs:string" minOccurs="0"/>
                <xs:element name="State" type="xs:string" minOccurs="0"/>
                <xs:element name="ZipPostalCode" type="xs:string" minOccurs="0"/>
                <xs:element name="Country" type="xs:string" minOccurs="0"/>
                <xs:element name="AreaCode" type="xs:string" minOccurs="0"/>
                <xs:element name="PhoneNumber" type="xs:string" minOccurs="0"/>
                <xs:element name="EmailAddress" type="xs:string" minOccurs="0"/>
            </xs:sequence>
        </xs:complexType>
    </xs:element>
</xs:schema>
```

(a) XML 模式的平展结构

图 14-4　平展模式结构的示例

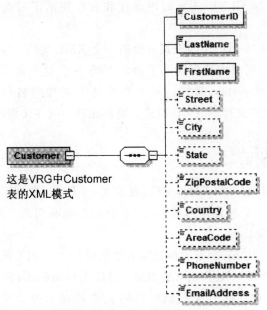

(b) 图形化表示的模式结构

```xml
<?xml version="1.0" encoding="UTF-8"?>
<Customer xmlns:xsi="http://www.w3.org/2001/XMLSchema-instance"
xsi:noNamespaceSchemaLocation="C:\inetpub\wwwroot\DBP\VRG\DBP-e11-Figure-12-07-A.xsd">
        <CustomerID>1000</CustomerID>
        <LastName>Janes</LastName>
        <FirstName>Jeffery</FirstName>
        <Street>123 W. Elm St.</Street>
        <City>Renton</City>
        <State>WA</State>
        <ZipPostalCode>98055</ZipPostalCode>
        <Country>USA</Country>
        <AreaCode>425</AreaCode>
        <PhoneNumber>543-2345</PhoneNumber>
        <EmailAddress>Jeffery.Janes@somewhere.com</EmailAddress>
</Customer>
```

(c) 模式有效的 XML 文档

图 14-4　平展模式结构的示例(续)

　　这种形式的模式有时候被称为结构化模式,因为其中的元素是有结构的。这种模型包含了更多的语义,所以从描述能力的角度要优于关系模型。

　　注意在这个结构化 XML 模式中,Customer 的 Address 和 Phone 仍然是可选的(允许空值)。这保持了 CUSTOMER 表中这些列的可选状态。但在 Address complexType 中,(Street,City,State,ZipPostalCode)则要求非空。类似地,在 Phone complexType 中,{Area-Code,PhoneNumber}是必需的。这些条件可以被理解成:如果一个客户有 Address 数据,则其中必须包含街道地址、城市名、州名和邮政编码;如果一个客户有 Phone 数据,则其中必须包含区号和电话号码。

　　在关系模型中的数据冗余所引起的主要问题,是可能存在修改一份数据时没有修改另一份数据所导致的数据不一致,而文件空间的浪费不是主要问题。类似地,在文档处理中,重复的元素定义就可能导致修改所引起的不一致。为了消除重复定义,如图 14-6 所示,元素可以被定义为全局的并可以被重复使用。

```
<?xml version="1.0" encoding="UTF-8"?>
<xs:schema xmlns:xs="http://www.w3.org/2001/XMLSchema" elementFormDefault="qualified"
attributeFormDefault="unqualified">
    <xs:complexType name="AddressType">
        <xs:sequence>
            <xs:element name="Street" type="xs:string"/>
            <xs:element name="City" type="xs:string"/>
            <xs:element name="State" type="xs:string"/>
            <xs:element name="ZipPostalCode" type="xs:string"/>
            <xs:element name="Country" type="xs:string" minOccurs="0"/>
        </xs:sequence>
    </xs:complexType>
    <xs:complexType name="PhoneType">
        <xs:sequence>
            <xs:element name="AreaCode" type="xs:string"/>
            <xs:element name="PhoneNumber" type="xs:string"/>
        </xs:sequence>
    </xs:complexType>
    <xs:element name="Customer">
        <xs:annotation>
            <xs:documentation>
                This is the structured XML Schema for the VRG CUSTOMER table
            </xs:documentation>
        </xs:annotation>
        <xs:complexType>
            <xs:sequence>
                <xs:element name="CustomerID" type="xs:int"/>
                <xs:element name="LastName" type="xs:string"/>
                <xs:element name="FirstName" type="xs:string"/>
                <xs:element name="Address" type="AddressType" minOccurs="0"/>
                <xs:element name="Phone" type="PhoneType" minOccurs="0"/>
                <xs:element name="EmailAddress" type="xs:string" minOccurs="0"/>
            </xs:sequence>
        </xs:complexType>
    </xs:element>
</xs:schema>
```

(a) 结构化 XML 模式

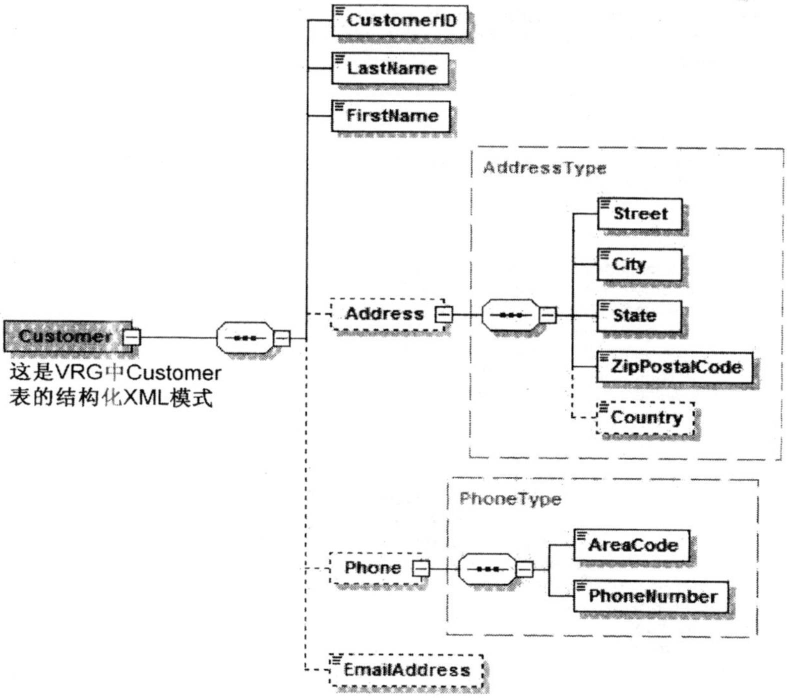

(b) 图形化表示的模式结构

图 14-5　结构化模式的示例

```
<?xml version="1.0" encoding="UTF-8"?>
<Customer xmlns:xsi="http://www.w3.org/2001/XMLSchema-instance"
xsi:noNamespaceSchemaLocation="C:\inetpub\wwwroot\DBP\VRG\DBP-e11-Figure-12-08-A.xsd">
    <CustomerID>1000</CustomerID>
    <LastName>Janes</LastName>
    <FirstName>Jeffery</FirstName>
    <Address>
        <Street>123 W. Elm St.</Street>
        <City>Renton</City>
        <State>WA</State>
        <ZipPostalCode>98055</ZipPostalCode>
        <Country>USA</Country>
    </Address>
    <Phone>
        <AreaCode>425</AreaCode>
        <PhoneNumber>543-2345</PhoneNumber>
    </Phone>
    <EmailAddress>Jeffery.Janes@somewhere.com</EmailAddress>
</Customer>
```

(c) 模式有效的文档

图 14-5　结构化模式的示例（续）

```
<?xml version="1.0" encoding="UTF-8"?>
<xs:schema xmlns:xs="http://www.w3.org/2001/XMLSchema" elementFormDefault="qualified"
attributeFormDefault="unqualified">
    <xs:complexType name="AddressType">
        <xs:sequence>
            <xs:element name="Street" type="xs:string"/>
            <xs:element name="City" type="xs:string"/>
            <xs:element name="State" type="xs:string"/>
            <xs:element name="ZipPostalCode" type="xs:string"/>
            <xs:element name="Country" type="xs:string" minOccurs="0"/>
        </xs:sequence>
    </xs:complexType>
    <xs:complexType name="PhoneType">
        <xs:sequence>
            <xs:element name="AreaCode" type="xs:string"/>
            <xs:element name="PhoneNumber" type="xs:string"/>
        </xs:sequence>
    </xs:complexType>
    <xs:element name="Customer">
        <xs:annotation>
            <xs:documentation>
                This is the structured XML Schema for the VRG database with SALESPERSON added
            </xs:documentation>
        </xs:annotation>
        <xs:complexType>
            <xs:sequence>
                <xs:element name="CustomerID" type="xs:int"/>
                <xs:element name="LastName" type="xs:string"/>
                <xs:element name="FirstName" type="xs:string"/>
                <xs:element name="Address" type="AddressType" minOccurs="0"/>
                <xs:element name="Phone" type="PhoneType" minOccurs="0" maxOccurs="3"/>
                <xs:element name="EmailAddress" type="xs:string" minOccurs="0"/>
                <xs:element name="Salesperson">
                    <xs:complexType>
                        <xs:sequence>
                            <xs:element name="SalespersonID" type="xs:int"/>
                            <xs:element name="LastName" type="xs:string"/>
                            <xs:element name="FirstName" type="xs:string"/>
                            <xs:element name="Address" type="AddressType"/>
                            <xs:element name="Phone" type="PhoneType"/>
                        </xs:sequence>
                    </xs:complexType>
                </xs:element>
            </xs:sequence>
        </xs:complexType>
    </xs:element>
</xs:schema>
```

(a) 带有 PhoneType 全局元素的 XML 模式

图 14-6　使用全局元素的模式示例

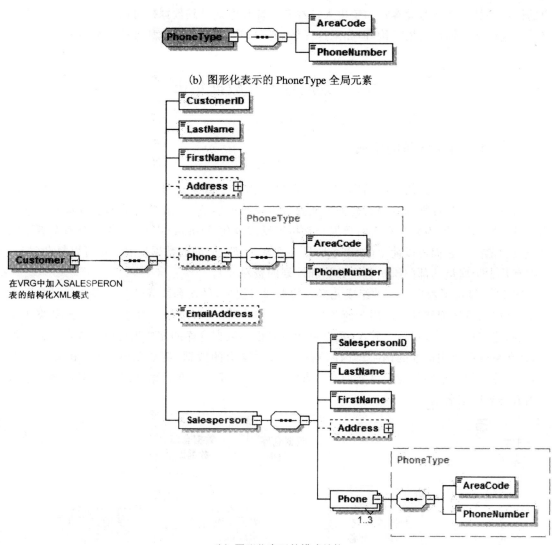

(b) 图形化表示的 PhoneType 全局元素

(c) 图形化表示的模式结构

图 14-6　使用全局元素的模式示例(续)

例如图 14-6(a)中的地址就被定义为一个全局元素 AddressType,电话数据被定义为一个全局元素 PhoneType。按照 XML 模式的标准,这些是全局元素,因为它们在顶层模式中。

进一步,图 14-6(a)中 Customer 和 Customer 中的 Salesperson 都使用了 AddressType 和 PhoneType 的全局定义,它们用 type="AddressType" 和 type="PhoneType"这样的标记引用。通过使用这些定义,如果 PhoneTpe 或 AddressType 改变了,Customer 和 Salesperson 都会继承这种改变。

图中的另一个改变是 Customer 中的 Phone 的基数被设为 1.3。这表示至少需要一个 Phone,但至多只能有 3 个 Phone。

4. 全局元素

假设需要用一个 XML 模式表示一个文档,扩展图 14-6 的客户数据以包括指定给这个客户的销售人员。并且假设客户和销售人员都有地址和电话号码数据。可以用目前了解的技术来表示这种新的客户数据结构,但如果这样做,就会产生电话号码和地址的重复定义。

14.2 数据仓库和数据集市

14.2.1 数据仓库的组成

为了克服刚才描述的那些问题,许多企业已经创建了数据仓库。数据仓库是一种数据库系统,它拥有数据、计划和专门为商务智能处理进行数据准备工作的人员。数据仓库数据库不同于日常数据库,因为数据仓库的数据经常执行反规范化(Denomalized)。数据仓库有着不同的规模和范围。它们可以简单(如单个雇员处理基于部分时间的数据抽取),也可以复杂(如一个拥有几十个雇员的部门维护包含数据和计划的资料库)。

图 14-7 显示了数据仓库的组成元素。数据通过提取、转换和装载(ETL)系统从日常数据库中读取,然后清理和准备后用于商务智能处理。这可能是一个复杂的过程。首先,数据可能有问题,这将在下一节讨论。其次,数据可能需要根据数据仓库的需要进行改变或者转换。例如,日常系统可能用标准的两字母国家码存放有关国家的数据,例如 US(美国)和 CA(加拿大)。而使用数据仓库的应用可能需要国家的全名。因此需要在数据装载入数据仓库之前进行国家码到国家名的转换。

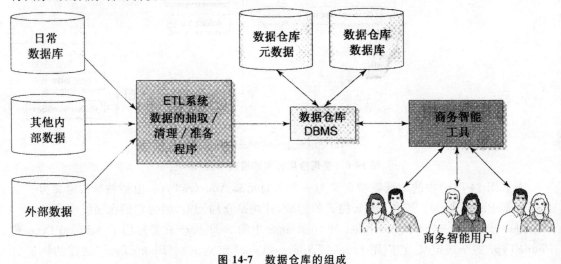

图 14-7 数据仓库的组成

14.2.2 数据仓库对比数据集市

你可以想象在一个供应链中数据仓库扮演着分配者。数据仓库从数据生产者(日常系统和购买来的数据)那里提取数据,经过清理和处理,然后将这些数据放置在一个可以形象地称为数据仓库的地方。工作在数据仓库中的人们是数据管理、数据清理和数据转换等方面的专家。

　　数据集市(Data Mart)是小于数据仓库的数据集合,并且对应于商业中一个特定的组成部分或功能区域。数据集市在供应链上就像是零售商店。数据集市中的用户从数据仓库中获取属于特定的商业功能的数据。这些用户不具备数据仓库员工所具有的那些数据管理的专门技术,但是他们在特定的商业里却是知识渊博的分析家。图 14-8 说明了上述关系。

　　数据仓库从数据生产者那里提取数据,并将这些数据分配到三个数据集市中。第一个数据集市分析点击流数据,目的是为了设计 Web 页面。

　　第二个数据集市则分析商店销售数据和确定哪一些产品存在需要合起来进货的趋势。这个信息用来训练销售人员通过最好的途径销售给高端客户。第三个数据集市分析客户订单数据,目的是为了减少从仓库里取出货物的劳动量。举个例子,一个像 Amazon.com 这样的公司,需要花大量的时间来组织它的仓库,从而减少其取出货物的开销。

　　图 14-8 的数据集市结构与图 14-7 的数据仓库体系结构结合后形成的系统,称为企业数据仓库(EDW)体系结构。在这种配置中,数据仓库维护所有的企业商务智能数据,并提取权威数据源给数据集市。数据集市从数据仓库接收全部数据——它们并不增加或者保有任何附加数据。

　　自然,创建、支持和运营数据仓库及数据集市是昂贵的。只有财力雄厚的大企业才能够负担得起运营 EDW 的系统开销。较小的组织操作这个系统的子集。例如,他们可能只有一个单一数据集市,用于分析营销和促销数据。

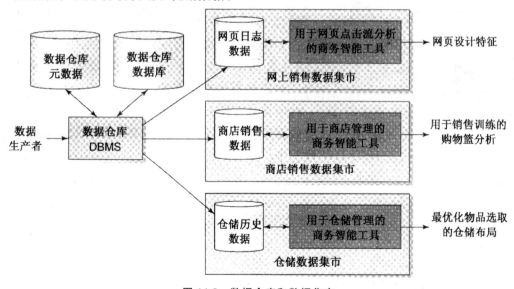

图 14-8　数据仓库和数据集市

14.2.3　维度数据库

　　数据仓库或者数据集市中的数据库,与日常系统的规范化关系数据库的设计原则是不同的,数据仓库数据库的设计被称为维度数据库(Dimensional Database),其目的是提高数据查询和分析的效率。维度数据库用于存放历史数据而不是日常数据库中的当前数据。表 14-1 比较了日常数据库和维度数据库。

現代数据库设计理论及新技术研究

表 14-1　日常数据库和维度数据库的特点

日常数据库	维度数据库
用于结构化的事务数据处理	用于非结构化的分析数据
用当前的数据库	同时用当前和历史数据
由用户插入、更新和删除数据	由系统而不是用户装载和更新数据

由于维度数据库是用于分析历史数据的,其设计必须能处理随时间变化的数据。例如,一个客户的住所可能在一个城市内迁移,也可能迁移到一个完全不同的城市和州。这种类型的数据安排称为缓慢变化的维度,为了能够跟踪这种变化,维度数据中也必须有日期维度或者时间维度。

14.3　数据挖掘技术

近年来由于数据采集技术的更新,出现了大规模的数据。随着数据的急剧增长,现有的数据分析工具已无法满足要求。

数据的自动化的数据分析技术,已经引起科研工作者和商业厂家的日益重视。

广义数据具有不同的表现形式,例如,数据(Data)、信息(Information)和知识(Knowledge)等,在信息数据发达的现代社会,各类高科技技术拓宽了人们数据收集的范围,也增大了数据收集的容量,随之出现的问题是"数据丰富而信息贫乏(Data Rich & Information Poor)"。解决这一问题的有效办法是建立数据库。

随着数据的膨胀和技术环境的进步,20 世纪 80 年代后期,在强大的商业需求的驱动下,数据仓库和数据挖掘逐渐形成。

1989 年 8 月,在第 11 届国际人工智能联合会议的专题研讨会上首次提出了基于数据库的知识发现(Knowledge Discovery in Database,KDD)技术。到了 1995 年,在美国计算机年会(ACM)上,提出了数据挖掘(Data Mining,DM)的概念。数据挖掘是 KDD 过程中最为关键的步骤。

图 14-9 所示为 KDD 的工作流程。

为了统一认识,在 1996 年 Fayyd,Piatetsky-Shapiro 和 Smyth 给出了 KDD 和数据挖掘的最新定义,将二者加以区分。[①]

14.3.1　数据挖掘的概念

数据挖掘这一概念包含丰富的内涵,它作为一个多学科交叉研究领域,仅从从事研究和开发的人员来说,其涉及范围之广恐怕是其他领域所不能比拟的。既有大学里的专门研究人员,也有商业公司的专家和技术人员。不同角色会从不同的角度来看待数据挖掘这一概念。因

① KDD 是从数据中辨别有效的、新颖的、潜在有用的、最终可理解的模式的过程。数据挖掘是 KDD 中通过特定的算法在可接受的计算效率限制内生成特定模式的一个步骤。

此,理解数据挖掘的概念没有一个标准的、统一的定义。

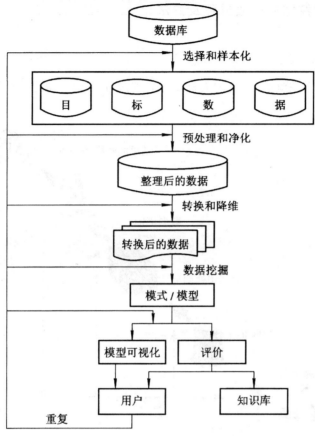

图 14-9　KDD 的工作流程

典型的数据挖掘系统具有如图 14-10 所示的组成。

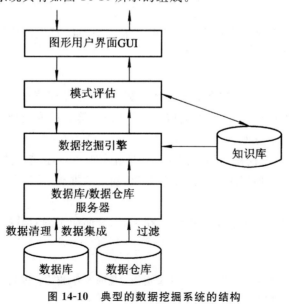

图 14-10　典型的数据挖掘系统的结构

14.3.2 数据挖掘的一般过程及方法

1.数据挖掘过程概述

数据挖掘[①]是一个完整的、反复的人机交互处理过程,该过程需要经历如图 14-11 所示多个相互联系的步骤。

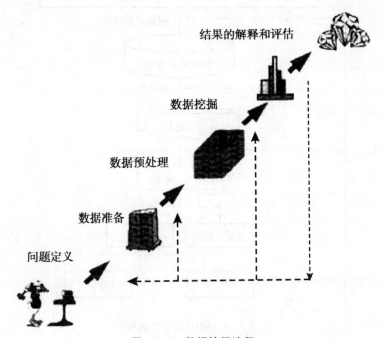

图 14-11 数据挖掘流程

(1)问题定义

数据挖掘的目的是在大量数据中发现有用的信息,因此,首先需要通过数据挖掘来发现什么样的信息,就定义问题。

(2)数据准备

在开始数据挖掘之前,需要数据准备。由于数据挖掘中的数据来源于不同的数据源,具有数据量大、结构复杂、重复歧义,并夹杂着噪声、冗余信息等对数据挖掘有负面影响的数据。数据准备主要包含以下三个方面。

①确定项目目标,制定挖掘计划。图 14-12 是确定项目目标,制定挖掘计划的过程。

②数据收集和获取。根据所定义的业务对象,确定数据源,从各种类型的数据源中收集和抽取数据。

③数据集成。把收集到的各类数据组合在一起,全面而正确对数据进行有效分析和决策。

---

① 由于数据挖掘项目本身的复杂性,并且需要消耗大量的人力、财力。因此,要成功完成一个数据挖掘项目,就需要依照规范的数据挖掘过程进行操作。

由于来自不同的数据源,故需要先对这些数据进行集成。

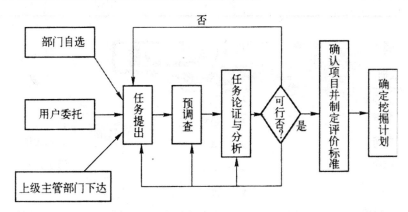

图 14-12　确定项目目标,制定挖掘计划

(3)数据的预处理

数据预处理在数据挖掘过程中是很重要的一个环节。它可以保证数据挖掘所需数据集合的质量。

(4)数据挖掘

数据挖掘的基本步骤如图 14-13 所示。

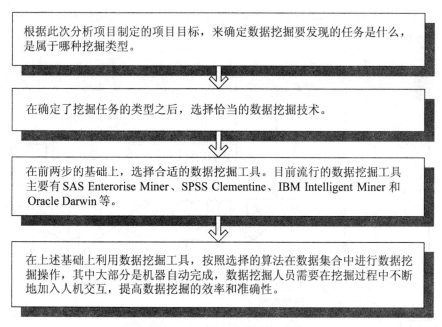

图 14-13　数据挖掘的基本步骤

(5)解释和评估

当数据挖掘出现结果后,需要对挖掘结果进行解释并评估,以保证数据挖掘结果在实际应用中的成功率。

从商业应用的角度可以把整个数据挖掘过程描述为三个步骤:

数据收集→提取出有用的知识→辅助相应决策者进行决策

数据挖掘过程如图 14-14 所示。

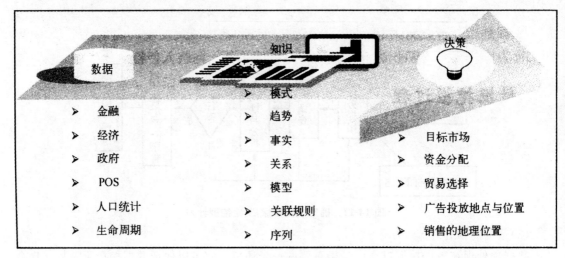

图 14-14　数据挖掘过程

2.数据挖掘的过程模型

（1）Fayyad 过程模型

Fayyad 等人提出的 Fayyad 过程模型是多阶段模型，由于其通用性而被广泛应用，具体可见图 14-15 所示。

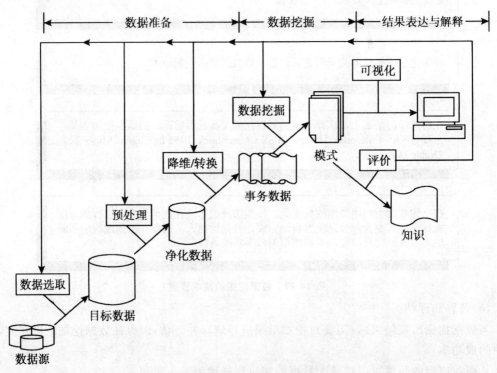

图 14-15　Fayyad 过程模型

（2）CRISP-DM 过程模型

1996 年，由 SPSS、NCR 和 Daimler Chrysler 等公司发起的数据挖掘跨行业标准过程 (Cross-Industry Standard Process for Data Mining，CRISP-DM)特别兴趣小组，后来发展为数据挖掘过程标准。该过程标准如图 14-16 所示。

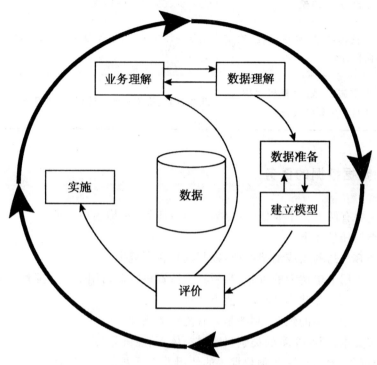

图 14-16　CRISP-DM 过程模型

CRISP-DM 过程模型是一次循环的过程，CRISP-DM 过程各阶段的任务及相应的输出文档如表 14-2 所示。

表 14-2　GRISP-DM 过程模型的六个阶段的任务及相应输出文档

阶段	任务	输出文档
业务理解	确立业务目标，进行环境评估、确定 DM 目标、产生项目计划	业务背景报告、业务目标报告、业务成功准则，资源清单、需求、假设、限制、风险和对策、术语表、成本和效益分析报告，数据挖掘目标、数据挖掘成功准则；项目计划、工具和技术初步评价
数据理解	收集初始数据、描述数据、探测数据、检验数据质量	初始数据收集报告、数据描述报告、数据探测报告、数据质量报告
数据准备	数据提取、数据清洗、数据结构的构建、数据集成与格式化	数据提取的基本原则、数据清洗报告、数据的属性与记录、合并的数据、格式化的数据

阶 段	任 务	输出文档
建立模型	选择建模技术、进行测试设计、建立模型、评估模型	建模技术、建模前提、设定模型参数、模型及其描述、模型的评价、设定修改的参数
评价	评价挖掘结果、复审过程、确定下阶段计划	结果的评估报告、过程复审报告、确定下一步的方案和对策
实施	计划实施、计划检测和维护、回顾项目产生总结报告	实施计划、检测和维护计划、总结报告、归纳文档

14.3.3 数据挖掘的任务

数据挖掘主要有两大类主要任务：分类预测型任务[①]和描述型任务。

典型的分类型任务如下：

①给出一个客户的购买或消费特征，判断其是否会流失。

②给出一个信用卡申请者的资料，判断其编造资料骗取信用卡的可能性。

③给出一个病人的症状，判断其可能患的疾病。

④给出大额资金交易的细节，判断是否有洗钱的嫌疑。

⑤给出很多文章，判断文章的类别（如科技、体育、经济等）。

训练集、测试集、验证集这 3 种数据集的使用方式可见图 14-17 所示。

描述型任务根据给定数据集中数据内部的固有联系，生成对数据集中数据关系或整个数据集的概要描述。

典型的描述型任务如下：

①给出一组客户的行为特征，将客户分成多个行为相似的群体。

②给出一组购买数据，分析购买某些物品和购买其他物品之间的联系。

③给出一篇文档，自动形成该文档的摘要。

……

在描述型任务中，一般不再区分训练集、测试集和验证集。描述型任务是直接在目标数据集上构造模型，并得到模型处理的结果。随任务所要求的描述方式的不同，结果也可以按不同的方式进行展现，如图 14-18 所示。

---

① 分类预测型任务是从已知的已分类的数据中学习模型，并对新的未知分类的数据使用该模型进行解释，得到这些数据的分类。在有些文献中，根据类标签的不同，分别称之为分类任务和预测任务。若类标签是离散的类别，则称为分类任务；如果类标签是连续的数值，则称为预测任务。

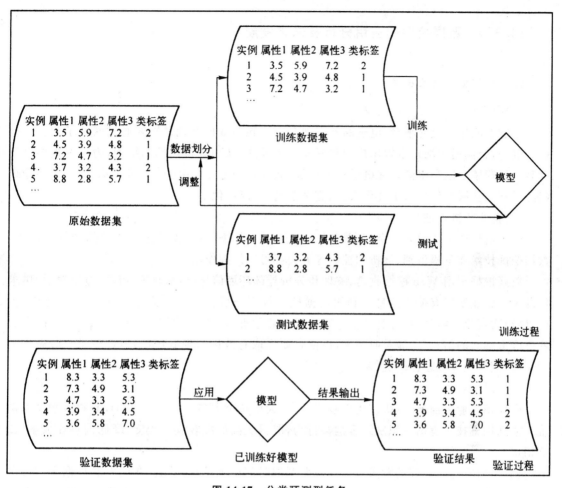

图 14-17　分类预测型任务

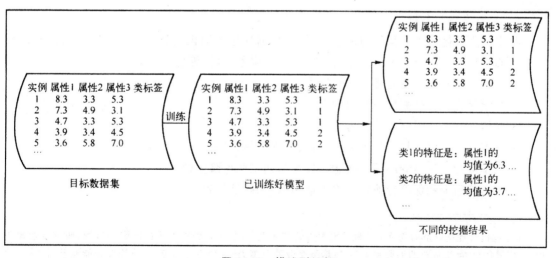

图 14-18　描述型任务

14.3.4　数据挖掘的应用分析及未来发展

1.数据挖掘的商业应用

(1)电子商务

通过智能化的交易平台,电子商务实现企业与顾客双向互动。顾客通过网站了解企业提供的服务,企业通过网站了解用户的喜好和行为模式,从而改进网站的结构,为顾客提供更有针对性的营销手段和服务。在电子商务领域,数据挖掘主要应用于以下几方面:客户关系管理(客户细分、获取与保持)、个性化服务、交叉营销、资源优化。

(2)企业危机管理[①]

由于危机产生的原因复杂,种类繁多,各类因素无法预料,很难进行科学的计算和评估。数据挖掘技术在危机识别、分析和控制等方面都可以发挥作用。

数据挖掘利用 Web 挖掘收集、整理和分析外部环境信息(包括政策、市场、竞争对手、供求信息等与企业发展有关的信息),利用数据挖掘技术分析企业经营状况(包括企业资金流,生产、供销物资流,客户关系等有关信息),获得企业危机的先兆信息,当出现对企业的生存、发展构成严重威胁的信息时,能及时预警,以便企业采取有效措施规避危机,为管理者及时做出正确决策、调整经营战略提供支持。

(3)市场销售

市场销售业方面,计算机使用率越来越高,大型超市大多配备了完善的计算机及数据库系统。数据挖掘技术有助于识别顾客购买行为,取得更高的顾客满意程度,降低销售业成本,提高销量。

例如,研究超市顾客的购买行为这一典型的时间序列挖掘问题。在庞大的数据集中找出哪些产品摆在一起会比分别放在各自的类中卖得更快更多,等这些都可以通过数据挖掘来达到。

(4)异常发现与分析

利用历史数据建立欺骗行为模型,并使用数据挖掘帮助识别类似例子,基于异常分析、分类模型的方法可广泛应用于保险、零售业、信用卡服务、电信等行业。例如:

· 洗钱——发现可疑的货币交易行为。

· 医疗保险——检测出潜在的病人。

· 电信——电话呼叫欺骗行为检测。

· 股市——股票交易过程中不良操作、违规交易、异常交易的发现。

· 汽车保险——检测出那些故意制造车祸而索取保险金的人。

· 银行信用卡和保险行业——识别信用卡、保险欺诈者。

---

①　危机管理是以市场竞争中危机的出现为研究起点,分析企业危机产生的原因和过程,研究企业预防危机、应付危机、解决危机的手段和策略,以增强企业的免疫力、应变力和竞争力,使管理者能够及时、准确地获取所需要的信息,迅速捕捉到企业可能发生危机的一切可能事件和先兆,进而采取有效的规避措施。

　　客户信用风险分析和欺诈行为预测对企业的财务安全非常重要,利用数据挖掘中的关联分析、离群点检测技术对企业经营管理数据进行分析,通过准确、及时地对各种信用风险进行监视、评价、预警和管理,评价这些风险的严重性、发生的可能性及控制这些风险的成本,进而采取有效的规避和监督措施,在信用风险发生之前对其进行预警和控制,趋利避害,防范信用风险。

2.数据挖掘的医疗应用

　　在医疗应用中,成堆的电子数据可能已放在那儿很多年了,比如病人、症状、发病时间、发病频率以及当时的用药种类、剂量、住院时间等。利用数据挖掘可分析出最佳治疗方案、地区性病患特征等各类有用信息。

　　与药物实验中,可能有很多种不同的组合,每种若均加以实验则成本太大,决策树方法可以用来大大减少实验次数,这种方法已经被许多大的制药公司所采用。

　　生物医学的大量研究大都集中在 DNA 数据的分析上,大规模的生物信息给数据挖掘提出了新的挑战,数据挖掘成为 DNA 分析中的强大工具。

　　目前数据挖掘对生物信息分析的支持主要有以下几点:

　　①异质、分布式生物数据的语义综合,数据清理,数据集成。

　　②开发生物信息数据挖掘工具。

　　③序列的相似性查找和比较。

　　④聚类分析。

　　⑤关联分析,识别基因的共发生性。

　　⑥生物文献挖掘。

　　⑦开发可视化工具。

　　生物信息学迫切需要数据挖掘的支持,但现阶段生物信息数据挖掘的研究与应用远远不能满足人们的要求。

3.数据挖掘的网络应用

　　数据挖掘在互联网中的应用涉及 Web 技术、数据挖掘、计算机语言学、信息学等多个领域,可以说是一项综合技术。

　　通常互联网信息挖掘或 Web 数据挖掘包括:

　　①Web 结构挖掘。

　　②Web 使用挖掘。

　　③Web 内容挖掘。

　　(1)Web 结构挖掘

　　指对 Web 文档的结构进行挖掘。通过 Web 页面间的链接信息,可以识别出权威页面、安全隐患(非法链接)等。

　　(2)Web 使用挖掘

　　指通过对用户访问行为或 Web 日志的分析,获得用户的访问模式,建立用户兴趣模型。Web 上的 Log(日志)记录了包括 URL 请求、IP 地址和时间等用户访问信息。用户在网络上浏览时,会留下大量的网络访问行为信息,通过将数据挖掘算法应用于网络访问日志,对用户的点击以及浏览行为进行分析，深层次挖掘用户兴趣爱好，建立用户兴趣模型，以便为用户提供个性化服务，如智能搜索、个性化商品推荐等。

（3）Web内容挖掘

指对 Web 页面内容及后台交易数据库进行挖掘。从 Web 文档内容及其描述的内容信息汇总获取有用知识的过程。Web 内容丰富，且构成成分复杂。Web 内容的挖掘与文本挖掘、Web 搜索引擎等领域密切相关。

目前 Web 挖掘已经广泛应用于搜索引擎、网站设计和电子商务等领域。

数据挖掘在网络方面的应用还有，如信息安全问题，网络游戏运营中的外挂检测等。

4.数据流挖掘

数据流对挖掘算法的基本要求如下：
①单次线性扫描。
②低时间复杂度。
③低空间复杂度。
④能在理论上保证计算结果具有良好的近似程度。
⑤能有效处理噪音与空值。
⑥建立的概要数据结构具有通用性。
⑦能响应用户在线提出的任意时间段内的挖掘请求。
⑧能进行即时回答。

参考文献

[1]杨晓光.数据库原理及应用技术[M].北京:清华大学出版社,2014.

[2]刘亚军,高莉莎.数据库原理与应用[M].北京:清华大学出版社,2015.

[3]李海翔.数据库查询优化器的艺术:原理解析与 SQL 性能优化[M].北京:机械工业出版社,2014.

[4]郭胜,王志等.数据库原理及应用[M].2 版.北京:清华大学出版社,2015.

[5]高岩,李雷等.数据库原理与实现[M].北京:清华大学出版社,2013.

[6](德)古廷(Guting,R. H.),施耐得(Schneider,M.)著;金培权,岳丽华译.移动对象数据库[M].北京:高等教育出版社,2009.

[7](美)克罗恩克(Kroenke,D. D.),奥尔(Auer,D. J.)著;孙未未等译.数据库处理——基础、设计与实现[M].11 版.北京:电子工业出版社,2011.

[8]高凯.数据库原理与应用[M].北京:电子工业出版社,2011.

[9]严冬梅.数据库原理[M].北京:清华大学出版社,2011.

[10]雷景生,叶文珺等.数据库原理及应用[M].北京:清华大学出版社,2011.

[11]翟有甜.数据库技术与应用[M].杭州:浙江大学出版社,2010.

[12]张丽娜,杜益虹等.数据库原理与应用[M].北京:化学工业出版社,2013.

[13]刘云生.数据库系统分析与实现[M].北京:清华大学出版社,2009.

[14]郝忠孝.主动数据库系统理论基础[M].北京:科学出版社,2009.

[15]李昭原.数据库技术新进展[M].北京:清华大学出版社,2007.

[16]汤庸.时态数据库导论[M].2 版.北京:北京大学出版社,2004.

[17]郝忠孝.时态数据库设计理论[M].北京:科学出版社,2009.

[18]王国胤.数据库原理与设计[M].北京:电子工业出版社,2011.

[19]冯建华.数据库系统设计与原理[M].北京:清华大学出版社,2005.

[20]刘玉宝.数据库原理与应用[M].北京:电子工业出版社,2010.

[21]刘卫国,严晖.数据库技术与应用[M].北京:清华大学出版社,2007.

[22]陈雁.数据库系统原理与设计[M].北京:中国电力出版社,2003.

[23]钱雪忠,黄学光,刘肃平.数据库原理及应用[M].北京:北京邮电大学出版社,2005.

[24]张凤荔,文军,牛新征.数据库新技术及其应用[M].北京:清华大学出版社,2012.

[25]Ying Bai 著;施宏斌译.C♯数据库编程实战经典[M].北京:清华大学出版社,2011.

[26]王珊,李盛恩.数据库基础与应用[M].北京:人民邮电出版社,2002.

[27]Abraham Silberschatz,Henry E Korth,S. Sudarshan.数据库系统概念[M].4 版.北京:机械工业出版社,2003.

[28]王珊,萨师煊.数据库系统概论[M].4 版.北京:高等教育出版社,2006.

[29]孙建伶,林怀忠.数据库原理及应用[M].北京:高等教育出版社,2006 年.

[30]Peter Rob,Carlos Coronel 著;张瑜等译.数据库系统设计实现与管理[M].6 版.北京:清华大学出版社,2005.

[31]Hoffer J. A,Prescott M. B,Mcfadden F. R. 现代数据库管理[M].8 版.北京:清华大学出版社,2008.

[32]王亚平.数据库系统原理辅导[M].西安:西安电子科技大学出版社,2003.

[33]Fenhua Li,Jing He,Guangyan Huang and Yanchun Zhang,Yong Shi,Rui Zhou. Node-coupling Clustering Approaches for Link Prediction[J]. Knowledge-Based Systems, 2015,89.(SCI A)

[34]Jing Li,Lingling Zhang,Fenhua Li,Fan Meng. Recommendation Algorithm based on Link Prediction and Domain Knowledge in Retail Transactions[J]. Procedia Computer Science,2014,31.(EI)

[35]吕冠艳,李奋华.基于 UML 的信息系统需求分析模型[J].微型机与应用,2010,20.

[36]吕冠艳,李奋华.基于 B/S 的课程网络化教学平台的设计与实现[J].计算机与现代化,2010,12.

[37]王文霞,王春红.短信文本分类技术的研究[J].计算机技术与发展,2016,05:145 —148.

[38]王文霞.基于分级策略和聚类索引树的构件检索方法[J].计算机技术与发展,2016, 04:110—113.

[39]王文霞.一种基于 LSA 与 FCM 的文本聚类算法[J].山西大同大学学报(自然科学版),2016,01:8—11+15.

[40]王文霞.基于贪心算法构建最优二叉查找树[J].山西师范大学学报(自然科学版), 2015,01:40—44.

[41]王文霞.基于 PBL 模式和算法拓展相结合的《数据结构》实验教学改革[J].现代计算机(专业版),2015,32:71—72.

[42]王文霞.基于路径标记法的迷宫问题求解[J].现代计算机(专业版),2015,32:39 —41.

[43]王文霞.LAOV 网络及其拓扑排序算法[J].廊坊师范学院学报(自然科学版),2014, 02:31—33.

[44]王文霞,王春红.基于无向图转有向图的同构判别[J].山西师范大学学报(自然科学版),2014,02:9—13.

[45]王文霞.有向图的同构判定算法:出入度序列法[J].山西大同大学学报(自然科学版),2014,02:10—13.

[46]王文霞.基于贝叶斯文本分类算法的垃圾短信过滤系统[J].山西大同大学学报(自然科学版),2016,03:19—22.